복소해석
Complex Analysis

김 정 헌 지음

머리말

복소해석학은 복소수를 변수로 갖는 함수를 대상으로 하는 해석학의 한 분야로 대수기하, 정수론과 응용수학에서 자주 인용되며, 유체역학, 열역학, 양자역학, 학공공학 등의 물리학, 공학분야에서도 중요한 역할을 한다. 그러나 이 책은 수학을 공부하는 학생들을 위해 쓰여진 것이기 때문에 공학적인 응용보다는 수학적 이론 전개에 중점을 두고 기술하였다.

이 책의 논리 전개를 위해서 집합론과 실함수 해석학의 기본적인 지식의 일부를 기술하였지만 기술하지 않은 부분에 대해서는 독자들의 이해를 가정하였다. 1, 2장에서는 복소해석에서 필요한 기본적인 집합론적 사전 지식을 정리하였고, 3, 4장에서는 복소해석함수의 성질과 대표적인 해석함수에 관하여 기술하였다. 5, 6장에서는 코시의 정리를 중심으로 복소함수의 적분을 다루었으며, 7, 8, 9장에서는 복소함수의 급수전개와 이에 따르는 유수정리 등의 급수전개의 응용에 관하여 살펴보았다. 10장에서는 편각원리와 이의 응용으로 루셰의 정리를, 11, 12장에서는 선형분수변환, 등각사상 등에 대해 기술하였다. 마지막으로 13장에서는 프아송 적분을 중심으로 조화함수가 갖는 성질에 대해 알아보았다.

이 책은 복소함수해석의 기초적인 지식을 기술하는데 많은 분량을 할애하였지만 이 책을 통해서 학생들이 복소함수해석에 대한 이해와 흥미를 갖게 되어 더 깊은 연구의 계기가 되길 기대한다.

끝으로 원고를 준비하는 동안 여러 가지로 도움을 주신 숭실대학교 수학과의 여러 교수님들과 정성껏 원고를 정리해주신 박사과정의 이성희씨에게 고마운 마음을 전합니다. 그리고 기꺼이 출판을 맡아주신 도서출판 북스힐의 여러분들께도 고마운 마음을 전합니다.

2018년 1월

차 례

5장 복소함수의 적분

6장 코시의 적분공식과 응용

7장 해석함수의 테일러급수

8장 로랑의 급수

9장 유수정리와 그 응용

10장 편각원리

11장 선형분수변환

12장 등각사상과 리만의 사상정리

13장 조화함수

제 1 장

복소수

어떤 실수의 제곱도 음수가 될 수 없기 때문에 방정식

$$x^2 + 1 = 0 \tag{1.1}$$

은 실수해를 갖지 않는다. 그러므로 방정식 (1.1)이 해를 갖는 새로운 수체계(number system)에 관심을 갖는 것은 자연스러운 일이다. 새로운 수체계는 적어도 방정식 $x^2 + 1 = 0$이 해를 갖는 수체계로서 실수체계의 확장된 형태이다.

방정식 (1.1)이 실수해를 갖지 않으므로 새로운 수체계를 정의하기 위해서는 방정식 $x^2 + 1 = 0$의 실수에서의 풀이 방법으로 얻을 수 있는 한 해인 $\sqrt{-1}$을 원소로 갖는 수의 체계를 생각해야 한다. 그런 목적으로 먼저 **허수단위**(imaginary unit) $i = \sqrt{-1}$을 도입하고,[1] 임의의 실수 a, b에 대해

$$a + bi \text{ 또는 } a + ib \tag{1.2}$$

형태의 표현을 **복소수**(complex number)로 정의한다.

이 장에서는 복소수들의 집합에 연산의 규칙을 정의하여 실수체계의 확장된 형태로 복소수체계를 정의한다. 복소수 (1.2)에서 $b = 0$으로 놓으면 $a + i0 = a$

[1] 허수단위를 나타내는 데 $\sqrt{-1}$이 사용되었었다. 이 경우

$$-1 = (\sqrt{-1})^2 = \sqrt{-1}\sqrt{-1} = (\sqrt{(-1)(-1)} = 1$$

과 같은 혼동을 이르킬 수도 있지만, 1779년 스위스의 수학자 오일러(Leonhard Euler)가 $\sqrt{-1}$를 나타내는 기호로 i를 사용함으로써 그런 혼동 없이 편리하게 복소수를 나타낼 수 있게 되었다.

는 실수이므로 복소수는 실수를 포함한다. 다시 말하면 실수는 복소수의 한 형태이다.

복소수의 대수적 연산은 복소수 (1.2)를 $a + bx$와 같이 생각하고 실수체계에서와 같은 방법으로 계산한다. 다만

$$i^2 = -1,\ \ i^3 = -i,\ \ i^4 = 1,\ \ i^5 = i,\ \cdots$$

의 규칙이 적용된다. 그러므로 방정식 방정식 $x^2 + 1 = 0$의 해는

$$0 = x^2 + 1 = x^2 - i^2 = (x - i)(x + i)$$

로부터 복소수 i, $-i$임을 알 수 있다.

놀라운 것은 실수를 계수로 갖는 n차의 대수방정식(algebraic equation)

$$a_n x^n + a_{n-1} x^{n-1} + \cdots + a_1 x + a_0 = 0,\ \ a_n \neq 0 \tag{1.3}$$

에서 미지수 x를 복소수로 취하면 방정식 (1.3)은 복소수체계 안에서 언제나 해를 갖는다. 더욱이 계수 a_j들이 복소수일 때도 해를 갖는다. 이 사실을 **대수학의 기본정리(Fundamental Theorem of Algebra)**라고 한다. 대수학의 기본정리는 6장에서 자세히 다루기로 한다.

1.1 복소수와 대수적 연산

1.1.1 복소수 체

$i = \sqrt{-1}$을 허수단위로 정하고 x, y가 실수일 때

$$z = x + iy$$

의 형태의 수를 복소수(complex number)로 정의한다. 여기서 두 실수 x, y를 각각 복소수 z의 **실수부(real part)**, **허수부(imaginary part)**라고 하며, z의 실수부와 허수부는 차례로

$$\mathrm{Re}\, z := x,\ \ \mathrm{Im}\, z := y$$

로 나타낸다. 복소수로서의 영은 실수부와 허수부가 모두 0인 복소수 $0 = 0 + i0$으로 정의한다. $\mathrm{Re}\, z = 0$, $\mathrm{Im}\, z \neq 0$인 복소수 z를 **순허수(purely imaginary)**라고

한다. 복소수 전체 집합은 $\mathbb{C}$로 나타내며,

$$\mathbb{C} = \{x + iy : x,\, y\text{는 실수}\}$$

이다. $\operatorname{Im} z = 0$이면 $z \in \mathbb{R}$이므로 실수 전체 집합 $\mathbb{R}$은 복소수 전체 집합 $\mathbb{C}$의 부분집합이다.

복소수체계(complex number system)를 알아보기 위해 먼저 대수적 연산을 정의하기로 한다. 두 복소수

$$z_1 = a + ib,\ \ z_2 = c + id$$

가 서로 같다는 것은 z_1, z_2의 실수부는 실수부끼리, 허수부는 허수부끼리 같을 때를 말한다. 즉,

$$z_1 = z_2 \Leftrightarrow a = c,\, b = d$$

이다.

두 복소수 z_1, z_2의 합과 곱은 각각

$$z_1 + z_2 = (a + ib) + (c + id) = (a + c) + i(b + d), \tag{1.4}$$

$$z_1 z_2 = (a + ib)(c + id) = (ac - bd) + i(ad + bc) \tag{1.5}$$

로 정의한다. 또 z_1, z_2의 차와 나눔은

$$z_1 - z_2 = (a + ib) - (c + id) = (a - c) + i(b - d), \tag{1.6}$$

$$\frac{z_1}{z_2} = \frac{a + ib}{c + id} = \frac{ac + bd}{c^2 + d^2} + i\frac{bc - ad}{c^2 + d^2} \tag{1.7}$$

로 약속한다. 이 연산의 정의는 $i^2 = -1$이라는 사실을 적용한 것을 제외하면 실수에서의 일반적인 연산방법을 적용하여 얻은 결과와 같다.

앞의 합과 곱의 정의로부터 복소수의 연산에서 교환법칙, 결합법칙, 분배법칙이 성립함을 알 수 있다. 세 복소수 z_1, z_2, z_3에 대해

$$z_1 + z_2 = z_2 + z_1, \quad z_1 z_2 = z_2 z_1 \qquad \text{(교환법칙)}$$

$$z_1 + (z_2 + z_3) = (z_1 + z_2) + z_3, \quad z_1(z_2 z_3) = (z_1 z_2) z_3 \qquad \text{(결합법칙)}$$

$$z_1(z_2 + z_3) = z_1 z_2 + z_1 z_3 \qquad \text{(분배법칙)}$$

이다. 또한 두 복소수의 곱이 영이면 즉, $z_1z_2 = 0$이면 z_1, z_2 가운데 적어도 하나는 영이다. 모든 복소수 z에 대해 덧셈에 대한 유일한 역원 $-z$이 존재하고, $z \neq 0$이면 곱셈에 대한 유일한 역원 $z^{-1} = \frac{1}{z}$이 존재한다.[2] 즉,

$$z + (-z) = 0,\ zz^{-1} = 1\,(z \neq 0)$$

을 만족하는 복소수 $-z$, z^{-1}이 존재한다.

앞에서 본 것처럼 복소수 전체집합 $\mathbb{C}$는 덧셈과 곱셈에 대하여 닫혀있고, 덧셈과 곱셈에 대하여 교환법칙과 결합법칙이 성립하며, 곱셈은 덧셈에 대하여 분배법칙이 성립한다. 또 복소수 집합은 덧셈에 대한 항등원 0과, 곱셈에 대한 항등원 1을 원소로 가지며, 모든 복소수 z는 덧셈에 대한 역원 $-z$와, $z \neq 0$이면 곱셈에 대한 역원 z^{-1}을 복소수 집합의 원소로 갖는다. 따라서 복소수 전체 집합 $\mathbb{C}$는 체(field, complex field)이다.

1.1.2 켤레복소수

복소수 $z = x + iy$의 **켤레복소수**(conjugate)는 $\bar{z}$로 나타내고

$$\bar{z} = x - iy$$

로 정의한다. $\bar{z}$의 켤레복소수는 $\bar{\bar{z}} = z$이다.

[예 1] $z = x + iy$일 때 $z + \bar{z} = 2x$, $z - \bar{z} = 2yi$ 이므로

$$\mathrm{Re}\, z = \frac{z + \bar{z}}{2}, \quad \mathrm{Im}\, z = \frac{z - \bar{z}}{2i}$$

이다. □

켤레복소수의 정의로부터

$$\overline{z_1 + z_2} = \overline{z_1} + \overline{z_2},\ \ \overline{z_1 z_2} = \overline{z_1}\,\overline{z_2}$$

임을 알 수 있고, 이것은 귀납적 방법에 의해

$$\overline{z_1 + z_2 + \cdots + z_n} = \overline{z_1} + \overline{z_2} + \cdots + \overline{z_n}, \tag{1.8}$$

$$\overline{z_1 z_2 \cdots z_n} = \overline{z_1}\,\overline{z_2} \cdots \overline{z_n} \tag{1.9}$$

---

[2] 식 (1.7)로부터 $z = a + ib \neq 0$일 때 $z^{-1} = \frac{a}{a^2+b^2} - i\frac{b}{a^2+b^2}$ 임을 알 수 있다.

와 같이 일반화될 수 있다. 또한 $z_2 \neq 0$일 때 $\alpha = \frac{z_1}{z_2}$이라고 하면 $\overline{\alpha}\,\overline{z_2} = \overline{z_1}$이다. $\overline{z_2} \neq 0$이므로 $\overline{z_2}^{-1} = \frac{1}{\overline{z_2}}$가 존재하고

$$\overline{\alpha} = \overline{\alpha}\left(\overline{z_2}\,\frac{1}{\overline{z_2}}\right) = (\overline{\alpha}\,\overline{z_2})\frac{1}{\overline{z_2}} = \frac{\overline{z_1}}{\overline{z_2}}$$

이다. 즉,

$$\overline{\left(\frac{z_1}{z_2}\right)} = \frac{\overline{z_1}}{\overline{z_2}} \tag{1.10}$$

이다.

복소수 $z = x + iy$와 켤레복소수 $\bar{z} = x - iy$의 곱

$$z\bar{z} = x^2 + y^2 \tag{1.11}$$

은 나눔 $\frac{z_1}{z_2}$을 복소수 $a + ib$의 형태로 고쳐쓸 때 편리하게 이용할 수 있다. $\frac{z_1}{z_2}$의 분자 분모에 $\overline{z_2}$를 곱하면 분모를 실수 $z\bar{z}$로 바꿀 수 있기 때문이다.

[예 2] $\frac{1}{2+i}$를 $a + ib$의 형태로 나타내면

$$\frac{1}{2+i} = \frac{\overline{2+i}}{(2+i)(\overline{2+i})} = \frac{2-i}{(2+i)(2-i)} = \frac{2-i}{5} = \frac{2}{5} - \frac{1}{5}i$$

이다. □

1.2 복소평면

1.2.1 복소평면과 복소수의 절댓값

각각의 복소수 $z = x + iy$와 평면 위의 점 (x, y)사이에 자연스러운 일대일대응 관계를 생각할 수 있다. 이런 이유에서 복소수 $z = x + iy$를 xy평면 위의 점 (x, y)로 나타내어 복소수를 표시한 평면을 **복소평면**(complex plane)이라 하고, 복소평면에서는 xy평면의 x축을 **실수축**(real axis), y축을 **허수축**(imaginary axis)이라고 한다.

복소수는 2차원 벡터공간에서 원점 $(0, 0)$을 시점으로 하고 점 (x, y)를 종점으로 하는 벡터 $< x, y >$로 이해할 수도 있다. 이 경우 앞에서 정의한 두 복소수

$z_1 = x_1 + iy_1$, $z_2 = x_2 + iy_2$의 합

$$z_1 + z_2 = (x_1 + x_2) + i(y_1 + y_2)$$

는 벡터의 합

$$< x_1, y_1 > + < x_2, y_2 > = < x_1 + x_2, y_1 + y_2 >$$

와 같은 의미로 해석된다.

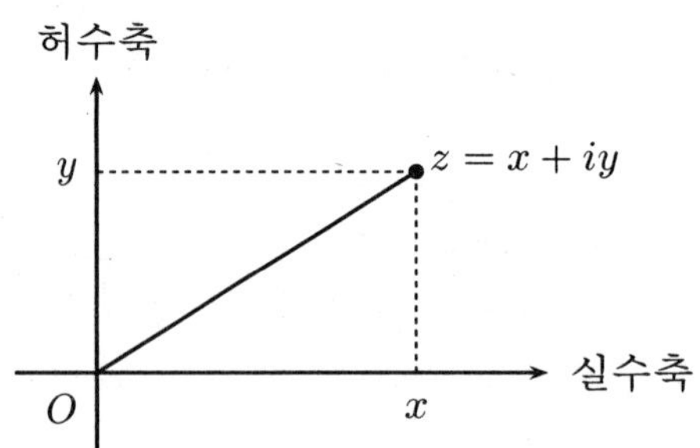

그림 1.1 복소평면

벡터 $< x, y >$의 크기는 원점에서 점 (x, y)까지의 거리로 정의하였다. 이 거리를 복소수 $z = x + iy$의 절댓값(absolute value, modulus)라고 하고, 기호로는 $|z|$로 나타내며

$$|z| = \sqrt{x^2 + y^2} \tag{1.12}$$

이다. 같은 절댓값을 갖는 서로 다른 복소수는 무수히 많다. 한 예로 z와 켤레복소수 $\bar{z}$의 크기는 같다. 즉,

$$|\bar{z}| = |x - iy| = \sqrt{x^2 + (-y)^2} = \sqrt{x^2 + y^2} = |z| \tag{1.13}$$

이다. 모든 복소수 $z = x + iy$는 부등식

$$|x| = |\mathrm{Re}\, z| \le |z|, \qquad |y| = |\mathrm{Im}\, z| \le |z| \tag{1.14}$$

를 만족한다.

[예 3] (1) $z = 3 + 2i$의 절댓값은 $|z| = |3 + 2i| = \sqrt{3^2 + 2^2} = \sqrt{13}$이고,
(2) $z = 4 - 3i$의 절댓값은 $|z| = |4 - 3i| = \sqrt{4^2 + (-3)^2} = 5$이다. □

[예제 1.1] $\frac{1}{3+2i}$ 의 크기를 구하여라.

(풀이) $\frac{1}{3+2i} = \frac{3}{13} - \frac{2}{13}i$이므로

$$\left|\frac{1}{3+2i}\right| = \sqrt{\left(\frac{3}{13}\right)^2 + \left(-\frac{2}{13}\right)^2} = \frac{1}{\sqrt{13}}$$

이다. □

복소평면 위의 두 점 $z_1 = x_1 + iy_1,\ z_2 = x_2 + iy_2$사이의 거리는

$$|z_2 - z_1| = \sqrt{(x_2 - x_1)^2 + (y_2 - y_1)^2} \tag{1.15}$$

으로 정의한다. 식 (1.15)는 평면 $\mathbb{R}^2$에서 두 점 (x_1, y_1), (x_2, y_2) 사이의 거리와 같으므로 복소평면에서도 평면 $\mathbb{R}^2$에서와 같이 **삼각부등식**(triangle inequality)

$$|z_1 + z_2| \le |z_1| + |z_2|, \quad |z_1 - z_2| \ge ||z_1| - |z_2|| \tag{1.16}$$

가 성립한다.

앞의 식 (1.11), (1.15)로부터

$$|z|^2 = x^2 + y^2 = z\bar{z} \tag{1.17}$$

임을 알 수 있다. 식 (1.9)와 연산법칙에 의해

$$|z_1 z_2|^2 = (z_1 z_2)(\overline{z_1 z_2}) = (z_1 \overline{z_1})(z_2 \overline{z_2}) = |z_1|^2 |z_2|^2$$

이므로

$$|z_1 z_2| = |z_1||z_2|$$

이다. 일반적으로

$$|z_1 z_2 \cdots z_n| = |z_1||z_2| \cdots |z_n| \tag{1.18}$$

이다. 또한 $z_2 \neq 0$일 때

$$\left|\frac{z_1}{z_2}\right| = \frac{|z_1|}{|z_2|} \tag{1.19}$$

이다.

고정된 한 점 a로부터 $r > 0$만큼 떨어진 점들의 집합 즉, 복소평면 위의 점 a를 중심으로 하고 반지름이 r인 원 $\{z \in \mathbb{C} : |z-a| = r\}$을 편의상 $|z-a| = r$로 쓴다. 또 $|z-a| < r$은 점 a로부터의 거리가 r보다 가까운 점 z들의 집합을 나타낸다. 즉, $|z-a| < r$은 점 a를 중심으로 하고 반지름이 r인 원의 내부를 의미한다.

[예 4] (1) $|z| = 1$은 원점을 중심으로 하고 반지름이 1인 원이다.
(2) $1 < |z-i| \le 2$는 점 i를 중심으로 반지름이 1인 원의 외부와 반지름이 2인 원과 그 내부의 공통집합이다. □

1.2.2 복소수의 극형식

평면 위의 점은 직교좌표뿐만 아니라 극좌표로도 나타낼 수 있는 것처럼 복소수도 극좌표의 형식으로 나타낼 수 있다. 복소수 $z \neq 0$를 극좌표의 형식으로 나타낼 때 거리는 복소수의 절댓값으로 나타내고, 방향은 양의 실수축에서 반시계방향으로 측정한 원점과 점 z를 연결하는 직선까지의 각으로 나타낸다. 이 각을 z의 **편각**(argument)이라 하고 $\arg z$로 나타낸다.

복소수 $z = x + iy$의 절댓값이 $|z| = r$이고, 편각이 θ이면,

$$r = |z| = \sqrt{x^2 + y^2}, \quad \tan\theta = \frac{y}{x}, \tag{1.20}$$

$$x = r\cos\theta, \quad y = r\sin\theta \tag{1.21}$$

의 관계가 성립한다. 위의 관계로부터 복소수 $z = x + iy$는

$$z = r\cos\theta + ir\sin\theta = r(\cos\theta + i\sin\theta) \tag{1.22}$$

의 형태로 나타낼 수 있는데, 이를 z의 **극형식**(polar form)이라고 한다.[3]

그러나 위의 표현에서 복소수의 절댓값 r과 한 편각 θ가 정해졌을 때 모든 정수 k에 대해

$$r\cos(2k\pi + \theta) + ir\sin(2k\pi + \theta), \ k \in \mathbb{Z}$$

는 모두 복소평면 위의 같은 점을 나타낸다. 다시 말해 0이 아닌 모든 복소수는 무수히 많은 편각을 갖는다. 이로 인한 혼동을 덜기 위해 각각의 복소수 z에 대해 $-\pi < \arg z \le \pi$를 만족하는 유일한 한 값만을 고려하는 경우가 있다. $-\pi <$

[3]복소수의 극형식에서는 $r = |z| \ge 0$으로 r이 음수인 경우는 고려하지 않는다.

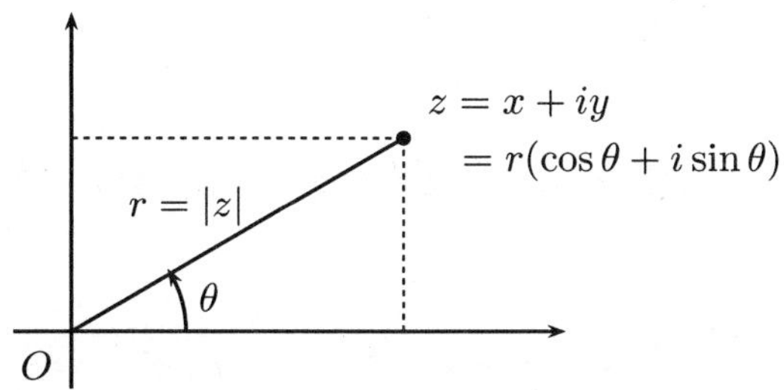

그림 1.2 복소수의 극형식

$\arg z \le \pi$를 만족하는 편각을 z의 **고유편각**(principal argument)이라 하고 기호로는 $\mathrm{Arg}\, z$로 나타낸다.

복소수 z의 실수부가 양의 값을 가지면 즉, $\mathrm{Re}\, z > 0$이면 $|\mathrm{Arg}\, z| < \frac{\pi}{2}$이며, 그 역도 성립한다. 만일 $x = y = 0$이면 식 (1.20)의 $\tan\theta = \frac{y}{x}$는 무의미하므로 $z = 0$의 편각은 정의하지 않는다. 편각이 음의 값을 갖는 다는 것은 각을 측정할 때 양의 실수축에서 시계방향으로 측정하였음을 의미한다.

[예 5] $z = -1 + \sqrt{3}i$일 때, $\arg z = \frac{2}{3}\pi + 2k\pi$, $\mathrm{Arg}\, z = \frac{2}{3}\pi$ 이다. □

$z \neq 0$의 극형식 $z = r(\cos\theta + i\sin\theta)$에서 $\cos\theta + i\sin\theta$를 $e^{i\theta}$로 나타낸 식

$$e^{i\theta} = \cos\theta + i\sin\theta \tag{1.23}$$

를 **오일러 공식**(Euler formula)이라고 한다. 오일러 공식에서 편각 θ는 라디안으로 표시된 값이다. 극형식으로 표시된 복소수 $z = r(\cos\theta + i\sin\theta)$는 오일러 공식을 이용하여

$$z = re^{i\theta} \tag{1.24}$$

로 나타낼 수 있다.

[예 6] $z = 1 - i$는 극형식

$$z = \sqrt{2}\left(\cos(2n\pi - \frac{\pi}{4}) + i\sin(2n\pi - \frac{\pi}{4})\right), \quad n \in \mathbb{Z}$$

로 나타낼 수 있고, 오일러 공식을 이용하여

$$z = \sqrt{2}\, e^{(2n\pi - \frac{\pi}{4})i}$$

로 나타낼 수 있다. □

식 (1.24)에서 $r = 1$이면, $e^{i\theta}$는 원점을 중심으로 하고 반지름이 1인 원 위에 놓인다. 예를 들어

$$e^{i\frac{\pi}{2}} = i, \quad e^{i\pi} = -1, \quad e^{i\frac{3\pi}{2}} = -i, \quad e^{i2\pi} = 1$$

이다. 점 z_0을 중심으로 하고 반지름이 R인 원 $|z - z_0| = R$은

$$z = z_0 + Re^{i\theta}, \quad 0 \le \theta \le 2\pi$$

로 나타낼 수 있다.

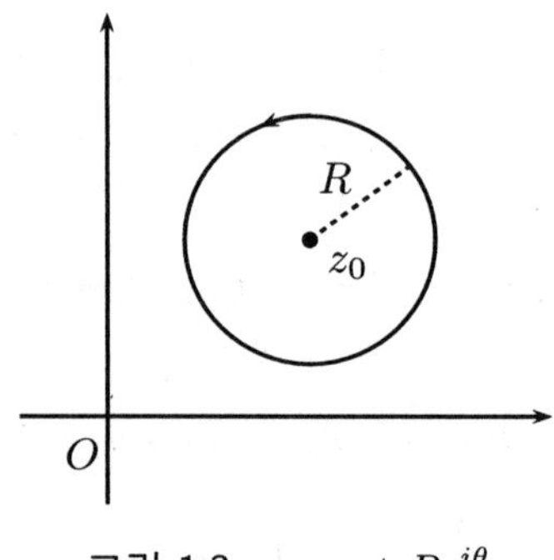

그림 1.3 $z = z_0 + Re^{i\theta}$

두 복소수

$$z_1 = r_1 e^{i\theta_1} = r_1(\cos\theta_1 + i\sin\theta_1), \; z_2 = r_2 e^{i\theta_2} = r_2(\cos\theta_2 + i\sin\theta_2)$$

의 곱 $z_1 z_2$는

$$\begin{aligned} z_1 z_2 =& [r_1 e^{i\theta_1}][r_2 e^{i\theta_2}] \\ =& [r_1(\cos\theta_1 + i\sin\theta_1)]\,[r_2(\cos\theta_2 + i\sin\theta_2)] \\ =& r_1 r_2[(\cos\theta_1\cos\theta_2 - \sin\theta_1\sin\theta_2) + i(\sin\theta_1\cos\theta_2 + \sin\theta_2\cos\theta_1)] \\ =& r_1 r_2[\cos(\theta_1 + \theta_2) + i\sin(\theta_1 + \theta_2)] \\ =& r_1 r_2 e^{i(\theta_1 + \theta_2)} \end{aligned} \tag{1.25}$$

이다. 그러므로 $z_1 = r_1 e^{i\theta_1}$, $z_2 = r_2 e^{i\theta_2}$이면 곱 $z_1 z_2$는

$$z_1 z_2 = r_1 e^{i\theta_1} r_2 e^{i\theta_2} = r_1 r_2 e^{i(\theta_1+\theta_2)} \tag{1.26}$$

이다. 또한 $z_2 \neq 0$일 때 나눔 $\frac{z_1}{z_2}$는

$$\frac{z_1}{z_2} = \frac{r_1 e^{i\theta_1}}{r_2 e^{i\theta_2}} = \frac{r_1 e^{i\theta_1} e^{-i\theta_2}}{r_2 e^{i\theta_2} e^{-i\theta_2}} = \frac{r_1}{r_2} e^{i(\theta_1-\theta_2)} \tag{1.27}$$

이고, $z = re^{i\theta} \neq 0$의 곱에 대한 역원 z^{-1}은

$$z^{-1} = \frac{1}{z} = \frac{1}{re^{i\theta}} = \frac{1}{r} e^{-i\theta} \tag{1.28}$$

이다.

식 (1.25)에 의해 두 복소수의 곱의 편각은 각 복소수의 편각의 합과 같다. 즉

$$\arg(z_1 z_2) = \theta_1 + \theta_2 = \arg z_1 + \arg z_2$$

라고 할 수 있다. 그러나 θ_1, θ_2는 각각 무수히 많은 값 $\arg z_1$, $\arg z_2$ 가운데 하나이므로 엄밀하게 말하면

$$\arg(z_1 z_2) = \arg z_1 + \arg z_2 + 2k\pi \quad (k \in \mathbb{Z})$$

이다. 위의 논의로부터

$$\arg(z_1 z_2) = \arg z_1 + \arg z_2 \pmod{2\pi} \tag{1.29}$$

$$\arg\left(\frac{z_1}{z_2}\right) = \arg z_1 - \arg z_2 \pmod{2\pi} \tag{1.30}$$

임을 알 수 있다.

[예제 1.2] $\operatorname{Arg} z_1 = \frac{2}{3}\pi$, $\operatorname{Arg} z_2 = \frac{3}{4}\pi$일 때, $\operatorname{Arg}(z_1 z_2)$를 구하여라.

(풀이) $j,\ k,\ l$을 정수라 하면 $\arg z_1 = \frac{2}{3}\pi + 2k\pi$, $\arg z_2 = \frac{3}{4}\pi + 2l\pi$ 이므로

$$\begin{aligned} \arg(z_1 z_2) &= \arg z_1 + \arg z_2 + 2j\pi \\ &= \frac{17}{12}\pi \pmod{2\pi} \\ &= -\frac{7}{12}\pi \pmod{2\pi} \end{aligned}$$

이다. 그러므로 $\mathrm{Arg}(z_1 z_2) = -\frac{7}{12}\pi$이다. □

[예제 1.3] $z \neq 0$ 일 때 $\mathrm{Arg}\, z^{-1} = \mathrm{Arg}\, \bar{z}$임을 보여라.

(풀이) z와 $\bar{z}$는 실수축에 대하여 대칭 위치에 있으므로

$$\arg\ \bar{z} = -\arg\ z\ (\mathrm{mod}\ 2\pi)$$

이다. 그러므로 식 (1.28)에 의해 $\mathrm{Arg}\, z^{-1} = \mathrm{Arg}\, \bar{z}$이다. □

1.2.3 드므브아르의 공식

$z_j = r_j(\cos\theta_j + i\sin\theta_j),\ z_j \neq 0,\ j = 1, 2, \cdots, n$일 때 식 (1.25)에 귀납논리를 적용하여

$$z_1 z_2 \cdots z_n = r_1 r_2 \cdots r_n[\cos(\theta_1 + \theta_2 + \cdots + \theta_n) + i\sin(\theta_1 + \theta_2 + \cdots + \theta_n)] \quad (1.31)$$

을 얻을 수 있다. 식 (1.31)의 특별한 경우로 $z_j = r(\cos\theta + i\sin\theta) = z,\ j = 1, 2, \cdots, n$이면

$$z^n = r^n(\cos n\theta + i\sin n\theta) \quad (1.32)$$

또는

$$z^n = \left(re^{i\theta}\right)^n = r^n e^{in\theta}$$

이다. 위 식 (1.32)에서 $|z| = 1$이면

$$(\cos\theta + i\sin\theta)^n = (\cos n\theta + i\sin n\theta) \quad (1.33)$$

를 얻는다. 위 식 (1.33)을 드므브아르의 공식(DeMoivre's formula)이라고 한다.

[예 7] 므브아르의 공식에 의해

$$\begin{aligned}\cos 2\theta + i\sin 2\theta =& (\cos\theta + i\sin\theta)^2 \\ =& \cos^2\theta - \sin^2\theta + i2\sin\theta\cos\theta\end{aligned}$$

이므로, 삼각함수의 배각공식

$$\cos 2\theta = \cos^2\theta - \sin^2\theta, \quad \sin 2\theta = 2\sin\theta\cos\theta$$

를 얻을 수 있다. □

[예제 1.4] 드므브아르의 공식을 이용하여 $(\frac{1}{\sqrt{2}}+i\frac{1}{\sqrt{2}})^4=-1$임을 보여라.

(풀이) $z=\frac{1}{\sqrt{2}}+i\frac{1}{\sqrt{2}}$이라하면 $z=\cos\frac{\pi}{4}+i\sin\frac{\pi}{4}$이므로

$$z^4=\cos\pi+i\sin\pi=-1$$

이다. □

복소수 z가 방정식 $z^n = z_0$ $(n\in\mathbb{N})$을 만족하면, z를 z_0의 n승근(n-th root)이라고 하고

$$z=z_0^{\frac{1}{n}}$$

으로 나타낸다. 주어진 복소수 $z_0=r_0(\cos\theta_0+i\sin\theta_0)$에 대해 $z^n=z_0$를 만족하는 복소수 $z=r(\cos\theta+i\sin\theta)$를 찾기 위해서는 방정식

$$r^n(\cos n\theta+\sin n\theta)=r_0(\cos\theta_0+i\sin\theta_0) \tag{1.34}$$

의 해를 찾아야 한다. 모든 실수 θ에 대해 $|\cos\theta+i\sin\theta|=1$이므로 식 (1.34)에서 두 방정식

$$r^n=r_0,\quad \cos n\theta+i\sin n\theta=\cos\theta_0+i\sin\theta_0 \tag{1.35}$$

을 얻는다. (1.35)의 첫 방정식에서 r과 r_0는 양의 실수이므로

$$|z|=r=r_0^{\frac{1}{n}}$$

이고, 두 번째 방정식에서

$$n\theta=\theta_0+2k\pi,\quad \theta=\frac{\theta_0+2k\pi}{n}\quad (k\in\mathbb{Z})$$

을 얻을 수 있으므로, 방정식 (1.34)를 만족하는 해는

$$z=z_0^{\frac{1}{n}}=r_0^{\frac{1}{n}}\left(\cos\frac{\theta_0+2k\pi}{n}+i\sin\frac{\theta_0+2k\pi}{n}\right)\quad (k\in\mathbb{Z}) \tag{1.36}$$

이다. 그런데 식 (1.36)은 $k=0,1,2,\cdots,n-1$일 때 서로 다른 값을 갖고, 삼각함수의 주기성 때문에 k의 변화에 따른 더 이상의 다른 새로운 근을 갖지 않는다. 그러므로 방정식 $z^n=z_0$ $(z_0\neq 0)$는 꼭 n개의 서로 다른 근을 갖는다.

[예제 1.5] $(i)^{\frac{1}{2}}$의 모든 값을 찾아라.

(풀이) 방정식 $z^2 = i$의 해를 찾아야 한다. $z = r(\cos\theta + i\sin\theta)$로 놓으면

$$\begin{aligned} z^2 =& r^2(\cos 2\theta + i\sin 2\theta) \\ =& \cos\left(\frac{\pi}{2} + 2k\pi\right) + i\sin\left(\frac{\pi}{2} + 2k\pi\right) = i, \quad k \in \mathbb{Z} \end{aligned}$$

로부터 $r = 1$, $\theta = \frac{\pi}{4} + k\pi$ $(k \in \mathbb{Z})$를 얻는다. 따라서 $(i)^{\frac{1}{2}}$의 서로 다른 값은

$$\begin{aligned} \cos\frac{\pi}{4} + i\sin\frac{\pi}{4} &= \frac{1}{\sqrt{2}}(1+i), \ (k=0) \\ \cos\frac{5\pi}{4} + i\sin\frac{5\pi}{4} &= \frac{1}{\sqrt{2}}(-1-i), \ (k=1) \end{aligned}$$

이다. □

앞의 식 (1.36)에서 $z_0 = 1$이면, 식 (1.36)은 n개의 서로 다른 값

$$z = \cos\frac{2k\pi}{n} + i\sin\frac{2k\pi}{n} \quad (k = 0, 1, 2, \cdots, n-1) \tag{1.37}$$

를 갖는다. 식 (1.37)은 기하학적으로 원점을 중심으로 하고 반지름이 1인 원에 내접하는 정 n각형의 꼭지점을 나타낸다. 위 식 (1.37)에서 $z^n = 1$의 연속하는 두 근의 편각의 차이는 항상 $\frac{2\pi}{n}$이다. 그러므로 식 (1.37)에서 $k = 1$일 때의 근을

$$\omega = \cos\frac{2\pi}{n} + i\sin\frac{2\pi}{n}$$

라 하면, $z^n = 1$의 해는 ω의 곱

$$\omega,\ \omega^2,\ \omega^3, \cdots, \omega^{n-1},\ \omega^n = \omega^0 = 1$$

으로 나타낼 수 있다.

[예제 1.6] $z^3 = 1$를 만족하는 z를 모두 구하여라.

(풀이) $z^3 = 1$은 세 개의 서로 다른 근을 갖는다.

$$\omega = \cos\frac{2\pi}{3} + i\sin\frac{2\pi}{3}$$

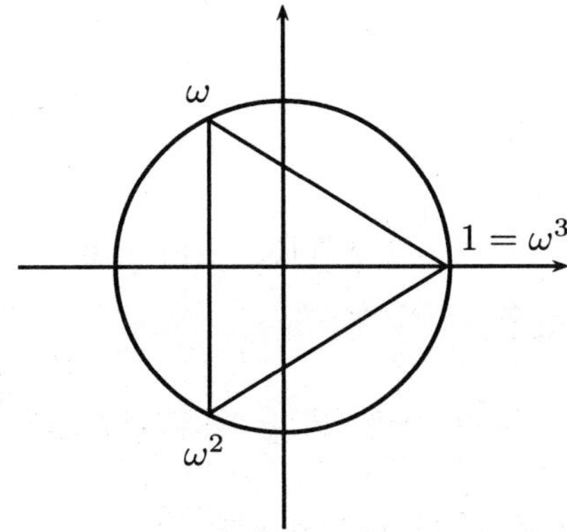

그림 1.4 $z^3 = 1$의 근

라 하면 방정식 $z^3 = 1$의 세 근은

$$\begin{aligned}\omega =& -\frac{1}{2} + i\frac{\sqrt{3}}{2},\\ \omega^2 =& \cos\frac{4\pi}{3} + i\sin\frac{4\pi}{3} = -\frac{1}{2} - i\frac{\sqrt{3}}{2},\\ \omega^3 =& \omega^0 = 1\end{aligned}$$

이다. □

[예제 1.7] $z^n = 1$의 서로 다른 모든 해의 합이 0임을 보여라.

(풀이) 주어진 방정식의 한 해를

$$\omega = \cos\frac{2\pi}{n} + i\sin\frac{2\pi}{n}$$

라 하면 서로 다른 해는 ω, ω^2, $\omega^3, \cdots, \omega^{n-1}$, ω^n이다. 그런데 $\omega^n = 1$이므로

$$\begin{aligned}\omega + \omega^2 + \cdots + \omega^{n-1} + \omega^n =& 1 + \omega + \omega^2 + \cdots + \omega^{n-1}\\ =& \frac{1-\omega^n}{1-\omega} = 0\end{aligned}$$

이다. □

1.3 문제해결

1. 다음을 보여라.

   (1) $\operatorname{Im}(iz) = \operatorname{Re} z$ (2) $\operatorname{Re}(-iz) = \operatorname{Im} z$

   (3) $|\operatorname{Re} z| + |\operatorname{Im} z| \le \sqrt{2}\,|z|$

2. $z = 1 \pm i$가 방정식 $z^2 - 2z + 2 = 0$을 만족함을 보여라.

3. 다음 복소수를 $a + ib$의 형태로 나타내어라.

   (1) $\dfrac{1}{2+i}$ (2) $\dfrac{-1+3i}{2-i}$ (3) $\dfrac{2i}{1+i}$ (4) $\dfrac{2+4i}{i}$

4. 주어진 조건을 만족하는 점들의 집합을 그려라.

   (1) $|z + 2 - i| = 1$ (2) $|z - i| < 2$

   (3) $|z - 1 + 2i| \ge 1$ (4) $1 < |z + 2i| \le 2$

5. $\frac{x-iy}{x+iy} = a + ib$일 때 $a^2 + b^2 = 1$임을 보여라.

6. $z_1 \neq 0$일 때 $z_1 z_2 = 0$이면 $z_2 = 0$임을 보여라.

7. $|z_1 + z_2|^2 = |z_1|^2 + |z_2|^2 + 2\operatorname{Re} z_1\overline{z_2}$임을 보여라.

8. $|z_1| < 1$, $|z_2| < 1$이면,

   $$\left|\frac{z_1 - z_2}{1 - \overline{z_1} z_2}\right| < 1$$

   임을 보여라.

9. $|z| < 1$일 때 다음을 증명하여라.

   (1) $\operatorname{Re} \dfrac{1}{1-z} > \dfrac{1}{2}$ (2) $\operatorname{Re} \dfrac{z}{1-z} > -\dfrac{1}{2}$

10. $|z| = 1$이면, 복소수 $a \neq 0$, b에 대해 $\left|\frac{az+b}{\bar{b}z+\bar{a}}\right| = 1$임을 보여라.

11. $|z| = 1$일 때 $|z^2 + 1|$의 최댓값을 찾아라.

12. $|z| \le 1$일 때 $|z^n + a|$의 최댓값을 찾아라.

13. 복소수 a, b에 대해 $|a - b|^2 + |a + b|^2 = 2(|a|^2 + |b|^2)$임을 보여라.

14. 다음 복소수 z의 절댓값과 고유편각을 구하여라.

(1) $\sqrt{2}+i$ (2) $2-2i$ (3) $-2\sqrt{3}+2i$ (4) $\dfrac{-2}{1+\sqrt{3}i}$

15. 위 14번의 복소수를 극형식으로 나타내어라.

16. $|e^{i\theta}|=1,\ \overline{e^{i\theta}}=e^{-i\theta}$임을 보여라.

17. 다음 식이 성립함을 보여라.

(1) $\cos 3\theta = \cos^3\theta - 3\cos\theta\sin^2\theta$

(2) $\sin 3\theta = -\sin^3\theta + 3\cos^2\theta\sin\theta$

18. $|1-z|<1$이면, $|\operatorname{Arg} z| < \frac{\pi}{2}$임을 보여라.

19. $|z|<1$이면 $\left|\operatorname{Arg}\frac{1+z}{1-z}\right| < \frac{\pi}{2}$임을 보여라.

20. 등식

$$1+z+z^2+\cdots+z^n = \frac{1-z^{n+1}}{1-z} \quad (z\neq 1)$$

임을 보이고 이를 이용하여

$$\begin{aligned} &1+\cos\theta+\cos 2\theta+\cdots+\cos n\theta \\ &=\frac{1}{2}+\frac{\sin[(2n+1)\theta/2]}{2\sin(\theta/2)} \quad (0<\theta<2\pi) \end{aligned} \tag{1.38}$$

을 유도하여라.[4]

21. 복소수 z_0가 방정식

$$p(z)=a_nz^n+a_{n-1}z^{n-1}+\cdots+a_1z+a_0=0 \quad (a_j\in\mathbb{R},\ j=0,1,2,\cdots,n)$$

의 해이면 $p(\overline{z_0})=0$임을 보여라.

22. 다음 방정식의 해를 모두 찾아라.

(1) $z^2=4+3i$ (2) $z^3=-8i$ (3) $z^2=\frac{1-i}{1+i}$

23. 다음 값을 모두 찾아라.

(1) $(-i)^{\frac{1}{2}}$ (2) $i^{\frac{1}{4}}$ (3) $(1+i)^{\frac{1}{2}}$ (4) $8^{\frac{1}{6}}$

---

[4] 식 (1.38)을 라그랑제 삼각 항등식(Lagrange's trigonometric identity)이라고 한다.

24. 임의의 복소수 z에 대해 $w^2 = z$를 만족하는 복소수 w가 존재함을 보여라.

25. 방정식 $z^2 + 2z + 2 = 0$의 해를 찾고, 실수 이차방정식의 근의 공식을 이용하여 찾은 해와 비교하여라.

제 2 장

집합과 함수

2차원 유클리드(Euclid)평면 $\mathbb{R}^2$의 부분집합에서 정의된 함수의 연속은 $\epsilon-\delta$논리로 설명하였다. 함수 $f(x,y)$가 열린집합(open set) $D(\subset \mathbb{R}^2)$에서 정의된 실수값을 갖는 함수일 때 $f(x,y)$가 점 (x_0,y_0)에서 연속이라는 것은 임의로 주어진 $\epsilon>0$에 대하여

$$\|(x,y)-(x_0,y_0)\|<\delta,\ (x,y)\in D$$

인 모든 점 (x,y)가 부등식

$$|f(x,y)-f(x_0,y_0)|<\epsilon$$

을 만족하도록 하는 $\delta>0$가 존재하는 것이다.

결국 ϵ, δ는 거리에 관한 것이고, $\mathbb{R}^2$에서 두 점 (x,y), (x_0,y_0) 사이의 거리는

$$\|(x,y)-(x_0,y_0)\|=\sqrt{(x-x_0)^2+(y-y_0)^2} \tag{2.1}$$

으로 정의하였고, 이는 1장에서 정의한 두 복소수 $z=x+iy$, $z_0=x_0+iy_0$의 차에 대한 절댓값

$$|z-z_0|=\sqrt{(x-x_0)^2+(y-y_0)^2} \tag{2.2}$$

과 같다.

그러므로 복소평면 위의 두 점 $z=x+iy$, $z_0=x_0+iy_0$ 사이의 거리를 식 (2.2)로 정의하면 복소평면은 2차원 유클리드(Euclid)평면 $\mathbb{R}^2$와 같은 **거리함수**(metric function)를 갖는 **거리공간**(metric space)으로 생각할 수 있다.[1] 따라서 복소평면에서 열린집합, 닫힌집합, 콤팩트 집합 등의 기본적인 개념은 $\mathbb{R}^2$에서와 동일하게 생각할 수 있다.

이 장에서 언급하게될 정리를 포함한 수학적 사실들은 필요에 따라 증명없이 기술되었다. 자세한 설명은 해석학 교재에서 찾을 수 있다.

2.1 복소평면에서의 집합

2.1.1 열린집합과 닫힌집합

실수 $\mathbb{R}$에서 한 점 x_0의 ϵ-근방 $|x - x_0| < \epsilon$ $(\epsilon > 0)$은 점 x_0로부터의 거리가 ϵ보다 가까운 점들의 집합 즉, 열린구간 $(x_0 - \epsilon,\ x_0 + \epsilon)$이었던 것처럼 복소평면에서 한 점 z_0의 **ϵ-근방**(ϵ-neighborhood)은 점 z_0로부터의 거리가 ϵ보다 가까운 점들의 집합 $|z - z_0| < \epsilon$ $(\epsilon > 0)$ 즉, 점 z_0을 중심으로 하고 반지름이 ϵ인 원의 내부를 의미하며, $N(z_0, \epsilon)$으로 나타내고,

$$N(z_0, \epsilon) = \{z : |z - z_0| < \epsilon\} \tag{2.3}$$

이다.

집합 E가 **유계**(bounded)라 함은 $E \subset N(0, R)$를 만족하는 $R > 0$이 존재하는 경우를 말한다. 집합 E의 한 점 z_0에 대해 $N(z_0, \epsilon) \subset E$인 $\epsilon > 0$이 존재하면 z_0을 E의 **내점**(interior point)이라고 한다. 집합 E의 모든 점이 E의 내점이면 집합 E를 **열린집합**(open set)이라고 한다. 복소평면에서 ϵ-근방 $N(z_0, \epsilon)$은 열린집합이다. 또한 다음에 열거된 집합도 모두 열린집합이다:

(1) 공집합 $\emptyset$

(2) 복소수 전체집합 $\mathbb{C}$

(3) 유한개 열린집합의 공통집합

---

[1] 집합 X가 거리공간이되기 위해서는 거리함수 $d : X \times X \to \mathbb{R}$이 정의될 수 있어야 한다. 또 d가 집합 X의 거리함수이기 위해서는 X의 모든 원소 x, y, z에 대해 다음의 세 조건

(1) $d(x, y) \geq 0,\ d(x, y) = 0 \Leftrightarrow x = y,$

(2) $d(x, y) = d(y, x),$

(3) $d(x, z) \leq d(x, y) + d(y, z)$

를 만족해야 한다.

(4) 임의의 열린집합들의 합집합

z_0가 빠진 ϵ-근방(deleted ϵ-neighborhood of z_0)이란 z_0의 ϵ-근방에서 점 z_0을 뺀 집합

$$N(z_0, \epsilon)\backslash\{z_0\}, \text{ 또는 } 0 < |z - z_0| < \epsilon \tag{2.4}$$

을 말하고 기호로는 $N'(z_0, \epsilon)$로 나타낸다. 양의 값을 갖는 모든 $\epsilon > 0$에 대해 z_0가 빠진 ϵ-근방이 E에 속하는 점을 포함하면, 다시 말해

$$N'(z_0, \epsilon) \cap E \neq \emptyset, \quad \epsilon > 0$$

이면 z_0을 집합 E의 **극한점**(limit point) 또는 **집적점**(accumulation point)이라고 한다.

E의 극한점이 E에 속하지 않을 수도 있다.[2] 집합 E가 자신의 극한점을 모두 포함하면 E를 **닫힌집합**(closed set)이라고 한다. E가 닫힌집합이면 E^c는 열린집합이고, E가 열린집합이면 E^c는 닫힌집합이다.[3] 다음은 닫힌 집합의 예이다:

(1) 공집합 $\emptyset$

(2) 복소수 전체집합 $\mathbb{C}$

(3) 유한개 열린집합의 합집합

(4) 임의의 열린집합들의 공통집합

집합 E와 E의 극한점들의 집합의 합집합을 E의 **닫힘**(closure)이라고 하고 $\text{cl}(E)$로 나타낸다. $\text{cl}(E)$는 E를 포함하는 닫힌집합 가운데 가장 작은 집합이다.

점 z_0의 모든 ϵ-근방이 집합 E에 속하는 점과 E에 속하지 않는 점을 하나 이상씩 동시에 포함하면, 즉

$$N(z_0, \epsilon) \cap E \neq \emptyset \text{이고 } N(z_0, \epsilon) \cap E^c \neq \emptyset, \quad \epsilon > 0 \tag{2.5}$$

이면 점 z_0을 E의 **경계점**(boundary point)이라고 한다. E의 경계점들을 모두 모아 놓은 집합을 **경계집합**(boundary set)이라고 하고 기호로는 $\text{bd}(E)$로 나타낸다. 집합 $A = \{z : |z| < 1\}$에서 $|z| = 1$인 모든 점은 A의 경계점이고 경계집합은

$$\text{bd}(A) = \{z : |z| = 1\}$$

이다.

---

[2]집합 $E = \{z : 0 < |z| < 1\}$에서 $z = 0$는 E의 극한점이지만 $0 \notin E$이다.

[3]집합 E가 열린집합이 아니라는 것이 E가 닫힌집합이라는 것을 의미하는 것은 아니다. $E = \{z : 1 < |z| \leq 2\}$는 열린집합도 닫힌집합도 아니다.

경계점의 포함 여부로 집합이 열린집합인가 닫힌집합인가를 판단할 수도 있다. 집합 $E \subset \mathbb{C}$가 E의 경계점을 한 점도 포함하지 않으면 집합 E는 열린집합이다. 그러나 집합 E가 E의 경계점을 모두 포함하면 E는 닫힌 집합이다. 또 E가 자신의 경계점의 일부를 포함하지만 모두를 포함하지는 않으면 E는 열린집합도 닫힌집합도 아니다.

집합 E에 대해 다음 조건

(1) $E \subset U \cup V$,

(2) $E \cap U \neq \emptyset$, $E \cap V \neq \emptyset$

을 만족하는 공집합이 아닌 열린집합 U, V가 존재하지 않으면 E를 **연결된 집합**(connected set)이라 한다. 만일 집합 E가 연결된 집합이면 E 안의 두 점 z_1, z_2은 E 안에 놓이는 꺽은선(polygonal line)으로 연결할 수 있다. 연결된 열린집합을 **영역**(domain)이라고 한다.

2.1.2 콤팩트 집합

S가 복소평면의 한 부분집합이고, 열린집합들의 모음 $\{O_\alpha\}$가

$$S \subset \bigcup_\alpha O\alpha$$

이면, $\{O_\alpha\}$를 집합 S의 **열린 덮개**(open covering)라고 한다. $\{O_\alpha\}$가 S의 열린 덮개일 때, $\{O_\alpha\}$로부터

$$S \subset \bigcup_{j=1}^{n} O\alpha_j$$

를 만족하는 열린집합 $O\alpha_1, O\alpha_2, \cdots, O\alpha_n$을 찾을 수 있으면 S를 **콤팩트 집합**(compact set)이라고 한다. 이 때 $O\alpha_1, O\alpha_2, \cdots, O\alpha_n$을 S의 **유한 덮개**(finite subcover)라고 한다.

콤팩트 집합은 함수해석학에서 중요한 개념 가운데 하나이다. 콤팩트 집합 S에서 정의된 실숫값을 갖는 연속함수 $f : S \to \mathbb{R}$는 최댓값과 최솟값을 갖는다는 사실은 그 중요성 가운데 하나이다. 다음의 예제는 콤팩트 집합의 정의를 이용하여 콤팩트 집합이 아닌 집합의 예를 보여준다.

[예제 2.1] $S = \{z : |z| < 1\}$은 콤팩트 집합이 아님을 보여라.

(풀이) 각각의 $n \in \mathbb{N}$에 대해 $O_n := \{z : |z| < 1 - \frac{1}{n+1}\}$이라 하면

$$S \subset \bigcup_{n=1}^{\infty} O_n$$

이므로 $\{O_n\}$은 S의 열린 덮개이다. 그러나 $n > m$이면 $O_m \subset O_n$이고, 어떤 열린 집합 O_n도 S를 포함하지 못하므로 $\{O_n\}$으로부터 선택한 어떤 유한개의 집합의 합집합도 S를 포함할 수 없다. 그러므로 S는 콤팩트 집합이 아니다. □

위의 콤팩트 집합의 정의로부터 한 집합의 콤팩트 집합 여부를 판단하는 것은 쉽지 않은 일이지만 다음의 정리는 복소평면에서 콤팩트 집합 여부를 판정하는 데 효과적이다.

정리 2.1 [하이네-보렐의 정리(Heine-Borel)] 복소평면의 부분집합 S가 유계인 닫힌집합이면 S는 콤팩트 집합이다. ♦

위의 정리의 역 또한 성립한다. 즉 복소평면의 콤팩트 집합 S는 유계이며 닫힌집합이다.

[예 1] 집합 $S_1 = \{z : |z| \leq 1\}$은 유계인 닫힌집합이므로 콤팩트 집합이다. 그러나 집합 $S_2 = \{z : 0 \leq \mathbf{Re}\, z \leq 1\}$은 닫힌집합이지만 유계가 아니므로 콤팩트 집합이 아니다. 또 집합 $S_3 = \{z : 0 < \mathbf{Re}\, z \leq 1,\ 0 < \mathbf{Im}\, z \leq 1\}$는 유계이지만 닫힌집합이 아니므로 콤팩트 집합이 아니다. □

2.2 수열

2.2.1 수렴하는 수열

복소수열 $\{z_n\}$은 각각의 양의 정수에 복소수 z_n을 대응시킨 것이다. z_n을 수열 $\{z_n\}$의 n번째 항이라고 한다. 수열의 항들과 집합 사이에는 구별되어야 할 부분이 있다. 예를 들어 수열 $\{i, i, i \cdots\}$는 무한히 많은 항을 갖지만, 집합 $\{i, i, i \cdots\}$

은 단 하나의 원소를 갖는다.[4]

정의 2.1 수열 $\{z_n\}$이 z_0에 **수렴한다**(converge)는 것은 주어진 $\epsilon > 0$에 대해

$$n > N \text{인 모든 } n \text{에 대해 } |z_n - z_0| < \epsilon$$

을 만족하는 자연수 N이 존재함을 말한다. ♦

수열 $\{z_n\}$이 z_0에 수렴한다는 것은 주어진 $\epsilon > 0$에 대해

$$n > N \text{ 인 모든 } n \text{에 대해 } z_n \in N(z_0, \epsilon)$$

을 만족하는 자연수 N이 존재한다는 것과 같은 의미이다. $\{z_n\}$이 z_0에 수렴하면, z_0를 수열 $\{z_n\}$의 **극한**(limit)이라 하고, 기호로는

$$\lim_{n\to\infty} z_n = z_0$$

로 나타낸다.

[예 2] 수열 $\{z_n = \frac{i}{n}\}$은 0으로 수렴한다. 주어진 $\epsilon > 0$에 대해 $N > \frac{1}{\epsilon}$인 자연수 N을 택하면 $n > N$일 때 z_n은 부등식

$$|z_n - 0| = \left|\frac{i}{n} - 0\right| = \frac{1}{n} < \frac{1}{N} < \epsilon$$

을 만족한다. 그러므로 $\lim_{n\to\infty} \frac{i}{n} = 0$이다. □

[예제 2.2] 수열 $\{i^n\}$은 수렴하지 않음을 보여라.

(풀이) $z_n = i^n$이라 하고 $\{z_n\}$이 z_0에 수렴한다고 가정하면 $\epsilon = \frac{1}{2}$에 대해 적절한 N이 존재하여 $n > N$이면 $|z_n - z_0| < \epsilon$을 만족해야 한다. 그러므로 $\{z_n\}$이 z_0에

[4] 이것은 수열의 집합적 성질을 논할 때 고려되어야 할 부분이다. 예를 들어 집합으로서 $\{i, i, i \cdots\}$는 점 i의 ϵ-근방에 단 하나의 원소가 포함되지만, 수열로 볼 때는 무한히 많은 항이 i의 ϵ-근방에 포함되어 있다.

수렴한다면

$$\begin{aligned}|z_{4n} - z_{4n+2}| =& |1-(-1)| = 2\\ \le& |z_{4n} - z_0| + |z_0 - z_{4n+2}| < 2\epsilon = 1\end{aligned}$$

이므로 모순이다. 즉 $\{z_n\}$은 수렴하지 않는다. □

복소수 수열의 수렴 여부는 복소수 수열 각 항의 실수부와 허수부에 의해 만들어지는 실수열의 수렴과 밀접한 관계가 있다.

정리 2.2 복소수 수열 $\{z_n = x_n + iy_n\}$이 $z_0 = x_0 + iy_0$에 수렴하기 위한 필요충분조건은 실수열 $\{x_n\}$이 x_0로, $\{y_n\}$이 y_0로 수렴하는 것이다. ♦

(증명) 먼저 $\{x_n+iy_n\}$이 x_0+iy_0로 수렴한다고 가정하고, $\epsilon > 0$이라 하자. 수렴의 정의로부터 $n > N$이면

$$|(x_n + iy_n) - (x_0 + iy_0)| = |(x_n - x_0) + i(y_n - y_0)| < \epsilon \tag{2.6}$$

인 자연수 N이 존재한다. 따라서 식 (1.14)에 의해 $n \ge N$이면

$$\begin{aligned}|x_n - x_0| \le& |(x_n - x_0) + i(y_n - y_0)| < \epsilon,\\ |y_n - y_0| \le& |(x_n - x_0) + i(y_n - y_0)| < \epsilon\end{aligned}$$

이므로 $\lim_{n\to\infty} x_n = x_0$, $\lim_{n\to\infty} y_n = y_0$이다.

반대로 $\{x_n\}$은 x_0로, $\{y_n\}$은 y_0로 수렴하고, ϵ은 임의로 주어진 양수라 하자. $\{x_n\}$이 x_0로 수렴하므로 $n \ge N_1$이면

$$|x_n - x_0| < \frac{\epsilon}{2}$$

인 N_1이 존재하고, 또 $\{y_n\}$이 y_0로 수렴하므로 $n \ge N_2$이면

$$|y_n - y_0| < \frac{\epsilon}{2}$$

인 N_2가 존재한다. 여기서 $N = \max\{N_1, N_2\}$라 하면 $n \ge N$일 때

$$\begin{aligned}|z_n - z_0| &= |(x_n - x_0) + i(y_n - y_0)|\\ &\le |x_n - x_0| + |y_n - y_0|\\ &< \frac{\epsilon}{2} + \frac{\epsilon}{2} < \epsilon\end{aligned}$$

이므로 $\lim_{n\to\infty} z_n = z_0$이다. □

[예제 2.3] 수열 $\{z_n = \frac{3}{n} - i\}$이 $-i$로 수렴함을 보여라

(풀이) 수열 $\{z_n\}$의 실수부와 허수부로부터 각각 수열 $\{\frac{3}{n}\}$과 $\{-1\}$을 얻을 수 있다. 주어진 $\epsilon > 0$에 대해 $N > \frac{3}{\epsilon}$을 만족하는 자연수 N을 택하면, $n > N$일 때

$$\left|\frac{3}{n} - 0\right| \le \frac{3}{N} < \epsilon$$

이므로

$$\lim_{n\to\infty} \frac{3}{n} = 0$$

이다. 또 허수부로부터 얻은 수열은 $\lim_{n\to\infty}(-1) = -1$ 이므로 정리 2.2에 의해

$$\lim_{n\to\infty}\left(\frac{3}{n} - i\right) = 0 - i = -i$$

이다. □

앞의 정리 2.2에서 본 것처럼 복소수 수열이 수렴하기 위한 필요충분조건은 복소수열의 실수부와 허수부로부터 얻은 두 실수열이 모두 수렴하는 것이다. 그러므로 수렴하는 실수열이 갖는 많은 성질들이 수렴하는 복소수 수열에서도 유지된다. 예를 들어 수렴하는 복소수 수열의 극한도 실수열에서와 마찬가지로 유일하다. 또 실수열에서와 마찬가지로 복소수 수열에서도 다음의 극한정리가 성립한다.

정리 2.3 $\{z_n\}$, $\{w_n\}$을 복소수 수열, $\alpha,\ \beta$을 복소수라고 하자. 만약

$$\lim_{n\to\infty} z_n = z,\ \ \lim_{n\to\infty} w_n = w$$

이면

(1) $\lim_{n\to\infty}(\alpha z_n \pm \beta w_n) = \alpha z \pm \beta w,$

(2) $\lim_{n\to\infty} z_n w_n = zw$,

(3) $\lim_{n\to\infty} \dfrac{z_n}{w_n} = \dfrac{z}{w}$ $(w_n \neq 0,\ w \neq 0)$.

이다. ♦

수열 $\{z_n\}$에 대해

$$|z_n| \leq M \quad (n \in \mathbb{N})$$

인 $M > 0$이 존재하면 $\{z_n\}$을 유계(bounded)인 수열이라고 한다. $\{\frac{n+1}{n} - i\frac{5}{n^2}\}$는 유계인 수열이지만, 수열 $\{\frac{n+1}{n^2} - i\frac{n^2}{n+2}\}$는 유계가 아니다.

정리 2.4 수열 $\{z_n\}$이 수렴하면 $\{z_n\}$은 유계인 수열이다. ♦

(증명) 만약 $\lim_{n\to\infty} z_n = z_0$이면, $n > N$인 모든 z_n에 대해 $z_n \in N(z_0, 1)$ 또는 $|z_n - z_0| < 1$인 자연수 N이 존재한다. 그러므로

$$M_0 := \max\{|z_1|, |z_2|, \cdots, |z_N|\}$$

라 하고 $M := M_0 + |z_0| + 1$이라 하면 모든 n에 대해 $|z_n| < M$이다. □

그러나 정리 2.4의 역은 성립하지 않는다. 수열 $\{z_n = i^n\}$은 유계인 수열이지만 앞의 예제 2.2에서 본 것처럼 수렴하지 않는다.

2.2.2 부분수열

수열 $\{z_n\}$의 **부분수열**(subsequence)은 수열 $\{z_n\}$의 항을 선택적으로 뽑아내어 순서를 유지하여 배열한 새로운 수열을 말하며 $\{z_{n_k}\}$로 나타낸다. 예를 들어 수열 $\{i, 3i, 5i, \cdots\}$, $\{i, 4i, 7i, \cdots\}$는 수열 $\{i, 2i, 3i, 4i, 5i, 6i, \cdots\}$의 부분수열이다. 부분수열의 정의로부터 $n \leq n_k$임을 알 수 있다.

정리 2.5 수열 $\{z_n\}$이 z_0로 수렴하면, 부분수열 $\{z_{n_k}\}$도 z_0로 수렴한다. ♦

(증명) $\epsilon > 0$이 주어졌다고 하자. $\{z_n\}$이 z_0로 수렴하므로 $n > N$이면 $z_n \in N(\epsilon, z_0)$ 인 자연수 N이 존재한다. 그런데 $n \le n_k$이므로 $n_k \ge n > N$이면 $z_{n_k} \in N(\epsilon, z_0)$이다. 그러므로 $\lim_{k\to\infty} z_{n_k} = z_0$이다. □

실수열 $\{x_n\}$이 $x_n \le x_{n+1}$ $(n \in \mathbb{N})$이면 $\{x_n\}$을 **증가수열**(increasing sequence)이라 하고, $x_n \ge x_{n+1}$이면 **감소수열**(decreasing sequence)라고 한다. 증가, 또는 감소수열을 통틀어 **단조수열**(monotone sequence)라고 한다. 유계인 실수 집합은 **상한**(supremum)과 **하한**(infimum)을 갖는다.

정리 2.6 실수열 $\{x_n\}$이 유계인 단조수열이면, $\{x_n\}$은 수렴하는 수열이다. ♦

위의 정리 2.6에서 $\{x_n\}$이 증가수열이면 $\{x_n\}$은 $\sup\{x_n : n \in \mathbb{N}\}$에 수렴하고, 감소수열이면 $\{x_n\}$은 $\inf\{x_n : n \in \mathbb{N}\}$에 수렴한다. 다음은 실수열이 갖는 또 하나의 성질이다.[5]

정리 2.7 실수열 $\{x_n\}$은 단조증가(또는 단조감소)하는 부분수열을 갖는다. ♦

복소수 수열 $\{z_n := i^n\}$은 수렴하지 않지만, $|z_n| \le 1$이므로 유계이고, $\{z_{4n}\}$은 1로 수렴하는 $\{z_n\}$의 부분수열이다. 일반적으로 유계인 수열은 수렴하는 부분수열을 갖는다. 이는 **볼자노-바이어스트라스의 정리**(Bolzano-Weierstrass)로 알려져 있다.

정리 2.8 유계인 복소수 수열 $\{z_n\}$은 수렴하는 부분수열을 포함한다. ♦

(증명) $|z_n| \le M$이고, $z_n = x_n + iy_n$이라 하면 $|x_n| \le M$, $|y_n| \le M$이다. 그러므로 정리 2.7에 의해 실수열 $\{x_n\}$은 단조수열 $\{x_{n_k}\}$를 부분수열로 갖는다. 이에 대응하는 $\{y_n\}$의 부분수열을 $\{y_{n_k}\}$라고 하면, $\{y_{n_k}\}$도 유계인 수열이므로 단조수열인 부분수열 $\{y_{n_{k_l}}\}$을 갖는다. 이제 $\{x_{n_{k_l}}\}$와 $\{y_{n_{k_l}}\}$는 정리 2.6에 의해

[5]정리 2.6, 2.7의 증명은 Kenneth A. Ross, Elemetary Analysis, Springer 등의 해석학 교재에서 찾을 수 있다.

수렴한다. 그러므로 $\{z_n\}$의 부분수열 $\{z_{n_{k_l}} = x_{n_{k_l}} + iy_{n_{k_l}}\}$은 정리 2.2에 의해 수렴한다. □

앞에서 기술한 하이네-보렐의 정리(정리 2.1)은 다음의 명제와 동치이다.

(1) S의 모든 무한 부분집합은 극한점을 갖고 그 극한점은 S에 속한다.

(2) S의 모든 수열은 S의 한 점으로 수렴하는 부분수열을 포함한다.

2.2.3 코시수열

수열 $\{z_n\}$이 z_0에 수렴하면 $\{z_n\}$의 항 가운데 많아야 유한개을 뺀 나머지는 모두 z_0에 가깝게 놓여있다. 그렇다면 유한개를 뺀 나머지 항들이 모두 서로 가깝게 놓여있는 수열은 수렴할까? 유한개의 항을 제외한 나머지 항들이 모두 가까이 놓여 있는 수열을 코시수열이라고 한다.

수열 $\{z_n\}$에 대해 $\epsilon > 0$일 때 $n > m \geq N$이면

$$|z_n - z_m| < \epsilon \tag{2.7}$$

을 만족하는 자연수 N이 존재하면, $\{z_n\}$을 **코시수열**(Cauchy sequence)이라 한다.

정리 2.9 수열 $\{z_n\}$이 수렴하면 $\{z_n\}$은 코시수열이고, $\{z_n\}$이 코시수열이면 $\{z_n\}$은 수렴한다. ♦

(증명) 먼저 $\{z_n\}$이 z_0에 수렴하고 $\epsilon > 0$이 주어졌다고 가정하면, $m, n > N$일 때

$$|z_m - z_0| < \frac{\epsilon}{2}, \quad |z_n - z_0| < \frac{\epsilon}{2}$$

을 만족하는 자연수 N을 찾을 수 있다. 그러므로 삼각부등식에 의해 $m, n > N$이면

$$|z_m - z_n| \leq |z_m - z_0| + |z_n - z_0| < \epsilon$$

이다. 즉 수렴하는 수열 $\{z_n\}$은 코시수열이다.

이제 $\{z_n\}$이 코시수열이라고 가정하자. 그러면 적절한 자연수 N_0가 존재하여 $n > N_0$이면 $|z_n - z_{N_0}| < 1$을 만족한다. 즉, $n > N_0$이면 $|z_n| < |z_{N_0}| + 1$이므로

$\{z_n\}$은 유계인 수열이다. 따라서 정리 2.8에 의해 수렴하는 부분수열 $\{z_{n_k}\}$가 존재한다. 이 부분수열이 z_0로 수렴한다고 하자. $\{z_n\}$이 코시수열이고 $\{z_{n_k}\}$가 z_0으로 수렴하기 때문에 주어진 $\epsilon > 0$에 대해 $n > N$이면

$$|z_n - z_{n_k}| < \frac{\epsilon}{2}, \quad |z_{n_k} - z_0| < \frac{\epsilon}{2}$$

을 만족하는 자연수 N이 존재한다. 그러므로 $n > N$이면 부등식

$$|z_n - z_0| \leq |z_n - z_{n_k}| + |z_{n_k} - z_0| < \epsilon$$

이 성립하고 $\{z_n\}$은 z_0에 수렴한다. □

코시수열과 관련된 정리 2.9는 수열의 수렴여부를 판단하는데 이용될 수 있지만 수렴할 경우 그 극한값에 대한 정보는 주지 않는다.

2.3 복소함수

2.3.1 복소함수의 극한

어떤 집합 D에서 정의된 복소수를 함숫값으로 갖는 함수 $f : D \to \mathbb{C}$를 **복소함수**(complex function, complex valued function)라고 한다. 이 책에서 다루게 될 대부분의 복소함수는 정의역 D가 복소평면의 부분집합인 경우이다. f가 복소함수일 때 $f(z)$의 실수부와 허수부는 보통

$$\text{Re}\, f(z) := u(x, y), \quad \text{Im}\, f(z) := v(x, y)$$

로 나타낸다. 따라서 복소평면 위에서 정의된 복소함수는

$$f(z) := u(x, y) + iv(x, y) \tag{2.8}$$

로 나타낼 수 있다. 복소평면에서 정의된 복소함수의 정의역을 포함하는 평면을 z평면, 치역을 포함하는 평면을 w평면이라고 부르기도 한다.

[예 3] 복소평면 $\mathbb{C}$에서 $f(z) = z^2$로 정의된 함수는

$$f(z) = (x + iy)^2 = x^2 - y^2 + i(2xy)$$

이므로 $f(z)$는 실수부와 허수부가 차례로

$$u(x, y) = x^2 - y^2, \;\; v(x, y) = 2xy$$

인 복소함수이다. □

복소평면에서 복소함수의 극한은 평면에서의 함수의 극한과 같은 개념으로 정의할 수 있다.

정의 2.2 복소함수 $f(z)$가 z_0에서 복소수 A를 극한값으로 갖는다는 것은 주어진 $\epsilon > 0$에 대해

$$z \in \text{dom}(f), \; 0 < |z - z_0| < \delta \text{ 이면 } |f(z) - A| < \epsilon \tag{2.9}$$

를 만족하는 $\delta > 0$가 존재할 때를 말하고, 이를 기호로

$$\lim_{z \to z_0} f(z) = A$$

로 나타낸다. ♦

앞의 (2.9)에서 함수 f가 반드시 z_0에서 정의되어야 할 필요는 없다. 그러나 부등식은 f의 정의역에 속한 점 z에 대해서만 성립하면 충분하다. 앞으로는 특별한 경우가 아니면 극한과 관련된 논의에서 식 (2.9)의 조건 $z \in \text{dom}(f)$는 당연한 요구로 간주하여 기술하지 않기로 한다.

[예제 2.4] $f(z) = z^2$일 때 $\lim_{z \to 1+i} f(z) = 2i$ 임을 보여라.

(풀이) 주어진 $\epsilon > 0$에 대해 $\delta = \min\{1, \frac{\epsilon}{10}\}$로 택하면

$$|z - (1 + i)| = |(x - 1) + i(y - 1)| < \delta$$

인 $z = x + iy$에 대해 $|x - 1| < \delta$, $|y - 1| < \delta$이다. 따라서

$$\begin{aligned} |z^2 - 2i| =& |(x^2 - y^2) + i(2xy - 2)| \leq |x^2 - y^2| + 2|xy - 1| \\ <& (1 + \delta)^2 - (1 - \delta)^2 + 2[(1 + \delta)^2 - 1] \\ \leq& 4\delta + 4\delta + 2\delta^2 < 10\delta \\ <& \epsilon \end{aligned}$$

이므로 $\lim_{z\to 1+i} f(z) = 2i$ 이다. □

복소수 함수의 극한은 두 개의 변수를 갖는 실함수의 극한과 연관지어 설명할 수 있다.

정리 2.10 $f(z) = u(x,y) + iv(x,y)$, $z_0 = x_0 + iy_0$, $w_0 = u_0 + iv_0$라고 할 때

$$\lim_{z\to z_0} f(z) = w_0 \tag{2.10}$$

이기 위한 필요충분조건은

$$\lim_{(x,y)\to(x_0,y_0)} u(x,y) = u_0, \quad \lim_{(x,y)\to(x_0,y_0)} v(x,y) = v_0 \tag{2.11}$$

이다. ♦

(증명) 먼저 식 (2.10)이 성립한다고 가정하면, 임의의 $\epsilon > 0$에 대해서

$$0 < |z - z_0| = |(x+iy) - (x_0 + iy_0)| < \delta \tag{2.12}$$

이면

$$|f(z) - w_0| = |(u+iv) - (u_0 + iv_0)| < \epsilon \tag{2.13}$$

을 만족하는 δ가 존재한다. 그런데

$$|z - z_0| = |(x+iy) - (x_0+iy_0)| = \sqrt{(x-x_0)^2 + (y-y_0)^2}$$

이고,

$$|u - u_0| \le |(u+iv) - (u_0+iv_0)|, \quad |v - v_0| \le |(u+iv) - (u_0+iv_0)|$$

이다. 따라서

$$0 < \sqrt{(x-x_0)^2 + (y-y_0)^2} < \delta$$

이면

$$|u - u_0| < \epsilon, \quad |v - v_0| < \epsilon$$

이므로, 식 (2.11)이 성립한다.

반대로 식 (2.11)이 성립하면 주어진 $\epsilon > 0$에 대해 양수 δ_1, δ_2가 존재하여

$$0 < \sqrt{(x-x_0)^2 + (y-y_0)^2} < \delta_1 \text{ 이면 } |u-u_0| < \frac{\epsilon}{2}, \tag{2.14}$$

$$0 < \sqrt{(x-x_0)^2 + (y-y_0)^2} < \delta_2 \text{ 이면 } |v-v_0| < \frac{\epsilon}{2} \tag{2.15}$$

를 만족한다. 여기서 $\delta = \min\{\delta_1, \delta_2\}$라 하면,

$$0 < |z-z_0| = \sqrt{(x-x_0)^2 + (y-y_0)^2} < \delta$$

이면 식 (2.14), (2.15)에 의해

$$|f(z) - w_0| = |(u+iv) - (u_0 + iv_0)| < |u-u_0| + |v-v_0| < \epsilon$$

이다. 그러므로 식 (2.10)이 성립한다. □

정리 2.10에서 본 것처럼 복소함수의 극한은 이변수 실함수의 극한으로 나타낼 수 있으므로 복소함수에서도 실함수에서와 같은 형태의 극한정리를 얻을 수 있다.

정리 2.11 함수 f, g가 z_0에서 극한값

$$\lim_{z \to z_0} f(z) = a_0, \quad \lim_{z \to z_0} g(z) = b_0$$

를 가지면,

$$\lim_{z \to z_0} [f(z) + g(z)] = a_0 + b_0, \tag{2.16}$$

$$\lim_{z \to z_0} [f(z)g(z)] = a_0 b_0 \tag{2.17}$$

이고, $b_0 \neq 0$이면

$$\lim_{z \to z_0} \frac{f(z)}{g(z)} = \frac{a_0}{b_0} \tag{2.18}$$

이다. ♦

극한은 $|z|$가 무한히 커질 때에도 정의할 수 있다. $|z|$가 무한히 커지는 것은 $\frac{1}{z}$이 0에 가까이 접근하는 것과 같은 의미이므로, 극한 $\lim_{z \to \infty} f(z) = A$는, 주어진 $\epsilon > 0$에 대해

$$|z| > R \text{ 이면 } |f(z) - A| < \epsilon \tag{2.19}$$

를 만족하는 $R > 0$이 존재함을 의미한다.

극한이 무한일 때 기호로는 $\lim_{z \to z_0} f(z) = \infty$로 나타내며 이를 엄밀히 말하면, 주어진 $M > 0$에 대해

$$0 < |z - z_0| < \delta \text{ 이면 } |f(z)| > M \tag{2.20}$$

를 만족하는 $\delta > 0$가 존재함을 의미한다.

[예제 2.5] $f(z) = \frac{1}{z}$일 때 $\lim_{z \to 0} f(z) = \infty$임을 보여라.

(풀이) $M > 0$에 대해 δ를 $\frac{1}{M}$으로 택하면 $|z| < \delta$에 대해

$$\left|\frac{1}{z}\right| = \frac{1}{|z|} > \frac{1}{\delta} = M$$

이다. 따라서 $\lim_{z \to 0} f(z) = \infty$이다. □

실수의 한 열린집합을 정의역으로 갖는 함수의 극한 $\lim_{x \to x_0} f(x)$가 존재하기 위한 필요충분조건은 좌극한 $\lim_{x \to x_0^-} f(x)$, 우극한 $\lim_{x \to x_0^+} f(x)$이 모두 존재하고 그 극한값이 같아야 하는 것이다. 복소평면에서의 극한 $\lim_{z \to z_0} f(z)$이 존재하기 위해서는 z가 z_0근방에서 어떤 경로로 z_0에 접근하든 극한값이 존재하고 모든 경우의 극한값이 같아야 한다. 만일 z가 z_0근방에서 z_0에 접근하는 경로 가운데 극한값을 갖지 않는 경로가 있거나, 극한값이 존재하지만 극한값이 서로 다른 두 경로가 있다면 극한 $\lim_{z \to z_0} f(z)$는 존재하지 않는 것이다.

[예 4] 함수 $f(z) = f(x + iy) = \dfrac{x^2 y^2}{(x + y^2)^3}$, $z \neq 0$은 z가 직선 $y = 2x$를 따라 0에 접근하면

$$\lim_{x \to 0} f(x + 2xi) = \lim_{x \to 0} \frac{4x^4}{(x + 4x^2)^3} = \lim_{x \to 0} \frac{4x}{(1 + 4x)^3} = 0$$

이고, 곡선 $x = y^2$를 따라 0에 접근하면

$$\lim_{y \to 0} f(y^2 + iy) = \lim_{y \to 0} \frac{y^6}{(y^2 + y^2)^3} = \lim_{y \to 0} \frac{y^6}{8y^6} = \frac{1}{8}$$

이므로, 0에 접근하는 경로에 따라 다른 극한값을 갖는다. 그러므로 극한 $\lim_{z \to 0} f(z)$는 존재하지 않는다. □

2.3.2 복소함수의 연속

정의 2.3 복소함수 f가 영역 D에서 정의되고, $z_0 \in D$일 때, 주어진 $\epsilon > 0$에 대해

$$|z - z_0| < \delta \text{ 이면 } |f(z) - f(z_0)| < \epsilon \tag{2.21}$$

을 만족하는 양의 값을 갖는 $\delta = \delta(\epsilon, z_0)$가 존재하면, f는 z_0에서 연속(continuous)이라고 한다. ♦

함수 $f(z)$가 z_0에서 연속이라는 것은 임의로 주어진 $\epsilon > 0$에 대해

$$f(N(z_0, \delta)) \subset N(f(z_0), \epsilon) \tag{2.22}$$

을 만족하는 $\delta > 0$를 찾을 수 있음을 의미한다.

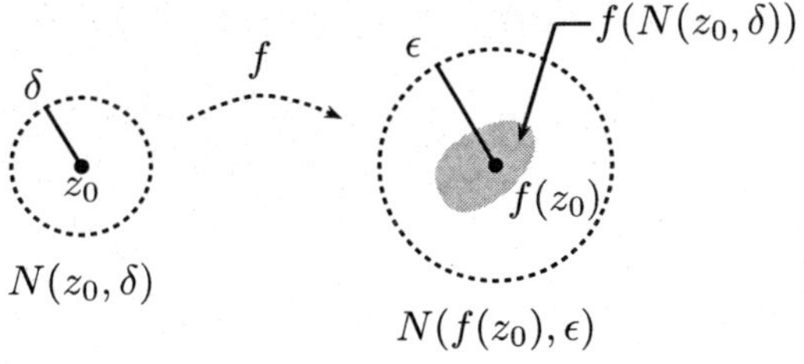

그림 2.1 연속함수

함수 f가 정의역 D의 모든 점에서 연속이면 f를 D에서 연속이라고 한다. 함수 $f(z)$가 z_0에서 연속이면 극한의 정의로부터

$$\lim_{z \to z_0} f(z) = f(z_0) \tag{2.23}$$

이다. 또 식 (2.23)이 성립하면 $f(z)$는 z_0에서 연속이다. 위의 사실과 앞의 정리 2.10으로부터 함수 $f(z) = u(x, y) + iv(x, y)$가 $z_0 = x_0 + iy_0$에서 연속이기 위한 필요충분조건은 u, v가 (x_0, y_0)에서 연속인 것이다.

[예제 2.6] $f(z)$가 점 z_0에서 연속이면 $\overline{f(z)}$도 점 z_0에서 연속임을 보여라.

(풀이) $\epsilon > 0$이라 하자. $f(z)$가 z_0에서 연속이므로 $|z-z_0| < \delta$이면 $|f(z)-f(z_0)| < \epsilon$인 $\delta > 0$가 존재한다. 그런데 켤레복소수의 성질로부터

$$|\overline{f(z)} - \overline{f(z_0)}| = |\overline{f(z) - f(z_0)}| = |f(z) - f(z_0)|$$

이므로, $|z - z_0| < \delta$이면 $|\overline{f(z)} - \overline{f(z_0)}| < \epsilon$이다. 그러므로 $\overline{f(z)}$도 점 z_0에서 연속이다. 또 $\lim_{z\to z_0} f(z) = f(z_0)$이면 $\lim_{z\to z_0} \overline{f(z)} = \overline{f(z_0)}$ 이다. □

다음의 정리는 함수의 연속성과 수열의 수렴성과의 관련성을 보여준다. 연속인 함수는 z평면의 수렴하는 수열을 w평면의 수렴하는 수열에 대응시킨다.

정리 2.12 함수 $f(z)$가 영역 D에서 정의되었고, $z_0 \in D$라고 하자. 함수 $f(z)$가 z_0에서 연속일 필요충분조건은, D의 수열 $\{z_n\}$이 z_0에 수렴하면 수열 $\{f(z_n)\}$이 $f(z_0)$에 수렴하는 것이다. ♦

(증명) 함수 $f(z)$가 z_0에서 연속이라고 가정하면 주어진 $\epsilon > 0$에 대해 $|z - z_0| < \delta$이면 $|f(z) - f(z_0)| < \epsilon$을 만족하는 $\delta > 0$가 존재한다. $\{z_n\}$을 z_0에 수렴하는 한 수열이라고 하면, $n > N$이면 $|z_n - z_0| < \delta$인 자연수 N이 존재한다. $f(z)$가 z_0에서 연속이라 가정하였으므로 $n > N$이면 $|f(z_n)-f(z_0)| < \epsilon$이고, 이는 $\{f(z_n)\}$이 $f(z_0)$에 수렴함을 의미한다.

다른 방향의 증명을 위해 $f(z)$가 z_0에서 연속이 아니라고 가정하자. 그러면 z_0의 어떤 근방 $N(z_0, \delta)$, $\delta > 0$에 대해서도

$$f(D \cap N(z_0, \delta)) \not\subset N(f(z_0), \epsilon_0)$$

인 적절한 $\epsilon_0 > 0$가 존재한다. 이는 각각의 자연수 n에 대해 $z_n \in D \cap N(z_0, \frac{1}{n})$이지만, $f(z_n) \notin N(f(z_0), \epsilon_0)$인 수열 $\{z_n\}$을 선택할 수 있음을 말한다. 이 수열 $\{z_n\}$은 z_0에 수렴하지만 $\{f(z_n)\}$은 $f(z_0)$에 수렴하지 않는다. 이것은 $\{z_n\}$이 z_0에 수렴하면 $\{f(z_n)\}$은 $f(z_0)$에 수렴한다는 가정에 모순이다. □

실함수의 연속에 관한 정리는 복소함수에도 그대로 성립한다. 예를 들어 A, B가 복소평면의 부분집합이고 $f, g : A \to \mathbb{C}$ 연속함수이면 cf (c는 상수), $f +$

$g,\ fg,\ \frac{f}{g}\,(g(z) \neq 0)$도 연속함수이이다. 또 $f(A) \subset B$이고, $h : B \to \mathbb{C}$가 연속이면 합성함수 $h \circ f : A \to \mathbb{C}$도 연속함수이다.

위의 사실과 앞의 예제 2.6으로부터 $f(z)$가 연속함수이면 다음의 세 함수도 연속함수임을 알 수 있다:

(1) $\mathrm{Re} f(z) = \dfrac{f(z) + \overline{f(z)}}{2}$,

(2) $\mathrm{Im} f(z) = \dfrac{f(z) - \overline{f(z)}}{2i}$,

(3) $|f(z)| = \left(f(z)\overline{f(z)}\right)^{\frac{1}{2}}$.

연속함수의 정의로부터 연속함수는 다음의 성질을 가짐을 알 수 있다.

정리 2.13 함수 $f(z)$가 z_0에서 연속이고 $f(z_0) \neq 0$이면, z_0의 적절한 δ 근방의 모든 점 z에서 $f(z) \neq 0$이다. ♦

(증명) $f(z)$가 z_0에서 연속이므로 식 (2.21)에서 $\epsilon = \frac{|f(z_0)|}{2} > 0$로 놓으면 $|z - z_0| < \delta$인 모든 z에 대해

$$|f(z) - f(z_0)| < \frac{|f(z_0)|}{2}$$

를 만족하는 $\delta > 0$가 존재한다. 그러므로 z_0의 δ 근방의 모든 점 z에서

$$|f(z)| > \frac{|f(z_0)|}{2}$$

이므로 $f(z) \neq 0$이다. □

함수 $f : A \to \mathbb{C}$가 연속일 때, 집합 A가 갖는 성질 가운데 집합 $f(A)$에서도 유지되는 성질에는 어떤 것이 있을까? 앞의 정리 2.12에 따르면 수열 $\{z_n\}$이 A에서 수렴하면, 수열 $\{f(z_n)\}$도 $f(A)$에서 수렴한다. 그러나 집합 A가 열린(닫힌)집합이라해도 $f(A)$가 열린(닫힌)집합일 필요는 없다.[6] 또 집합 A가 유계인 집합이라해도 집합 $f(A)$는 유계가 아닐 수도 있다.[7] 그러나 집합 A가 유계인 닫힌

[6]연속함수 $f(z) = |z|$는 열린집합 $\mathbb{C}$에 대해 닫힌집합 $f(\mathbb{C}) = \{z = x + iy : x \geq 0,\ y = 0\}$을 상(image)로 갖는다.

[7]집합 $A = \{z : 0 < |z| < 1\}$은 유계이지만 A에서 연속인 함수 $f(z) = \frac{1}{z}$의 상 $f(A)$는 유계가 아니다.

집합이고 $f(z)$가 연속함수이면, $f(A)$도 유계이며 닫힌집합이다. 다음 정리들의 증명은 해석학 또는 위상수학 교재에서 찾을 수 있다.[8]

정리 2.14 함수 $f : D \to \mathbb{C}$가 연속함수이고 $K \subset D$가 콤팩트 집합이면 $f(K) \subset \mathbb{C}$도 콤팩트 집합이다. ♦

$|f(z)|$가 K에서 최댓값과 최솟값을 갖는다는 것은 모든 $z \in K$에 대해

$$|f(z_M)| \geq |f(z)|, \quad |f(z_m)| \leq |f(z)|$$

인 점 z_M, z_m이 집합 K안에 존재한다는 의미이다. 이 때 $|f(z_M)|$을 최댓값, $|f(z_m)|$을 최솟값이라고 한다.

정리 2.15 $K \subset \mathbb{C}$가 콤팩트 집합이고, $f : K \to \mathbb{C}$가 연속함수이면, $|f(z)|$는 집합 K 안에서 최댓값과 최솟값을 갖는다. ♦

$f(z)$가 연속함수이면 정의역 안의 각각의 점 z_0에서 연속이므로, 연속의 정의를 만족하는 $\delta > 0$의 선택은 ϵ뿐만 아니라 점 z_0에도 의존함을 알 수 있다. 즉, $\delta = \delta(\epsilon, z)$이다. 주어진 $\epsilon > 0$에 대해 연속의 정의를 만족하는 $\delta > 0$의 선택이 점 z_0에 의존하지 않는 즉, $\delta = \delta(\epsilon)$인 함수를 **균등연속함수**(uniformly continuous function)라고 한다. 이를 엄밀히 표현하면, 함수 $f(z)$가 정의역 D에서 **균등연속**(uniformly continuous)이라 함은, 주어진 $\epsilon > 0$에 대해

$$|z_1 - z_2| < \delta\text{인 모든 } z_1,\ z_2 \in D\text{에 대해 } |f(z_2) - f(z_1)| < \epsilon \tag{2.24}$$

을 만족하는 $\delta > 0$가 존재함을 의미한다. 균등연속인 함수는 연속함수이지만 연속함수가 모두 균등연속인 것은 아니다. 그러나 콤팩트 집합에서 연속인 함수는 균등연속함수이다.

정리 2.16 $K \subset \mathbb{C}$가 콤팩트 집합이고, 함수 $f : K \to \mathbb{C}$가 연속이면, $f(z)$는 균등연속함수이다. ♦

[8] William R. Wade, Introduction to Analysis, Pearson 등의 해석학 교재를 참조하기 바란다.

함수 $f(z) = z^2$은 복소평면에서 연속인 함수이지만 균등연속인 함수는 아니다. 그러나 $f(z)$는 콤팩트 집합 $\{z : |z| \le M\}$ $(M > 0)$에서 균등연속인 함수이다.

2.4 문제 해결

1. $z_0 \in \mathbb{C}, \epsilon > 0$일 때 $N(z_0, \epsilon)$이 열린집합임을 보여라.
2. O_1, O_2가 복소평면의 열린집합일 때 $O_1 \bigcap O_2$가 열린집합임을 보여라.
3. C_1, C_2가 복소평면의 닫힌집합일 때 $C_1 \bigcup C_2$가 닫힌집합임을 보여라.
4. $O_n\ (n \in \mathbb{N})$이 열린집합일 때 $\bigcap_{n=1}^{\infty} O_n$은 열린집합인가?
5. $C_n\ (n \in \mathbb{N})$이 닫힌집합일 때 $\bigcup_{n=1}^{\infty} C_n$은 닫힌집합인가?
6. $\{O_\alpha\}$가 열린집합들의 모음일 때 $\bigcup_{\alpha} O_\alpha$이 열린집합임을 보여라.
7. $\{C_\alpha\}$가 닫힌집합들의 모음일 때 $\bigcap_{\alpha} C_\alpha$이 닫힌집합임을 보여라.
8. $\text{bd}(E) \bigcap E = \emptyset$이면 E는 열린집합임을 보여라.
9. $\text{bd}(E) \subset E$이면 E는 닫힌집합임을 보여라.
10. E가 연결된 집합이고 z_1, z_2가 E의 점이면 z_1, z_2를 E에 속하는 꺽은선으로 연결할 수 있음을 보여라.
11. 두 집합 A, B가 콤팩트 집합일 때 집합 $A \bigcap B$, $A \bigcup B$이 콤팩트 집합임을 보여라.
12. 복소수를 원으로 하는 집합이 유계이기 위한 필요충분조건이 각 원의 실수부와 허수부를 원으로 갖는 두 집합이 모두 유계임을 보여라.
13. 다음을 증명하여라.

    (1) $\lim_{z \to z_0} \text{Im}\, z = \text{Im}\, z_0$ (2) $\lim_{z \to z_0} \bar{z} = \overline{z_0}$

    (3) $\lim_{z \to 0} |z| = 0$ (4) $\lim_{z \to z_0} \dfrac{\bar{z}^2}{z} = 0$

14. 극한 $\lim_{z\to 0}\left(\frac{\bar{z}}{z}\right)^2$의 존재 여부를 판단하여라.

15. $\lim_{z\to z_0} f(z) = w_0$이면, $\lim_{z\to z_0} |f(z)| = |w_0|$임을 보여라.

16. 다음을 증명하여라.

(1) $\lim_{z\to\infty} \frac{8z^2}{(2z-i)^2} = 2$ (2) $\lim_{z\to i} \frac{3}{z-i} = \infty$ (3) $\lim_{z\to\infty} \frac{z^2-i}{z+1} = \infty$

17. 수열 $\{z_n\}$이 수렴하면 유일한 극한을 가짐을 보여라.

18. $z_n = 2 + i\frac{(-1)^n}{n}$일 때 $\lim_{n\to\infty} \operatorname{Arg} z_n = 0$임을 보여라.

19. $\lim_{n\to\infty} z_n = z_0$이면 $\lim_{n\to\infty} |z_n| = |z_0|$임을 보여라.

20. 수열 $z_n = \frac{\cos n + i\sin n}{n}$이 수렴함을 보여라.

21. 수열 $a_n := \sum_{j=1}^{n} \frac{1}{j!}$이 수렴함을 보여라.

22. $E_M = \{z : |z| > M\}$, $M > 0$이라 하자.[9] 집합 S가 유계가 아니기 위한 필요충분조건은 $S \bigcap E_M \neq \emptyset$임을 보여라.

23. S가 공집합이 아닌 콤팩트 집합이고 $z_0 \notin S$일 때 $\inf_{z\in S} |z - z_0| > 0$임을 보여라.

24. S_n $(n \in \mathbb{N})$이 공집합이 아닌 콤팩트 집합이고 모든 n에 대해 $S_{n+1} \subset S_n$이면, $\bigcap_{n=1}^{\infty} \neq \emptyset$임을 보여라.

[9] E_M을 무한대 근방이라고 한다.

제 3 장

복소해석함수

열린구간 (a,b)에서 정의된 실함수 $f(x)$가 $x_0 \in (a,b)$의 근방에서 수렴하는 멱급수

$$f(x) = a_0 + a_1(x-x_0) + a_2(x-x_0)^2 + \cdots + a_n(x-x_0)^n + \cdots$$

로 나타내어질 수 있으면, $f(x)$는 x_0에서 해석적이라고 하고, (a,b)의 모든 점에서 $f(x)$가 해석적이면 $f(x)$를 **해석함수**(analytic function)라고 한다. 해석함수는 무한번 미분이 가능하다.

복소함수 $f(z)$가 점 z_0의 한 근방의 모든 점에서 미분가능하면 z_0에서 해석적이라고 한다. 실함수의 경우 어떤 열린구간에서 일계 도함수가 존재한다고 해도 이계 또는 그 이상의 도함수가 존재하지 않을 수도 있지만, 복소함수의 경우 열린집합에서 일계 도함수가 존재하면 모든 계수의 도함수가 존재한다. 점 z_0에서 해석적인 함수의 실수부와 허수부는 코시-리만의 방정식을 만족하고, 또 z_0 근방에서 멱급수로 나타낼 수 있다.[1]

복소 일변수 함수

$$f(z) = f(x+iy) = u(x,y) + iv(x,y)$$

의 도함수는 하나의 실변수를 갖는 함수 $f(x)$와 유사한 면이 있지만, 때로는 두 개의 실변수를 갖는 이변수 함수 $f(x,y)$의 편도함수와 유사한 성질을 갖기도 한

[1] 이 문제는 7장에서 자세히 알아본다.

다. 이 장에서는 복소해석학의 가장 중요한 대상인 해석함수의 일반적인 특성에 대해 알아본다.

3.1 도함수

3.1.1 미분가능성과 도함수

$f(z)$를 복소평면 위의 한 영역 D에서 정의된 복소함수라고 하자.

정의 3.1 z_0가 영역 D의 한 점이고 극한

$$\lim_{z\to z_0} \frac{f(z)-f(z_0)}{z-z_0} = \lim_{h\to 0} \frac{f(z_0+h)-f(z_0)}{h} \tag{3.1}$$

가 존재하면 $f(z)$는 z_0에서 **미분가능**(differentiable)하다고 한다. 위의 극한 (3.1)이 존재할 때 극한값을 $f'(z_0)$로 나타내고 $f'(z_0)$를 $f(z)$의 z_0에서의 **미분**(derivative)이라고 한다. ♦

식 (3.1)에서 z가 z_0에 접근할 때 극한이 존재한다하는 것은 실수축과 나란한 방향으로 접근하는 경우 뿐만 아니라, 복소평면 위에서 어떤 경로를 따라 z_0에 접근하든 극한값이 존재하고 그 극한값들이 모두 같아야 함을 뜻한다. 식 (3.1)에서 h는 복소수임에 주의하여야 한다.

[예 1] 함수 $f(z)=z^2$은 복소평면 위의 모든 점 z에서

$$\begin{aligned}\lim_{h\to 0}\frac{f(z+h)-f(z)}{h} &= \lim_{h\to 0}\frac{(z+h)^2-z^2}{h} = \lim_{h\to 0}\frac{2hz+h^2}{h}\\ &= 2z\end{aligned}$$

이다. 그러므로 $f(z)=z^2$은 복소평면 위의 모든 점 z에서 미분가능하고 $f'(z)=2z$이다. □

$f(z)$가 점 $z_0 \in D$에서 미분가능하면

$$\begin{aligned}\lim_{z \to z_0} f(z) = &\lim_{z \to z_0} \left(\frac{f(z) - f(z_0)}{z - z_0}(z - z_0) + f(z_0) \right) \\ =&f'(z_0) \lim_{z \to z_0}(z - z_0) + f(z_0) \\ =&f(z_0)\end{aligned}$$

이므로 $f(z)$는 z_0에서 연속이다. 그러나 연속이 미분가능성을 보장하는 것은 아니므로 미분가능성은 연속성보다 강한 조건이다.

[예제 3.1] $f(z) = \bar{z}$는 $z = 0$에서 연속이다. $f(z) = \bar{z}$는 $z = 0$에서 미분가능하지 않음을 보여라.

(풀이) 극한

$$\lim_{h \to 0} \frac{f(0+h) - f(0)}{h} = \lim_{h \to 0} \frac{\bar{h}}{h}$$

가 존재하지 않음을 보이면 된다. $h := s + it$가 실수축을 따라 0에 접근할 때의 극한

$$\lim_{h = s+0i \to 0} \frac{\bar{h}}{h} = \lim_{s \to 0} \frac{s}{s} = 1$$

과 허수축을 따라 0에 접근할 때의 극한

$$\lim_{h = 0+it \to 0} \frac{\bar{h}}{h} = \lim_{t \to 0} \frac{-it}{it} = -1$$

이 존재하지만 극한값이 일치하지 않으므로 $f(z)$는 0에서 미분가능한 함수가 아니다. □

함수 $f(z)$가 정의역 D 위의 모든 점에서 미분가능하면 $f(z)$를 **미분가능한 함수**(differentiable function)라 하고, 미분에 의해 정의되는 새로운 함수

$$f' : D \to \mathbb{C}$$

를 f의 **도함수**라고 한다.

[예 2] $f(z) = z^3$은 복소평면 위의 모든 점 z에서

$$\lim_{h\to 0} \frac{f(z+h)-f(z)}{h} = \lim_{h\to 0} \frac{(z+h)^3 - z^3}{h} = \lim_{h\to 0} \frac{3z^2h + 3zh^2 + h^3}{h}$$
$$= 3z^2$$

이므로 미분가능한 함수이고 그 도함수는 $f'(z) = 3z^2$이다. □

위의 예 2에서 짐작할 수 있는 것처럼 $f(z) = z^n$ $(n \in \mathbb{N})$의 도함수는 $f'(z) = nz^{n-1}$이다:

$$\begin{aligned}\frac{f(z+h)-f(z)}{h} &= \frac{(z+h)^n - z^n}{h} \\ &= nz^{n-1} + b_2 z^{n-2}h + \cdots + b_n h^{n-1} \qquad (3.2)\end{aligned}$$

이므로, 식 (3.2)의 양변에 h를 0에 가깝게 하도록 극한을 취하면

$$f'(z) = (z^n)' = nz^{n-1}$$

을 얻는다. 식 (3.2)에서 b_j $(j = 2, 3, \cdots, n)$는 이항전개에서 나타나는 계수

$$b_j = \binom{n}{j} = \frac{n!}{(n-j)!j!}$$

이다.

복소함수 $f(z)$의 미분과 실함수 $f(x)$의 미분은 유사한 면이 많다. 실제로 기본적인 미분공식은 서로 같은 형태를 갖는다. 다음 정리의 증명은 독자에게 맡긴다.

정리 3.1 $f(z)$, $g(z)$가 영역 $D \subset \mathbb{C}$에서 미분가능한 함수라고 할 때

(1) $\alpha, \beta \in \mathbb{C}$이면 $\alpha f + \beta g$ 도 D에서 미분가능하고

$$(\alpha f(z) + \beta g(z))' = \alpha f'(z) + \beta g'(z),$$

(2) fg 도 D에서 미분가능하며

$$(f(z)g(z))' = f'(z)g(z) + f(z)g'(z),$$

(3) 모든 $z \in D$에 대해 $g(z) \neq 0$이면, $\dfrac{f(z)}{g(z)}$ 도 D에서 미분가능하며,

$$\left(\frac{f(z)}{g(z)}\right)' = \frac{f'(z)g(z) - f(z)g'(z)}{g(z)^2}$$

이다. ♦

복소함수에서도 합성함수의 미분 규칙인 **연쇄법칙**(chain rule)이 성립한다.

정리 3.2 함수 g가 z에서 미분가능하고 함수 f가 $g(z)$에서 미분가능하면, 합성함수 $f \circ g$는 z에서 미분가능하며

$$(f \circ g)'(z) = (f(g(z)))'(z) = f'(g(z))g'(z) \tag{3.3}$$

이다. g가 열린집합 D에서 미분가능하고, f가 열린집합 E에서 미분가능하며, $g(D) \subset E$이면, 합성함수 $f \circ g$는 D에서 미분가능한 함수이다. ♦

[예 3] f_1, f_2, $\cdots, f_n$이 미분가능한 함수이면, 정리 3.1의 (2)에 의해

$$(f_1 f_2 \cdots f_n)' = (f_1' f_2 \cdots f_n) + (f_1 f_2' \cdots f_n) + \cdots + (f_1 f_2 \cdots f_n')$$

이므로 $f_j(z) \neq 0$ $(j = 1, 2, \cdots, n)$이면

$$\frac{(f_1 f_2 \cdots f_n)'}{f_1 f_2 \cdots f_n} = \frac{f_1'}{f_1} + \frac{f_2'}{f_2} + \cdots + \frac{f_n'}{f_n}$$

이다. □

3.1.2 코시-리만 방정식

복소함수 $f(z)$를 실숫값을 갖는 이변수 함수 $u(x, y)$, $v(x, y)$를 이용하여

$$f(z) = f(x + iy) = u(x, y) + iv(x, y)$$

로 나타내면 $f(z)$의 편미분을 생각할 수 있다. 다음 정리는 복소함수의 미분과 편미분 사이의 관계를 보여준다.

정리 3.3 함수 $f(z) = u(x,y)+iv(x,y)$가 점 $z = x+iy$에서 미분가능하면 방정식

$$\frac{\partial u}{\partial x}(x,y) = \frac{\partial v}{\partial y}(x,y), \quad \frac{\partial u}{\partial y}(x,y) = -\frac{\partial v}{\partial x}(x,y) \tag{3.4}$$

를 만족하고,

$$f'(z) = \frac{\partial u}{\partial x}(x,y) + i\frac{\partial v}{\partial x}(x,y) = \frac{\partial v}{\partial y}(x,y) - i\frac{\partial u}{\partial y}(x,y) \tag{3.5}$$

이다.[2] ♦

(증명) 함수 $f(z)$가 z에서 미분가능하므로

$$f'(z) = \lim_{h\to 0}\frac{f(z+h)-f(z)}{h}$$

이다. 이것은 h가 복소평면 위의 어떤 경로를 따라 0에 접근해도 동일한 극한값 $f'(z)$을 갖는다는 의미이다. 식 (3.4)를 얻기 위해서 h가 실수축과 허수축을 따라 0에 접근하는 두 경우를 고려해보자.

먼저 h가 실수축을 따라 0에 접근하는 경우($h \in \mathbb{R}$)

$$\begin{aligned} f'(z) &= \lim_{h\to 0}\frac{f(z+h)-f(z)}{h} \\ &= \lim_{h\to 0}\left(\frac{u(x+h,y)-u(x,y)}{h} + i\frac{v(x+h,y)-v(x,y)}{h}\right) \\ &= \frac{\partial u}{\partial x}(x,y) + i\frac{\partial v}{\partial x}(x,y) \end{aligned} \tag{3.6}$$

이다.

반면에 h가 허수축을 따라 0에 가까이 접근하는 경우 $h = ik$ ($k \in \mathbb{R}$)라 하면

$$\begin{aligned} f'(z) &= \lim_{k\to 0}\frac{f(z+ik)-f(z)}{ik} \\ &= \lim_{k\to 0}\left(\frac{u(x,y+k)-u(x,y)}{ik} + i\frac{v(x,y+k)-v(x,y)}{ik}\right) \\ &= \frac{1}{i}\frac{\partial u}{\partial y}(x,y) + \frac{\partial v}{\partial y}(x,y) \\ &= \frac{\partial v}{\partial y}(x,y) - i\frac{\partial u}{\partial y}(x,y) \end{aligned} \tag{3.7}$$

[2] 식 (3.4), (3.5)는 간략하게

$$u_x = v_y, \quad u_y = -v_x, \quad f' = u_x + iv_x = v_y - iu_y$$

로 나타내기도 한다.

이다. 그런데 h가 어떤 경로를 따라서 0에 가까이 접근하든 그 극한은 일치하여야 하므로 식 (3.6), (3.7)로부터

$$\frac{\partial u}{\partial x}(x,y) = \frac{\partial v}{\partial y}(x,y), \quad \frac{\partial u}{\partial y}(x,y) = -\frac{\partial v}{\partial x}(x,y) \tag{3.8}$$

이다. □

만일 함수 $f(z) = u(x,y) + iv(x,y)$가 열린집합 D 안의 모든 점 $z = x + iy$에서 미분가능하면, u, v는 D에서 방정식

$$\frac{\partial u}{\partial x} = \frac{\partial v}{\partial y}, \quad \frac{\partial u}{\partial y} = -\frac{\partial v}{\partial x} \tag{3.9}$$

를 만족한다. 식 (3.9)를 **코시-리만 방정식**(Cauchy-Riemann equations)이라고 한다. 코시-리만 방정식은 복소함수가 미분가능하기 위한 필요조건이며

$$u_x = v_y, \quad u_y = -v_x \tag{3.10}$$

로 나타내기도 한다.

식 (3.6), (3.7)로부터 $f(z) = u(x,y) + iv(x,y)$가 점 $z = x + iy$에서 미분가능하면, 미분은

$$f'(z) = \frac{\partial u}{\partial x} + i\frac{\partial v}{\partial x}, \quad \text{또는} \quad f'(z) = \frac{\partial v}{\partial y} - i\frac{\partial u}{\partial y} \tag{3.11}$$

와 같이 구할 수 있음을 알 수 있다. 식 (3.9)와 (3.11)로부터

$$\begin{aligned} f'(z) &= \frac{\partial f}{\partial x} = \frac{\partial u}{\partial x} + i\frac{\partial v}{\partial x} = \frac{\partial v}{\partial y} - i\frac{\partial u}{\partial y} = -i\left(\frac{\partial u}{\partial y} + i\frac{\partial v}{\partial y}\right) \\ &= -i\frac{\partial f}{\partial y} \end{aligned} \tag{3.12}$$

와 같이 쓸 수 있다. 식 (3.12)는 $f(z)$가 미분가능한 함수일 때 도함수를 구하는 방법으로 이용될 수 있다.

[예 4] $f(z) = z^2 = x^2 - y^2 + 2xyi$에서

$$u(x,y) = x^2 - y^2, \; v(x,y) = 2xy$$

로 놓으면

$$\frac{\partial u}{\partial x} = 2x = \frac{\partial v}{\partial y}, \quad \frac{\partial u}{\partial y} = -2y = -\frac{\partial v}{\partial x} \tag{3.13}$$

이므로 u, v는 코시-리만 방정식을 만족한다.[3] □

$\mathbb{R}$의 한 구간에서 도함수가 0인 실함수는 그 구간에서 상숫값을 갖는다. 복소함수도 유사한 성질을 갖는다.

정리 3.4 영역 D 위의 모든 점에서 $f'(z) = 0$이면 $f(z)$는 상수함수이다. ♦

(증명) D가 연결된 집합이므로 D에 속하는 두 점 z_1, z_2는 실수축, 허수축과 나란한 유한개의 꺾은선에 의해 연결될 수 있다. 먼저 z_1, z_2가 그림 3.1과 같이 각각 실수축, 허수축과 나란한 두 개의 선분에 의해 연결된다고 가정하자.

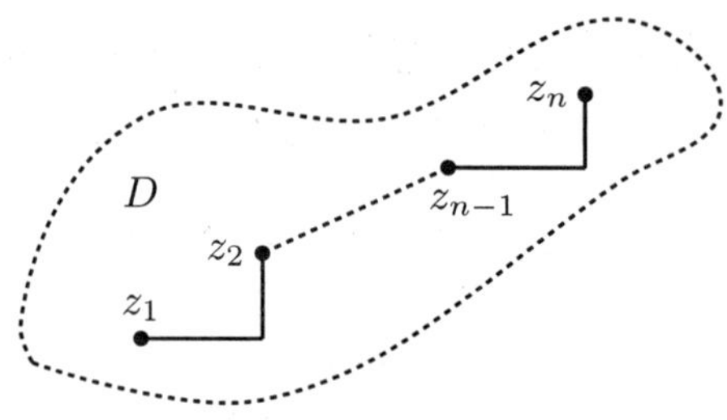

그림 3.1 경로로 연결된 영역

식 (3.12)에 의해 D에서

$$\frac{\partial f}{\partial x} = \frac{\partial f}{\partial y} = 0 \tag{3.14}$$

이므로

$$\frac{\partial u}{\partial x} = \frac{\partial u}{\partial y} = 0$$

이다. 즉 $f(z)$의 실수부 $u(x, y)$는 실수축, 허수축과 나란한 선분 위에서 상수이다. 마찬가지로 식 (3.14)에서

$$\frac{\partial v}{\partial x} = \frac{\partial v}{\partial y} = 0$$

[3]앞에서 본 것처럼 z^2은 $(z^2)' = 2z$인 미분가능한 함수이므로 코시-리만 방정식을 만족하고, 정리 3.3을 적용해도 같은 결과

$$(z^2)' = \frac{\partial f}{\partial x} = u_x + iv_x = 2x + 2yi = 2(x + iy) = 2z$$

를 얻을 수 있다.

이므로 허수부 $v(x, y)$도 실수축, 허수축과 나란한 선분 위에서 상수이다. 그러므로 $f(z_1) = f(z_2)$이다. z_1, z_2는 임의로 선택하였고 실수축, 허수축과 나란한 유한개의 꺾은선에 의해 연결될 수 있으므로 정리는 사실이다. □

3.2 해석함수

3.2.1 해석함수

함수 $f(z)$가 z_0에서 해석적이라는 것은 z_0 근방의 모든 점에서 $f(z)$가 미분가능한 경우를 말한다. 그러므로 $f(z)$가 z_0에서 미분가능하다는 것과는 구별되는 성질이다.

정의 3.2 영역 D에서 정의된 복소함수 $f(z)$가 점 $z_0 \in D$의 적절한 ϵ-근방, $N(z_0, \epsilon)$ 안의 모든 점 z에서 $f(z)$가 미분가능하면 $f(z)$는 z_0에서 **해석적**(analytic)이라고 한다. 함수 $f(z)$가 집합 E 안의 모든 점에서 해석적이면 $f(z)$는 E에서 해석적이라고 하고, 정의역에서 해석적인 함수를 **해석함수**(analytic function)라고 한다. 복소평면 전체에서 해석적인 함수를 **정함수**(entire function)라고 한다. ♦

f가 z_0에서 해석적이라는 것은 $f(z)$가 $N(z_0, \epsilon)$ 안의 모든 점에서 미분가능한 $\epsilon > 0$이 존재하는 것이다. 열린집합 D에서 미분가능한 함수 $f(z)$는 D에서 해석적이다. 점 $z_0 \in D$는 D의 내점이므로 $N(z_0, \epsilon) \subset D$인 $\epsilon > 0$이 존재하고, $f(z)$는 D에서 미분가능하므로 $N(z_0, \epsilon)$에서도 미분가능하기 때문이다.[4]

[예제 3.2] 함수 $f(z) = |z|^2$은 원점 $z_0 = 0$에서 미분가능하지만 해석적이지 않음을 보여라.

(풀이) 주어진 함수 $f(z)$는 $z_0 = 0$에서 극한

$$\lim_{z \to 0} \frac{f(z) - f(z_0)}{z - z_0} = \lim_{z \to 0} \frac{|z|^2}{z} = \lim_{z \to 0} \frac{z\bar{z}}{z} = \lim_{z \to 0} \bar{z} = 0$$

---

[4]한 점 z_0에서 해석적이라는 것과 z_0의 적절한 근방에서 해석적이라는 것은 결과적으로 같은 의미이다.

이 존재하므로 $z_0 = 0$에서 미분가능하다.

그러나 $|z|^2 = x^2 + y^2$의 실수부는 $u(x,y) = x^2 + y^2$, 허수부는 $v(x,y) = 0$이므로

$$\frac{\partial u}{\partial x} = 2x, \ \frac{\partial u}{\partial y} = 2y, \ \frac{\partial v}{\partial x} = \frac{\partial v}{\partial y} = 0$$

이다. 복소평면 위의 0이 아닌 어떤 점 $z = x + iy$에서도 코시-리만 방정식을 만족하지 않는다. 그러므로 정리 3.3에 의해 $|z|^2$은 0을 제외한 어떤 점에서도 미분가능하지 않다. 따라서 어떤 $\epsilon > 0$을 선택하여도 $N(0,\epsilon)$ 안에는 $f(z)$가 미분가능하지 않은 점을 포함한다. 그러므로 $f(z)$는 점 $z_0 = 0$에서 해석적이지 않다.[5] □

어떤 영역에서 정의된 복소함수가 해석적이면 코시-리만 방정식을 만족하지만 코시-리만 방정식을 만족한다는 것이 해석함수가 될 수 있는 충분조건은 아니다. $f(z)$가 해석함수가 되기 위해서는 코시-리만 방정식을 만족하는 것 이외에 추가적인 조건이 필요하다.

정리 3.5 실숫값을 갖는 함수 $u(x,y)$의 일계편도함수 u_x, u_y가 D에서 연속이라 하자. (x,y)가 D에 속하는 점일 때 $|h|$, $|k|$가 충분히 작은 값을 가지면

$$u(x+h, y+k) - u(x,y) = u_x(x,y)h + u_y(x,y)k + \epsilon_1 h + \epsilon_2 k \tag{3.15}$$

이다. 여기서 ϵ_1, ϵ_2는 $h \to 0$, $k \to 0$일 때 $\epsilon_1 \to 0$, $\epsilon_2 \to 0$인 h, k에 의존하는 함수이다. ♦

(증명) D가 열린집합이므로 $|h|$, $|k|$를 충분히 작게 택하여 $(x+h, y+k)$가 D안에 놓이게 할 수 있다. $u(x+h, y+k) - u(x,y)$를

$$\begin{aligned} &u(x+h, y+k) - u(x,y) \\ &\quad = u(x+h, y+k) - u(x, y+k) + u(x, y+k) - u(x,y) \end{aligned}$$

로 쓰면 실함수의 평균값 정리에 의해

$$u(x+h, y+k) - u(x, y+k) = u_x(x+\theta_1 h, y+k)h \ \ (|\theta_1| < 1), \tag{3.16}$$

$$u(x, y+k) - u(x,y) = u_y(x, y+\theta_2 k)k \ \ (|\theta_2| < 1) \tag{3.17}$$

---

[5] $f(z) = |z|^2$은 복소평면상의 어떤 점에서도 해석적이지 않다.

인 θ_1, θ_2가 존재한다. 그런데 u_x, u_y가 연속이므로

$$u_x(x+\theta_1 h, y+k) = u_x(x,y) + \epsilon_1,$$
$$u_y(x, y+\theta_2 k) = u_y(x,y) + \epsilon_2$$

를 만족하는 ϵ_1, ϵ_2가 존재하고 ϵ_1, ϵ_2는 $h \to 0$, $k \to 0$일 때 $\epsilon_1 \to 0$, $\epsilon_2 \to 0$이다. 그러므로 식 (3.16), (3.17)은

$$u(x+h, y+k) - u(x, y+k) = u_x(x,y)h + \epsilon_1 h,$$
$$u(x, y+k) - u(x,y) = u_y(x,y)k + \epsilon_2 k$$

와 같이 나타낼 수 있다. 그러므로

$$u(x+h, y+k) - u(x,y) = u_x(x,y)h + u_y(x,y)k + \epsilon_1 h + \epsilon_2 k$$

여기서 $h \to 0$, $k \to 0$일 때 $\epsilon_1 \to 0$, $\epsilon_2 \to 0$이다. □

다음 정리 3.6의 증명을 위해 함수 $f(z) = u(x,y) + iv(x,y)$의 실수부와 허수부가 정리 3.5의 식 (3.15)를 만족한다고 가정하자. 즉, u, v가 연속인 편도함수를 갖는다고 가정하자.

정리 3.6 $f(z) = u(x,y) + iv(x,y)$가 영역 D에서 정의된 함수로, D에서 두 함수 $u(x,y)$, $v(x,y)$의 편도함수

$$\frac{\partial u}{\partial x}, \frac{\partial u}{\partial y}, \frac{\partial v}{\partial x}, \frac{\partial v}{\partial y}$$

가 존재하고 연속이며, 코시-리만 방정식

$$\frac{\partial u}{\partial x} = \frac{\partial v}{\partial y}, \quad \frac{\partial u}{\partial y} = -\frac{\partial v}{\partial x}$$

를 만족하면 $f(z)$는 D에서 해석적인 함수이다. ♦

(증명) 영역 D의 모든 점에서 f가 미분가능함을 보여야 한다. $s = h + ik$ $(h, k \in \mathbb{R})$라 할 때, 점 $z \in D$에서 극한

$$\lim_{s \to 0} \frac{f(z+s) - f(z)}{s}$$

이 존재함을 보이면 된다. $z + (h + ik)$가 D에 속할 수 있도록 $|h|$와 $|k|$를 충분히 작게 잡자. u, v는 연속인 편도함수를 갖는 것으로 가정하였으므로 정리 3.5에 따라

$$u(x+h, y+k) - u(x, y) = u_x(x, y)h + u_y(x, y)k + \epsilon_1 h + \epsilon_2 k, \tag{3.18}$$

$$v(x+h, y+k) - v(x, y) = v_x(x, y)h + v_y(x, y)k + \epsilon_3 h + \epsilon_4 k \tag{3.19}$$

이다. 여기서 $h \to 0, k \to 0$일 때 $\epsilon_j \to 0\,(j = 1, 2, 3, 4)$이다. 그러므로 식 (3.18), (3.19)로부터

$$\begin{aligned}\frac{f(z+s) - f(z)}{h+ik} =& \frac{u(x+h, y+k) - u(x, y) + i[v(x+h, y+k) - v(x, y)]}{h+ik} \\ =& \frac{u_x(x, y)h + u_y(x, y)k + i[v_x(x, y)h + v_y(x, y)k]}{h+ik} \\ &+ \frac{(\epsilon_1 + i\epsilon_3)h + (\epsilon_2 + i\epsilon_4)k}{h+ik}\end{aligned} \tag{3.20}$$

이다. 그런데 u, v가 코시-리만 방정식을 만족하므로 식 (3.20)에서 u_y를 $-v_x$로, v_y를 u_x로 바꾸어 쓰면

$$\begin{aligned}&\frac{u_x(x, y)h + u_y(x, y)k + i[v_x(x, y)h + v_y(x, y)k]}{h+ik} \\ =& \frac{u_x(x, y)h - v_x(x, y)k + i[v_x(x, y)h + u_x(x, y)k]}{h+ik} \\ =& \frac{u_x(x, y)(h+ik) + v_x(x, y)(ih - k)}{h+ik} \\ =& u_x(x, y) + iv_x(x, y)\end{aligned} \tag{3.21}$$

이고,

$$\left|\frac{h}{h+ik}\right| \le 1, \quad \left|\frac{k}{h+ik}\right| \le 1$$

이므로

$$\lim_{\substack{h\to 0\\ k\to 0}} (\epsilon_1 + i\epsilon_3)\frac{h}{h+ik} = 0, \quad \lim_{\substack{h\to 0\\ k\to 0}} (\epsilon_2 + i\epsilon_4)\frac{k}{h+ik} = 0 \tag{3.22}$$

이다. 그러므로 식 (3.20-3.22)로부터

$$\lim_{s\to 0} \frac{f(z+s) - f(z)}{s} = u_x(x, y) + iv_x(x, y) = \frac{\partial f}{\partial x} \tag{3.23}$$

이다. 여기서 h, k가 0에 접근하는 경로를 제한하지 않았고 z는 D의 임의의 점이므로 $f(z)$는 D의 모든 점에서 미분가능하다. □

정리 3.6은 정리 3.3의 역이 부분적으로 성립함을 보여준다.

[예 5] 함수 $f(z) = \sinh x \cos y + i \cosh x \sin y$에서

$$u(x, y) = \sinh x \cos y, \ \ v(x, y) = \cosh x \sin y$$

라고 하면

$$u_x = \cosh x \cos y = v_y, \ \ u_y = -\sinh x \sin y = -v_x$$

이므로 u, v는 연속인 일계편도함수를 갖고 코시-리만 방정식을 만족한다. 그러므로 $f(z)$는 정함수이고

$$f'(z) = u_x + iv_x = \cosh x \cos y + i \sinh x \sin y$$

이다. □

[예제 3.3] $f(z) = u(x, y) + iv(x, y)$가 영역 D에서 상수가 아닌 해석함수이면, $\overline{f(z)} = u(x, y) - iv(x, y)$는 해석함수가 아님을 보여라.

(풀이) $\overline{f(z)}$가 해석함수라고 가정하자. 혼동을 피하기 위해

$$\overline{f(z)} = u(x, y) - iv(x, y) := \hat{u}(x, y) + i\hat{v}(x, y)$$

라고 쓰면 $\hat{u}$, $\hat{v}$가 코시-리만 방정식을 만족해야 하므로

$$\hat{u}_x = \hat{v}_y, \ \ \hat{u}_y = -\hat{v}_x,$$

즉,

$$u_x = -v_y, \ \ u_y = v_x \tag{3.24}$$

이다. 그런데 f가 해석함수이므로

$$u_x = v_y, \ \ u_y = -v_x \tag{3.25}$$

이다. 식 (3.24), (3.25)로부터 D의 모든 점에서 $u_x = v_x = 0$을 얻을 수 있으므로

$$f'(z) = u_x + iv_x = 0$$

이다. 따라서 정리 3.4에 의해 $f(z)$는 상수함수이다. 이는 $f(z)$가 상수함수가 아니라는 가정에 모순이므로 $\overline{f(z)}$는 해석함수가 아니다. □

[예제 3.4] 영역 D에서 $f(z)$가 해석적이고 $|f(z)|$가 상수일 때 $f(z)$가 상수함수임을 보여라.

(풀이) $|f(z)| = c$라고 하자. 만일 $c = 0$이면 $f(z) = 0$이다. $c \neq 0$이면

$$f(z)\overline{f(z)} = c^2 \neq 0$$

이고, D에서 $f(z) \neq 0$이므로

$$\overline{f(z)} = \frac{c^2}{f(z)}$$

는 D에서 해석적이다. 그러므로 예제 3.3에 의해 $f(z)$는 상수함수이다. □

3.2.2 코시-리만 방정식의 극형식

복소평면의 점 $z = x + iy$는 지수형식 $z = re^{i\theta}$로 나타낼 수 있으므로 함수 $f(z) = u(x, y) + iv(x, y)$는

$$f(z) = f(re^{i\theta}) = u(r, \theta) + iv(r, \theta)$$

로 나타낼 수 있다. 그러므로 코시-리만 방정식은 극형식의 형태로 나타낼 수도 있다.

정리 3.7 $f(z) = u(x, y) + iv(x, y)$가 영역 D의 한 점 $z = x + iy \neq 0$에서 미분가능하면,

$$\frac{\partial u}{\partial r} = \frac{1}{r}\frac{\partial v}{\partial \theta}, \quad \frac{\partial v}{\partial r} = -\frac{1}{r}\frac{\partial u}{\partial \theta} \tag{3.26}$$

이다. ♦

(증명) $x = r\cos\theta$, $y = r\sin\theta$로 놓고 편도함수의 연쇄법칙을 적용하여 $\frac{\partial u}{\partial r}$, $\frac{\partial u}{\partial \theta}$를 계산하면

$$\frac{\partial u}{\partial r} = \frac{\partial u}{\partial x}\frac{\partial x}{\partial r} + \frac{\partial u}{\partial y}\frac{\partial y}{\partial r} = \frac{\partial u}{\partial x}\cos\theta + \frac{\partial u}{\partial y}\sin\theta, \tag{3.27}$$

$$\frac{\partial v}{\partial \theta} = \frac{\partial v}{\partial x}\frac{\partial x}{\partial \theta} + \frac{\partial v}{\partial y}\frac{\partial y}{\partial \theta} = \frac{\partial v}{\partial x}(-r\sin\theta) + \frac{\partial v}{\partial y}(r\cos\theta) \tag{3.28}$$

이다. u ,v가 코시-리만 방정식 $\frac{\partial u}{\partial x} = \frac{\partial v}{\partial y}$, $\frac{\partial u}{\partial y} = -\frac{\partial v}{\partial x}$을 만족하므로, 식 (3.27), (3.28)에서

$$\begin{aligned}\frac{\partial v}{\partial \theta} &= r\left(\frac{\partial u}{\partial y}\sin\theta + \frac{\partial u}{\partial x}\cos\theta\right) = r\left(\frac{\partial u}{\partial r}\right),\\ \frac{\partial u}{\partial r} &= \frac{1}{r}\frac{\partial v}{\partial \theta}\end{aligned}$$

를 얻는다. 비슷한 방법으로 $\frac{\partial u}{\partial \theta}$, $\frac{\partial v}{\partial r}$로부터

$$\begin{aligned}\frac{\partial u}{\partial \theta} &= \frac{\partial u}{\partial x}(-r\sin\theta) + \frac{\partial u}{\partial y}(r\cos\theta)\\ &= -r\left(\frac{\partial v}{\partial y}\sin\theta + \frac{\partial v}{\partial x}\cos\theta\right)\\ &= -r\frac{\partial v}{\partial r}\end{aligned}$$

를 얻을 수 있다. □

정리 3.7의 식 (3.26)

$$\frac{\partial u}{\partial r} = \frac{1}{r}\frac{\partial v}{\partial \theta}, \quad \frac{\partial v}{\partial r} = -\frac{1}{r}\frac{\partial u}{\partial \theta}$$

를 코시-리만 방정식의 극형식이라고 한다.

[예 6] $f(z) = \frac{1}{z}\,(z \neq 0)$은

$$f(z) = \frac{1}{z} = \frac{1}{re^{i\theta}} = \frac{1}{r}e^{-i\theta} = \frac{1}{r}(\cos\theta - i\sin\theta)$$

로 나타낼 수 있으므로,

$$u(r,\theta) = \frac{1}{r}\cos\theta,\ v(r,\theta) = -\frac{1}{r}\sin\theta$$

라 하면,

$$u_r = -\frac{\cos\theta}{r^2} = \frac{1}{r}v_\theta,\ v_r = \frac{\sin\theta}{r^2} = -\frac{1}{r}u_\theta$$

이므로 u, v는 코시-리만 방정식을 만족한다. □

함수 $f(x+iy) = u(x,y) + iv(x,y)$는 극형식 $f(re^{i\theta}) = u(r,\theta) + iv(r,\theta)$로 나타낼 수 있다. 만일 $z \neq 0$인 점 근방에서 x, y에 대한 u, v의 일계편도함수가 존재하고 이들이 연속이면, r, θ에 대한 u, v에 대한 일계편도함수도 존재하고 연속이다. 그러므로 정리 3.6은 아래와 같이 쓸 수 있다.

정리 3.8 영역 D에서 정의된 함수 $f(z) = u(r,\theta) + iv(r,\theta)$의 u, v가 D의 모든 점 $z = re^{i\theta}$에서 r, θ에 대한 연속인 편도함수를 갖고, 코시-리만 방정식

$$\frac{\partial u}{\partial r} = \frac{1}{r}\frac{\partial v}{\partial \theta},\quad \frac{\partial v}{\partial r} = -\frac{1}{r}\frac{\partial u}{\partial \theta}$$

를 만족하면, f는 해석함수이고

$$f'(z) = e^{-i\theta}\left(\frac{\partial u}{\partial r} + i\frac{\partial v}{\partial r}\right) \tag{3.29}$$

이다. ♦

식 (3.29)가 성립하는 이유는 아래와 같이 설명할 수 있다. 앞의 정리 3.7의 증명에서 본 것처럼

$$u_r = u_x\cos\theta + u_y\sin\theta,\ u_\theta = -u_x r\sin\theta + u_y r\cos\theta$$

이다. 이 두 식을 u_x, u_y에 대해 정리하면

$$u_x = u_r\cos\theta - u_\theta\frac{\sin\theta}{r},\ u_y = u_r\sin\theta + u_\theta\frac{\cos\theta}{r}$$

를 얻는다. 그런데 $f(z)$가 해석적이므로

$$\begin{aligned}f'(z) =&u_x + iv_x = u_x - iu_y\\ =&u_r\cos\theta - u_\theta\frac{\sin\theta}{r} - iu_r\sin\theta - iu_\theta\frac{\cos\theta}{r}\\ =&u_r(\cos\theta - i\sin\theta) - i\frac{u_\theta}{r}(\cos\theta - i\sin\theta)\\ =&e^{-i\theta}(u_r + iv_r)\end{aligned}$$

이다.

[예 7] 앞의 예 6에서 $f(z) = \frac{1}{z}(z \neq 0)$의 실수부 u와 허수부 v가 r, θ에 대한 연속인 편도함수를 갖고, 코시-리만 방정식

$$u_r = -\frac{\cos\theta}{r^2} = \frac{1}{r}v_\theta,\ v_r = \frac{\sin\theta}{r^2} = -\frac{1}{r}u_\theta$$

를 만족함을 알았다. 그러므로 $f(z) = \frac{1}{z}(z \neq 0)$는 해석함수이고, 식 (3.29)로부터

$$\begin{aligned}f'(z) =&e^{-i\theta}(u_r + iv_r) = e^{-i\theta}\left(-\frac{\cos\theta}{r^2} + i\frac{\sin\theta}{r^2}\right)\\ =&-\frac{e^{-i\theta}}{r^2}(\cos\theta - i\sin\theta) = -\frac{e^{-i\theta}e^{-i\theta}}{r^2}\\ =&-\frac{1}{(re^{i\theta})^2} = -\frac{1}{z^2}\end{aligned}$$

이다. □

[예제 3.5] $f(z) = \sqrt{r}e^{i\theta/2}\ (r > 0,\ 0 < \theta < 2\pi)$가 해석함수임을 보여라.

(풀이) 정의역 안의 모든 점 $z = re^{i\theta}$에서

$$u(r,\theta) = \sqrt{r}\cos\frac{\theta}{2},\ v(r,\theta) = \sqrt{r}\sin\frac{\theta}{2}$$

라 하면 $f(z) = u(r,\theta) + iv(r,\theta)$이고, u, v는 r, θ에 대한 연속인 편도함수를 갖고 코시-리만 방정식

$$u_r = \frac{\cos\frac{\theta}{2}}{2\sqrt{r}} = \frac{1}{r}v_\theta,\ v_r = \frac{\sin\frac{\theta}{2}}{2\sqrt{r}} = -\frac{1}{r}u_\theta$$

를 만족하므로 정리 3.8에 의해 $f(z)$는 해석함수이고

$$\begin{aligned} f'(z) =& e^{-i\theta}\left(\frac{\cos\frac{\theta}{2}}{2\sqrt{r}} + i\frac{\sin\frac{\theta}{2}}{2\sqrt{r}}\right) = e^{-i\theta}\frac{e^{i\frac{\theta}{2}}}{2\sqrt{r}} \\ =& \frac{1}{2\sqrt{r}\,e^{i\frac{\theta}{2}}} \end{aligned}$$

이다.[6] □

3.2.3 조화함수

영역 D에서 정의된 해석함수 $f(z) = u(x,y) + iv(x,y)$의 실수부 u와 허수부 v는 라플라스 방정식의 해이다. 또 영역 D가 단순연결영역이고 u가 D에서 정의된 조화함수이면 실수부(또는 허수부)가 u인 해석함수 $f(z)$가 존재하고, $f(z)$의 허수부(또는 실수부)의 형태는 코시-리만 방정식을 이용하여 찾을 수 있다.

정의 3.3 함수 $\phi : D(\subset \mathbb{R}^2) \to \mathbb{R}$가 연속인 일계, 이계의 편도함수를 가지며, D 안의 모든 점 (x,y)에서 편미분방정식

$$\nabla\phi = \frac{\partial^2\phi}{\partial x^2} + \frac{\partial^2\phi}{\partial y^2} = 0 \tag{3.30}$$

을 만족하면 ϕ를 **조화함수**(harmonic function)라고 한다. 편미분방정식 (3.30)을 **라플라스 방정식**(Laplace equation)이라고 부른다. ♦

함수 $f(z) = u(x,y) + iv(x,y)$가 영역 D에서 해석적일 때 만일 $f''(z)$가 존재하고 $u(x,y)$, $v(x,y)$의 일계, 이계 편도함수들이 모두 연속이라면 다음의 정리가 성립한다.

정리 3.9 영역 D에서 함수 $f(z) = u(x,y) + iv(x,y)$가 해석적이면 $f(z)$의 실수부와 허수부 u, v는 조화함수이다. ♦

[6] $f(z) = \sqrt{r}e^{i\theta/2} = z^{1/2}$이고, $f'(z) = \frac{1}{2\sqrt{r}\,e^{i\frac{\theta}{2}}} = \frac{1}{2z^{1/2}}$임을 보여준다.

(증명) $f(z)$가 해석함수이므로 u, v는 영역 D의 모든 점에서 코시-리만의 방정식

$$\frac{\partial u}{\partial x}=\frac{\partial v}{\partial y},\ \ \frac{\partial u}{\partial y}=-\frac{\partial v}{\partial x} \tag{3.31}$$

를 만족한다. 식 (3.31)의 두 식을 각각 x, y로 편미분하면

$$\frac{\partial^2 u}{\partial x^2}=\frac{\partial^2 v}{\partial x\partial y},\ \ \frac{\partial^2 u}{\partial y^2}=-\frac{\partial^2 v}{\partial y\partial x}, \tag{3.32}$$

$$\frac{\partial^2 u}{\partial y\partial x}=\frac{\partial^2 v}{\partial y^2},\ \ \frac{\partial^2 u}{\partial x\partial y}=-\frac{\partial^2 v}{\partial x^2} \tag{3.33}$$

를 얻는다. $f(z)$가 해석함수이므로 u, v는 모든 계수의 연속인 편도함수를 갖는다.[7] 그러므로

$$\frac{\partial^2 u}{\partial x\partial y}=\frac{\partial^2 u}{\partial y\partial x},\ \ \frac{\partial^2 v}{\partial x\partial y}=\frac{\partial^2 v}{\partial y\partial x}$$

이다. 식 (3.22), (3.23)으로부터 f의 실수부 u와 허수부 v는 라플라스 방정식

$$\frac{\partial^2 u}{\partial x^2}+\frac{\partial^2 u}{\partial y^2}=0,\ \ \frac{\partial^2 v}{\partial x^2}+\frac{\partial^2 v}{\partial y^2}=0$$

을 만족한다. 그러므로 u, v는 모두 조화함수이다 □

정리 3.9에서 $f(z)=u(x,y)+iv(x,y)$가 해석적이면 u, v는 조화함수임을 알았다. 이 때 v를 u의 **조화결레**(harmonic conjugate)라고 부른다. $u(x,y)$가 라플라스 방정식을 만족하지 못하면 $u(x,y)$는 어떤 해석함수의 실수부 또는 허수부가 될 수 없다.

[예 8] 평면 $\mathbb{R}^2$에서 정의된 함수 $u(x,y)=x^2-y$는 연속인 일계, 이계 편도함수를 갖지만

$$\frac{\partial^2 u}{\partial x^2}+\frac{\partial^2 u}{\partial y^2}=2+0=2\neq 0$$

이므로 조화함수가 아니다. 그러므로 $\mathrm{Re}\,f(z)=u(x,y)$ 또는 $\mathrm{Im}\,f(z)=u(x,y)$인 정함수 $f(z)$는 존재하지 않는다. □

---

[7]해석함수는 무한번 미분가능하다. 이사실은 7장에서 증명한다.

[예 9] $u(x,y)=x^2-y^2$은 평면 위의 모든 점 (x,y)에서 연속인 일계, 이계 편도함수

$$\frac{\partial u}{\partial x}=2x,\ \frac{\partial u}{\partial y}=-2y,\ \frac{\partial^2 u}{\partial x^2}=2,\ \frac{\partial^2 u}{\partial y^2}=-2,\ \frac{\partial^2 u}{\partial y\partial x}=\frac{\partial^2 u}{\partial x\partial y}=0$$

을 갖고,

$$\frac{\partial^2 u}{\partial x^2}+\frac{\partial^2 u}{\partial y^2}=2-2=0$$

이므로 조화함수이다. □

[예제 3.6] $u(x,y)=x^2-y^2$의 조화켤레를 찾아라.

(풀이) v를 u의 조화켤레라고 하면 $f(z)=u(x,y)+iv(x,y)$는 해석함수이므로 u, v는 코시-리만 방정식을 만족한다. 그러므로

$$u_x=2x=v_y \tag{3.34}$$

이다. 위 식 (3.34)를 y에 대해 적분하면

$$v=2xy+h(x) \tag{3.35}$$

를 얻는다. 여기서 $h(x)$는 x에 대해 미분가능한 함수이다. 다시 코시-리만 방정식에 의해 $u_y=-v_x$이고,

$$u_y=-2y,\quad -v_x=-2y-h'(x)$$

이므로, $h'(x)=0$이다. 그러므로 식 (3.35)에 의해

$$v(x,y)=2xy+b\ (b\in\mathbb{R})$$

이다. □

위의 예 3.5에서 u, v는 평면 위의 모든 점에서 연속인 일계 편도함수를 갖고 코시-리만 방정식을 만족하므로

$$f(z)=u(x,y)+iv(x,y)=(x^2-y^2)+i(2xy+b)=z^2+ib$$

는 정함수이다.

3.3 문제해결

1. 다음 함수 $f(z)$가 해석적인 영역을 찾고 도함수를 구하여라.

   (1) $f(z) = (z+i)^3$　　(2) $f(z) = z + \frac{1}{z}$

   (3) $f(z) = \left(\frac{1}{z-1}\right)^5$　　(4) $f(z) = \frac{z^2+2z+1}{z^3+1}$

2. $f(z) = |z|$는 복소평면 위의 어떤 점에서도 해석적이지 않음을 보여라.

3. 다음 함수가 코시-리만 방정식을 만족하는 점들의 집합을 찾아라.

   (1) $f(z) = \bar{z}^2$　　(2) $f(z) = x^2 - y^2$　　(3) $f(z) = 2xyi$

   (4) $f(z) = z\mathrm{Re}\, z$　　(5) $f(z) = z|z|$

4. $f(z)$가 미분 가능한 함수이면 다음 식을 만족함을 보여라.

$$\begin{aligned} |f'(z)|^2 &= \left(\frac{\partial u}{\partial x}\right)^2 + \left(\frac{\partial v}{\partial x}\right)^2 = \left(\frac{\partial u}{\partial x}\right)^2 + \left(\frac{\partial u}{\partial y}\right)^2 \\ &= \frac{\partial u}{\partial x}\frac{\partial v}{\partial y} - \frac{\partial u}{\partial y}\frac{\partial v}{\partial x} \end{aligned}$$

5. 함수 $f(z) = \begin{cases} e^{-1/z^4}, & z \neq 0 \\ 0, & z = 0 \end{cases}$ 에 대해

   (1) $f(z)$가 복소평면의 모든 점에서 코시-리만 방정식을 만족함을 보여라.

   (2) $f(z)$가 $z = 0$을 제외한 모든 점에서 해석적임을 보여라.

   (3) $f(z)$가 $z = 0$에서 연속이 아님을 보여라.[8]

6. 다음 함수가 정함수가 되도록 상수 a, b, c의 값을 정하여라.

   (1) $f(z) = x + ay - i(bx + cy)$

   (2) $f(z) = e^x \cos ay + ie^x \sin(y + b) + D$

   (3) $f(z) = a(x^2 + y^2) + ibxy + D$

---

[8] $f(z)$는 $z = 0$에서 코시-리만의 방정식을 만족하지만 $z = 0$에서 해석적이 아닌 함수의 예이다.

7. 함수 $f(z)$가 영역 D에서 정의된 해석함수이면

$$f'(z) = -\frac{i}{re^{i\theta}}(u_\theta + iv_\theta), \quad z = re^{i\theta}$$

임을 보여라.

8. $f(z)$가 정함수이고 복소평면에서 $f^{(n+1)}(z)$가 존재하며 그 값이 0이면 $f(z)$는 n차 이하의 다항함수임을 보여라.

9. $f(z)$, $g(z)$가 한 점 z_0에서 미분가능하며 $f(z_0) = g(z_0) = 0$일 때, $g'(z_0) \neq 0$이면,

$$\lim_{z \to z_0} \frac{f(z)}{g(z)} = \frac{f'(z_0)}{g'(z_0)}$$

임을 보여라.[9]

10. $f(z)$가 영역 D의 모든 점에서 실숫값을 갖는 해석함수이면 $f(z)$는 상수함수임을 보여라.

11. 한 영역에서 실수부가 상수인 해석함수는 상수함수임을 보여라.

12. 복소평면에서 $f(z) = f(2z)$인 정함수 $f(z)$는 상수함수임을 보여라.

13. $f(z)$가 영역 $D = \{z : \operatorname{Re} z > 1\}$에서 해석적이고 $\frac{\partial u}{\partial x} + \frac{\partial v}{\partial y} = 0$이면, $f'(z)$는 D에서 상수함수임을 보여라.

14. 다음 함수의 도함수를 구하여라.

    (1) $\cos^{-1} z$ (2) $\tan^{-1} z$

15. 다음이 조화함수임을 보여라.

    (1) $u(x, y) = x^3 - 3xy^2$ (2) $u(x, y) = e^{x^2 - y^2} \cos 2xy$

16. $f(z)$의 n차 도함수가 존재하면

$$f^{(n)}(z) = \frac{\partial^{(n)} f}{\partial x^{(n)}} = (-i)^n \frac{\partial^{(n)} f}{\partial y^{(n)}}$$

임을 보여라.

[9] 이를 L'Hospital의 법칙이라고 한다.

17. 다음 함수가 조화함수임을 보이고 조화켤레를 찾아라.

(1) $u = \frac{y}{x^2+y^2} \quad (x^2 + y^2 \neq 0)$ (2) $u = x^3 - 3xy^2$

18. u가 조화함수이고 v가 u의 조화켤레일 때 uv가 조화함수임을 보여라.

19. $u(x, y)$가 $(x, y) = (r, \theta)$근방에서 라플라스 방정식을 만족하면

$$\frac{\partial}{\partial r}\left(r\frac{\partial u}{\partial r}\right) + \frac{1}{r}\frac{\partial^2 u}{\partial \theta^2} = 0$$

을 만족함을 보여라.

제 4 장

기본적인 복소함수와 그 도함수

이 장에서는 복소수 집합 $\mathbb{C}$의 부분집합을 정의역으로 하고 복소수를 함숫값으로 갖는 몇 가지 기본적인 복소함수를 정의하고 이들 함수의 성질에 대해 알아본다.

실수 집합 $\mathbb{R}$은 복소수 집합 $\mathbb{C}$의 부분집합이기 때문에 복소함수는 실함수의 확장된 형태로 정의된다. 복소함수를 정의할 때 정의역에 포함된 실수에서는 실함수와 같은 함숫값을 갖고, 실함수가 갖는 기본적인 성질들이 유지되도록 정의한다. 예를 들어 복소함수로서 지수함수 e^z는 z가 실수일 때는 실함수 e^x와 같은 함숫값을 갖는 복소함수로 정의하고, 실함수로서 지수함수가 갖는 기본적인 지수법칙

$$e^{z_1}e^{z_2} = e^{z_1+z_2}$$

이 복소함수에서도 유지되도록 정의된다.

이와 같이 복소함수는 실함수의 확장된 형태로 정의되기 때문에 실함수와 비슷한 성질을 갖기도 하지만, 실함수와 명백하게 구별되는 성질을 갖기도 한다. 한 예로 실함수 e^x는 일대일함수이지만 복소함수로서 e^z는 주기함수로 일대일함수가 아니다. 이 장에서는 복소평면에서 지수함수, 삼각함수, 로그함수 등의 기본적인 복소함수를 정의하고 각각의 함수의 도함수와 그 성질에 대해 알아본다.

4.1 지수함수 e^z

4.1.1 지수함수 e^z

실함수로서 지수함수 e^x는 실수 전체집합 $\mathbb{R}$을 정의역으로 하고, 양의 값을 갖는 일대일 함수이다. 지수법칙 $e^a e^b = e^{a+b}$를 만족하고, 미분 가능한 함수로 도함수가 자신과 같으며, 테일러급수

$$e^x = \sum_{j=0}^{\infty} \frac{x^j}{j!} = 1 + x + \frac{x^2}{2!} + \frac{x^3}{3!} + \cdots \tag{4.1}$$

로 나타낼 수 있다.

복소함수로서 지수함수는 실함수로서 지수함수가 갖는 기본적인 성질을 유지하도록 하면서 정의역을 복소평면으로 확장한 것이다. 복소함수로서 지수함수

$$w = f(z) := e^z = e^{x+iy}$$

가 지수법칙을 만족한다면, 식

$$e^{x+iy} = e^x e^{iy}$$

를 만족해야 하므로, 지수함수의 정의는 e^{iy}을 어떻게 약속하느냐에 달려있다. 만약 e^{iy}을 실수에서 e^x의 테일러급수 (4.1)과 같이

$$e^{iy} = 1 + iy + \frac{(iy)^2}{2!} + \frac{(iy)^3}{3!} + \frac{(iy)^4}{4!} + \cdots$$

로 쓸 수 있다면,

$$\begin{aligned} e^{iy} &= \left(1 - \frac{y^2}{2!} + \frac{y^4}{4!} - \cdots\right) + i\left(y - \frac{y^3}{3!} + \frac{y^5}{5!} - \cdots\right) \\ &= \cos y + i \sin y \end{aligned} \tag{4.2}$$

이므로 지수함수를 아래와 같이 정의하는 것은 합리적이라 할 수 있다.[1]

정의 4.1 복소평면에서 **지수함수**(exponential function) e^z는

$$e^z = e^{x+iy} = e^x(\cos y + i \sin y) \tag{4.3}$$

로 정의한다. ♦

[1] 식 (4.2)는 오일러 공식과 일치한다.

앞의 식 (4.3)에서 $|e^{iy}| = \sqrt{\cos^2 y + \sin^2 y} = 1$이므로 e^z의 절댓값은

$$|e^z| = |e^{x+iy}| = |e^x \, e^{iy}| = e^x |e^{iy}| = e^x = e^{\text{Re}\, z} \tag{4.4}$$

이고 $e^z \neq 0$이며, 편각은

$$\arg e^z = y + 2n\pi = \text{Im}\, z + 2n\pi \quad (n \in \mathbb{Z})$$

이다.

[예 1] e^{iz^2+z}의 절댓값과 편각을 구하여라.

(풀이) $z = x + iy$라 하면

$$iz^2 + z = x - 2xy + i(x^2 - y^2 + y)$$

이므로 e^{iz^2+z}의 절댓값은

$$\begin{aligned}\left|e^{iz^2+z}\right| &= e^{\text{Re}\,[(x-2xy)+i(x^2-y^2+y)]} \\ &= e^{x-2xy}\end{aligned}$$

이고, 편각은

$$\arg\left(e^{iz^2+z}\right) = \text{Im}(iz^2 + z) + 2n\pi = x^2 - y^2 + y + 2n\pi, \quad n \in \mathbb{Z}$$

이다. □

앞의 1장 2절의 식 (1.25)에서

$$e^{iy_1} e^{iy_2} = e^{i(y_1+y_2)} \tag{4.5}$$

임을 알았다. 그러므로 $z_1 = x_1 + iy_1,\ z_2 = x_2 + iy_2$라 하면

$$\begin{aligned}e^{z_1} e^{z_2} &= e^{x_1+iy_1} e^{x_2+iy_2} = e^{x_1} e^{iy_1} e^{x_2} e^{iy_2} = \left(e^{x_1} e^{x_2}\right)\left(e^{iy_1} e^{iy_2}\right) \\ &= e^{x_1+x_2} e^{i(y_1+y_2)} = e^{(x_1+x_2)+i(y_1+y_2)} \\ &= e^{(x_1+iy_1)+(x_2+iy_2)} \\ &= e^{z_1+z_2}\end{aligned}$$

이다. 즉, 복소평면에서 지수함수는 지수법칙

$$e^{z_1}e^{z_2} = e^{z_1+z_2} \tag{4.6}$$

를 만족한다. 또한 식 (4.6)에서 $e^{z_1}e^{z_2}e^{-z_2} = e^{z_1}$, $\frac{e^{z_1}}{e^{z_2}} = e^{z_1}e^{-z_2}$이므로

$$\frac{e^{z_1}}{e^{z_2}} = e^{z_1-z_2} \tag{4.7}$$

이다.

복소평면에서 정의된 지수함수 e^z는 실함수 e^x처럼 지수법칙을 따르지만 일대일 함수는 아니다. 식 (4.6)으로부터 모든 복소수 z에 대해

$$e^{z+2k\pi i} = e^z e^{2k\pi i} = e^z[\cos(2k\pi) + i\sin(2k\pi)] = e^z \quad (k \in \mathbb{Z})$$

이므로 e^z는 주기가 $2\pi i$인 **주기함수**(periodic function)이다.

복소평면에서 e^z는 0을 제외한 나머지 모든 복소수 값에 대응한다. 사실, 0이 아닌 모든 복소수 $c = a + ib$에 대해 방정식 $e^z = c$는 무한히 많은 해를 갖는다. 방정식

$$e^z = e^x \cos y + ie^x \sin y = a + bi$$

에서

$$e^x \cos y = a, \quad e^x \sin y = b \tag{4.8}$$

이므로

$$e^{2x}\cos^2 y + e^{2x}\sin^2 y = e^{2x} = a^2 + b^2$$

얻을 수 있다. 그러므로

$$x = \frac{1}{2}\log(a^2 + b^2)$$

이다.

또 $a + bi$는 0이 아니므로, $a \neq 0$ 또는 $b \neq 0$이다. 먼저 $a \neq 0$ 일 때 식 (4.8)로부터

$$\frac{e^x \sin y}{e^x \cos y} = \tan y = \frac{b}{a}, \quad y = \tan^{-1}\frac{b}{a}$$

이므로

$$z = \frac{1}{2}\log(a^2 + b^2) + i(\tan^{-1}\frac{b}{a} + 2k\pi) \ \ (k \in \mathbb{Z}) \tag{4.9}$$

는 $e^z = c$의 해이다. 만일 $a = 0$이면

$$z = \begin{cases} \log|b| + i(\frac{\pi}{2} + 2k\pi), & b > 0 \\ \log|b| + i(-\frac{\pi}{2} + 2k\pi), & b < 0 \end{cases} \tag{4.10}$$

는 $e^z = c$의 해이므로 방정식 $e^z = c$는 무한히 많은 해를 갖는다.

[예제 4.1] 방정식 $e^z = 1 - i$를 만족하는 z값을 모두 찾아라.

(풀이) 주어진 방정식

$$e^z = e^{x+iy} = e^x(\cos y + i\sin y) = 1 - i$$

로부터

$$e^x \cos y = 1, \quad e^x \sin y = -1$$

이므로

$$e^{2x}\cos^2 y + e^{2x}\sin^2 y = e^{2x} = 2$$

이다. 그러므로 $x = \frac{1}{2}\log 2$이다. 또한

$$y = \tan^{-1}(\frac{-1}{1}) = -\frac{\pi}{4}$$

이므로 $e^z = 1 - i$의 해는

$$z = \frac{1}{2}\log 2 + i(2k\pi - \frac{\pi}{4}) \ \ (k \in \mathbb{Z})$$

이다. □

4.1.2 지수함수 e^z의 도함수

복소함수의 미분은 미분가능성의 정의에 따라 미분하는 것보다 코시-리만 방정식을 이용한 도함수 표현을 이용하여 미분하는 것이 편리한 경우가 많다. 정리 3.6에 의해 함수 $f(z) = u(x,y) + iv(x,y)$의 실수부와 허수부 u, v가 연속인 1계 편도함수를 갖고, 코시-리만 방정식을 만족하면 해석적이다. 이 때 도함수는

$$f'(z) = \frac{\partial u}{\partial x} + i\frac{\partial v}{\partial x} = \frac{\partial v}{\partial y} - i\frac{\partial u}{\partial y}$$

와 같다는 것을 알고 있다.

지수함수 $f(z) = e^z = e^x(\cos y + i\sin y)$에서

$$u(x, y) = e^x \cos y, \quad v(x, y) = e^x \sin y$$

라 하면, 복소평면의 모든 점에서 u, v의 일계 편도함수

$$\frac{\partial u}{\partial x} = e^x \cos y, \quad \frac{\partial u}{\partial y} = -e^x \sin y,$$
$$\frac{\partial v}{\partial x} = e^x \sin y, \quad \frac{\partial v}{\partial y} = e^x \cos y$$

는 모두 연속이고, 코시-리만 방정식

$$\frac{\partial u}{\partial x} = e^x \cos y = \frac{\partial v}{\partial y}, \quad \frac{\partial u}{\partial y} = -e^x \sin y = -\frac{\partial v}{\partial x}$$

를 만족한다. 그러므로 정리 3.6에 의해 e^z는 복소평면 위의 모든 점에서 미분가능하고, 도함수가

$$\begin{aligned} f'(z) = (e^z)' &= \frac{\partial u}{\partial x} + i\frac{\partial v}{\partial x} = e^x \cos y + ie^x \sin y \\ &= e^x(\cos y + i\sin y) \\ &= e^z \end{aligned}$$

인 정함수이다.

$f(z)$가 해석함수이면 $e^{f(z)}$도 해석함수이며 도함수는 연쇄법칙에 따라

$$\left(e^{f(z)}\right)' = f'(z)e^{f(z)} \tag{4.11}$$

이다.

[예 2] $g(z) = e^{iz^2}$에서 $f(z) = iz^2$이라 하면 $f(z)$는 정함수이고 $g(z) = e^{f(z)}$이므로 $g(z)$는 정함수이고, 식 (4.11)로부터

$$g'(z) = f'(z)e^{f(z)} = i2ze^{iz^2}$$

이다. □

4.2 삼각함수와 쌍곡선함수

4.2.1 삼각함수

지수함수

$$e^z = e^{x+iy} = e^x(\cos y + i\sin y)$$

에서 $z = x + iy$ 대신에 $iz = -y + ix$를 대입하면

$$e^{iz} = e^{-y+ix} = e^{-y}(\cos x + i\sin x) \tag{4.12}$$

이고, 식 (4.12)에 iz 대신에 $-iz = y - ix$를 대입하면

$$e^{-iz} = e^{y-ix} = e^{y}(\cos x - i\sin x) \tag{4.13}$$

이다. 두 식 (4.12), (4.13)에서 $y = 0$이라 놓고 정리하면 지수함수로 표시된 실함수 $\sin x$, $\cos x$

$$\sin x = \frac{e^{ix} - e^{-ix}}{2i}, \quad \cos x = \frac{e^{ix} + e^{-ix}}{2} \tag{4.14}$$

를 얻을 수 있다. 식 (4.14)의 형태를 그대로 유지하고 복소평면으로 확장하여 복소함수로서 삼각함수를 아래와 같이 정의한다.

정의 4.2 복소평면에서 **삼각함수**(trigonometric functions)는

$$\sin z = \frac{e^{iz} - e^{-iz}}{2i}, \quad \cos z = \frac{e^{iz} + e^{-iz}}{2} \tag{4.15}$$

로 정의한다. ♦

다른 삼각함수들도 실수에서 정의되었던 것과 같은 방법으로

$$\tan z = \frac{\sin z}{\cos z}, \quad \cot z = \frac{\cos z}{\sin z}, \quad \sec z = \frac{1}{\cos z}, \quad \csc z = \frac{1}{\sin z} \tag{4.16}$$

와 같이 정의한다.

삼각함수는 지수함수를 이용하여 정의하였으므로 지수함수의 성질을 활용하면 실함수로서 삼각함수가 갖고있는 일반적인 규칙들이 복소수에서도 성립함을 알 수 있다.

[예제 4.2] $\sin\left(z+\frac{\pi}{2}\right)=\cos z$임을 보여라.

(풀이) 삼각함수의 정의로부터

$$\begin{aligned}\sin(z+\frac{\pi}{2}) &= \frac{e^{i(z+\frac{\pi}{2})}-e^{-i(z+\frac{\pi}{2})}}{2i} = \frac{e^{iz}e^{\frac{i\pi}{2}}-e^{-iz}e^{-\frac{i\pi}{2}}}{2i}\\ &= \frac{ie^{iz}-(-i)e^{-iz}}{2i} = \frac{e^{iz}+e^{-iz}}{2}\\ &= \cos z\end{aligned}$$

를 얻을 수 있다. □

위의 예제 4.2를 포함한 실함수로서 삼각함수가 갖는 다른 일반적인 성질들은 복소함수로서의 삼각함수에서도 성립한다. 예를 들어 $\sin z$는 기함수이고, $\cos z$는 우함수이다. 즉,

$$\sin(-z)=-\sin z,\quad \cos(-z)=\cos z \tag{4.17}$$

이며, $\sin z$와 $\cos z$는 주기함수로

$$\sin(z+2\pi)=\sin z,\quad \cos(z+2\pi)=\cos z \tag{4.18}$$

이다. 또한 식 (4.15)로부터

$$e^{iz}=\cos z+i\sin z \tag{4.19}$$

를 얻을 수 있고, 항등식

$$\sin(z_1+z_2)=\sin z_1\cos z_2+\cos z_1\sin z_2 \tag{4.20}$$

$$\cos(z_1+z_2)=\cos z_1\cos z_2-\sin z_1\sin z_2 \tag{4.21}$$

과

$$\sin^2 z+\cos^2 z=1 \tag{4.22}$$

이 성립한다. 이들은 모두 삼각함수의 정의 4.2로부터 얻을 수 있다.

실함수로서 삼각함수가 갖는 성질이 복소수에서도 그대로 성립하는 것은 아니다. 실함수로서 $\sin x$는 모든 실수 x에 대해 $|\sin x|\leq 1$인 유계인 함수이지만,

복소함수로서 $\sin z$는 유계인 함수가 아니다. 이것은 다음의 삼각부등식에 의해 설명될 수 있다.

$$|\sin z| = \left|\frac{e^{iz} - e^{-iz}}{2i}\right| \geq \frac{||e^{iz}| - |e^{-iz}||}{2} = \frac{|e^{y} - e^{-y}|}{2} \tag{4.23}$$

이므로 $|y|$값이 무한히 커지면 $|\sin z|$의 값도 무한히 커지게 된다. 즉, $\sin z$는 유계인 함수가 아니다. $|z|$는 실수이므로 $\sin |z|$는 유계인 함수이지만 $\sin z$는 유계인 함수가 아니다.

[예제 4.3] $\sin z = 5$인 복소수 z를 모두 찾아라.

(풀이) $\sin z$의 정의와 주어진 식으로부터

$$\sin z = \frac{e^{iz} - e^{-iz}}{2i} = 5$$

를 얻고, 이를 e^{iz}에 대한 이차방정식

$$(e^{iz})^2 - 10ie^{iz} - 1 = 0$$

으로 표현할 수 있다. 위 식을 e^{iz}에 대해 풀면

$$e^{iz} = \frac{10i \pm \sqrt{-100+4}}{2} = (5 \pm 2\sqrt{6})i$$

을 얻을 수 있다. 한편

$$e^{iz} = e^{i(x+iy)} = e^{-y}(\cos x + i \sin x) = (5 \pm 2\sqrt{6})i$$

이므로,

$$e^{-y}\cos x = 0, \quad e^{-y}\sin x = 5 \pm \sqrt{6}$$

이 된다. 위의 첫번째 식으로부터

$$x = n\pi + \frac{\pi}{2}\ (n \in \mathbb{Z})$$

을 얻을 수 있지만, x가 두번째 식을 만족하기 위해서는 n은 짝수가 되어야 하고

$$y = -\log(5 \pm \sqrt{6})$$

이어야 한다. 따라서 방정식 $\sin z = 5$의 해는

$$z = (2k\pi + \frac{\pi}{2}) - i\log(5 \pm \sqrt{6}) \ \ (k \in \mathbb{Z})$$

이다. □

앞의 정의 4.2로부터

$$\begin{aligned} \sin(iy) &= \frac{e^{-y} - e^{y}}{2i} = i\,\frac{e^{y} - e^{-y}}{2} = i\sinh y, \\ \cos(iy) &= \frac{e^{-y} + e^{y}}{2} = \cosh y \end{aligned}$$

이므로 식 (4.20)에서 $z = x + iy$로 놓으면

$$\sin z = \sin x \cosh y + i \cos x \sinh y \tag{4.24}$$

임을 얻을 수 있다. 즉 $\sin z = u(x, y) + iv(x, y)$라 하면

$$u(x, y) = \sin x \cosh y, \ \ v(x, y) = \cos x \sinh y$$

이다.

실함수로서 $\sin x$는 $x = n\pi$ $(n \in \mathbb{Z})$일 때만 $\sin x = 0$이다. 복소함수로서 $\sin z = 0$의 해 또한 $z = n\pi$ $(n \in \mathbb{Z})$뿐이다. $\sin z = 0$이면, 위의 식 (4.24)로부터

$$\begin{aligned} |\sin z|^2 &= \sin^2 x \cosh^2 y + \cos^2 x \sinh^2 y \\ &= \sin^2 x\,(1 + \sinh^2 y) + \cos^2 x \sinh^2 y \\ &= \sin^2 x + \sinh^2 y = 0 \end{aligned}$$

이어야 한다. 다시 말해 $\sin z = \sin(x + iy) = 0$이면 $\sin x = 0$, $\sinh y = 0$이어야 하므로 $x = n\pi$, $y = 0$이기 때문이다. 비슷한 방법으로 $\cos z = 0$의 해는 $z = n\pi + \frac{\pi}{2}$ $(n \in \mathbb{Z})$뿐임을 보일 수 있다.

4.2.2 삼각함수의 도함수

삼각함수는 지수함수를 이용하여 정의하였으므로 미분공식을 이용하면 쉽게 도함수를 찾을 수 있다. 예를 들어 $\sin z$는

$$\sin z = \frac{e^{iz} - e^{-iz}}{2i}$$

로 정의되었고 e^{iz}, e^{-iz}가 정함수이므로 $\sin z$는 정함수이고, 도함수는

$$\frac{d}{dz}\sin z = \frac{ie^{iz} - (-i)e^{-iz}}{2i} = \frac{e^{iz} + e^{-iz}}{2} = \cos z \tag{4.25}$$

이다.

$\cos z$의 도함수는 $\cos z$의 정의로부터

$$\begin{aligned}\frac{d}{dz}\cos z &= \frac{d}{dz}\left(\frac{e^{iz} + e^{-iz}}{2}\right) = \frac{ie^{iz} - ie^{-iz}}{2} = -\frac{e^{iz} - e^{-iz}}{2i} \\ &= -\sin z \end{aligned} \tag{4.26}$$

이다.

앞의 식 (4.24)

$$\sin z = \sin x \cosh y + i \cos x \sinh y$$

로부터

$$\cos z = (\sin z)' = \frac{\partial}{\partial x}(\sin x \cosh y) + i\frac{\partial}{\partial x}(\cos x \sinh y) \tag{4.27}$$

$$= \cos x \cosh y - i \sin x \sinh y \tag{4.28}$$

임을 알 수 있다.

다른 삼각함수의 도함수는 실함수에서와 마찬가지 방법으로 삼각함수의 정의와 미분공식을 이용해서 찾을 수 있다.

[예제 4.4] $\tan z$의 도함수를 구하여라.

(풀이) $\cos z = 0$인 $z = (k + \frac{1}{2})\pi,\ k \in \mathbb{Z}$을 제외한 점에서

$$\tan z = \frac{\sin z}{\cos z}$$

는 해석적이므로 미분공식에 의해

$$\frac{d}{dz}\tan z = \left(\frac{\sin z}{\cos z}\right)' = \frac{\cos^2 z + \sin^2 z}{\cos^2 z} = \frac{1}{\cos^2 z} = \sec^2 z$$

이다. □

위의 예제와 같은 방법으로 $\cot z$, $\sec z$, $\csc z$의 도함수

$$\frac{d}{dz}\cot z = -\csc^2 z,\ \frac{d}{dz}\sec z = \sec z \tan z,\ \frac{d}{dz}\csc z = -\csc z \cot z$$

를 구할 수 있다.

4.2.3 쌍곡선함수와 쌍곡선함수의 도함수

복소함수로서 쌍곡선함수도 실수값을 갖는 쌍곡선 함수의 정의

$$\sinh x = \frac{e^x - e^{-x}}{2}, \quad \cosh x = \frac{e^x + e^{-x}}{2}$$

를 복소평면으로 확장하여 정의한다.

정의 4.3 복소평면에서 **쌍곡선함수**(hyperbolic functions)는

$$\sinh z = \frac{e^z - e^{-z}}{2}, \quad \cosh z = \frac{e^z + e^{-z}}{2} \tag{4.29}$$

로 정의한다. ♦

다른 쌍곡선 함수도 실함수에서와 같은 방법으로 정의한다. 예를 들어

$$\tanh z = \frac{\sinh z}{\cosh z}$$

로 정의한다.

위의 정의로부터 $\sinh z$와 $\cosh z$도 e^z와 같이 주기가 $2\pi i$인 주기함수이고,

$$\begin{aligned} \sinh z &= \frac{e^z - e^{-z}}{2} = -i\frac{e^{-z} - e^z}{2i} = -i\frac{e^{i(iz)} - e^{-i(iz)}}{2i} \\ &= -i\sin(iz) \end{aligned} \tag{4.30}$$

이고, 비슷한 방법으로

$$\cosh z = \cos(iz) \tag{4.31}$$

임을 보일 수 있다.

다음은 쌍곡선 함수, 삼각함수를 포함하는 항등식들이다. 이 식들이 성립하는 것은 쌍곡선 함수, 삼각함수의 정의로부터 보일 수 있다. $z = x + iy$라 하면

다음 이 식들이 성립한다.

$$\sinh(-z) = -\sinh z, \quad \cosh(-z) = \cosh z, \tag{4.32}$$

$$\cosh^2 z - \sinh^2 z = 1, \tag{4.33}$$

$$\sinh(z_1 + z_2) = \sinh z_1 \cosh z_2 + \cosh z_1 \sinh z_2, \tag{4.34}$$

$$\cosh(z_1 + z_2) = \cosh z_1 \cosh z_2 + \sinh z_1 \sinh z_2, \tag{4.35}$$

$$\sinh z = \sinh x \cos y + i \cosh x \sin y, \tag{4.36}$$

$$\cosh z = \cosh x \cos y + i \sinh x \sin y, \tag{4.37}$$

$$|\sinh z|^2 = \sinh^2 x + \sin^2 y, \tag{4.38}$$

$$|\cosh z|^2 = \sinh^2 x + \cos^2 y. \tag{4.39}$$

쌍곡선함수도 삼각함수와 마찬가지로 지수함수 e^z에 의해 정의되었으므로 삼각함수에서와 같은 방법으로 미분을 구할 수 있다.

[예제 4.5] $\sinh z$의 도함수를 구하고 $\sinh z$가 정함수임을 보여라.

(풀이) $\sinh z$는

$$\sinh z = \frac{e^z - e^{-z}}{2}$$

로 정의되었고 e^z, e^{-z}가 정함수이므로 $\sinh z$도 복소평면 위의 모든 점 z에서 미분가능한 정함수이고, 미분공식에 따라 도함수는

$$(\sinh z)' = \frac{e^z + e^{-z}}{2} = \cosh z$$

이다. □

예제 4.5와 같은 방법으로 $\cosh z$도 정함수이고

$$(\cosh z)' = \sinh z$$

임을 보일 수 있다. 미분공식을 이용하여 다른 쌍곡선함수의 도함수

$$(\tanh z)' = \text{sech}^2 z, \qquad (\coth z)' = -\text{csch}^2 z,$$
$$(\text{sech} z)' = -\text{sech} z \tanh z, \quad (\text{csch} z)' = -\text{csch} z \coth z$$

를 얻을 수 있다.

4.3 로그함수와 멱함수

4.3.1 로그함수

복소평면 위의 한 점 $z \neq 0$의 절댓값과 편각이 각각 $|z| = r,\ \arg z = \theta$이면, z는 극형식

$$z = r(\cos\theta + i\sin\theta) = re^{i\theta} \tag{4.40}$$

로 나타낼 수 있다.

실함수로서 로그함수는

$$\log ab = \log a + \log b,\ \ \log a^b = b\log a$$

의 성질을 갖는다. 이런 로그함수의 일반적인 성질이 복소수에서도 적용될 수 있다면 위의 식 (4.40)으로부터 $\log z$는

$$\log z = \log re^{i\theta} = \log r + \log e^{i\theta} = \log r + i\theta \tag{4.41}$$

를 만족해야 한다. 그러나 θ는 무수히 많은 편각 가운데 하나이기 때문에 식 (4.41)은

$$\begin{aligned}\log z &= \log r + i(\theta + 2k\pi) \quad (k \in \mathbb{Z})\\ &= \log|z| + i\arg z\end{aligned} \tag{4.42}$$

와 같이 쓸 수 있다. 식 (4.42)는 $\log z$가 **다가함수**(multiple-valued function) [2]임을 말한다.

실함수로서 $\log x$는 지수함수 e^x의 역함수로 정의하였기 때문에 $\log e^x = x$이다. 그러나 복소함수로서 $\log z = \log|z| + i\arg z$로 약속하였기 때문에

$$\begin{aligned}\log e^z &= \log|e^z| + i\arg(e^z) = \log e^x + i(y + 2n\pi)\\ &= x + iy + i2n\pi = z + i2n\pi \ \ (n \in \mathbb{Z})\end{aligned}$$

[2] 정의역의 각각의 점을 공역의 하나 이상의 점에 대응하는 함수를 말한다.

그러므로 e^z의 역함수로 $\log z$를 생각하기 위해서는 $\log z$가 일대일 함수가 되는 영역을 고려해야 한다. 다가함수 $\log z$의 **분기**(branch)는

$$e^{\log^* z} = z, \quad z \in \mathbb{C}\backslash\{0\} \tag{4.43}$$

를 만족하는 일가함수(single-valued function), $\log^* z$로 정의한다. 다가함수 $\log z$의 분기는 무수히 많고 그 각각은 e^z의 역함수이다. 그 무수히 많은 $\log z$의 분기 중에 허수부 $\arg z$가 구간 $(-\pi, \pi)$에서 정의된 것은 하나뿐이다. 이 분기를 $\log z$의 **고유분기**(principal branch)라고 하고 $\text{Log}\, z$로 나타낸다.[3]:

$$\text{Log}\, z = \text{Log}\, |z| + i\text{Arg}\, z, \quad (-\pi < \text{Arg}\, z < \pi) \tag{4.44}$$

[예 3] $z = 1 + i$일 때 $\log z$의 고유분기는

$$\text{Log}\, (1+i) = \text{Log}\, |1+i| + i\text{Arg}(1+i) = \text{Log}\, \sqrt{2} + i\frac{\pi}{4}$$

이다. □

$\log z$의 고유분기와 $2\pi i$의 정수배 만큼 차이를 가지면 그 또한 $\log z$의 한 분기이다. 예를 들어 $\log^* z$가

$$\begin{aligned} \log^* z =& \text{Log}\, z + 2k\pi i \\ =& \text{Log}|z| + (\text{Arg}\, z + 2k\pi i) \quad k \in \mathbb{Z} \end{aligned} \tag{4.45}$$

이면 각각의 $k \in \mathbb{Z}$에 대해 $\text{Log}\, z + 2k\pi i$는 $\log z$의 한 분기이다. 앞의 식 (4.40)에서 조건 $-\pi < \text{Arg}\, z < \pi$는 복소평면에서 음의 실수축을 잘라내는 것과 같다. 이 음의 실수축을 따라 나가는 직선을 $\text{Log}\, z$의 **분기절단**(branch cut)이라고 한다. 식 (4.44)로 주어진 함수의 분기절단은 각각

$$(2k-1)\pi < \arg z < (2k+1)\pi, \quad k \in \mathbb{Z} \tag{4.46}$$

이다.

다음은 로그함수가 갖는 일반적 성질

$$\log z_1 z_2 = \log z_1 + \log z_2 \quad (z_1,\ z_2 \neq 0)$$

---

[3]아래의 식 (4.44)에서 $\text{Arg}\, |z| = 0$이므로 $\text{Log}\, |z|$는 실함수로서의 로그함수와 같다.

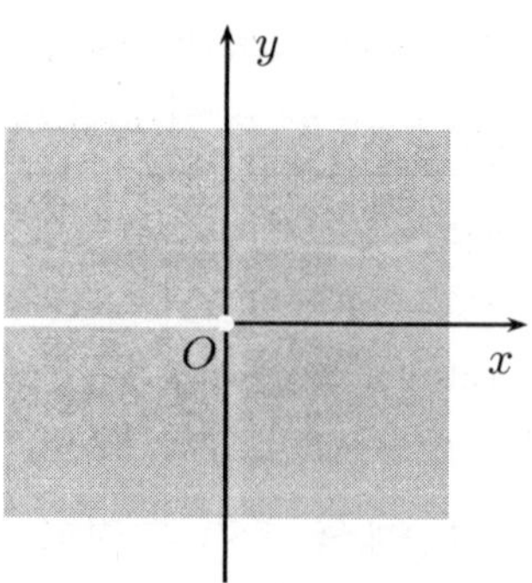

그림 4.1 Log z의 분기절단

가 복소평면에서도 성립하는지 알아보자. 정해진 분기 $\log^* z$에 대해

$$\log^* z_1 z_2 = \text{Log}\,|z_1 z_2| + i\arg(z_1 z_2)$$

이고,

$$\begin{aligned}\log^* z_1 + \log^* z_2 &= \text{Log}\,|z_1| + \text{Log}\,|z_2| + i(\arg z_1 + \arg z_2)\\ &= \text{Log}\,|z_1 z_2| + i(\arg z_1 + \arg z_2)\end{aligned}$$

이다. 그런데 앞의 1장의 식 (1.29)에서 본 것처럼 $\arg(z_1 z_2)$와 $\arg z_1 + \arg z_2$는 2π의 정수배만큼 차이가 있다. 그러므로

$$\log^* z_1 z_2 = \log^* z_1 + \log^* z_2 + 2k\pi i, \quad k \in \mathbb{Z} \tag{4.47}$$

또는

$$\log^* z_1 z_2 = \log^* z_1 + \log^* z_2, \quad (\text{mod } 2\pi)$$

이다. 앞의 식 (4.47)은 정수 k에 관계없이 본질적으로는 같은 성질을 갖는다. 그런 이유에서 편의상 $k = 0$인 경우로 복소함수 $\log z = \text{Log}\, z$로 나타낸다. 그러나 Log z는 음의 실수축 위의 어떤 점에서도 연속이 아니다. 음의 실수축 위의 한 점 $z_0 = r_0 e^{\pi i}$, $r_0 > 0$에 대해 $\log z_0 = \text{Log}\, r_0 + i\pi$이다. 그러나 시계방향으로 음의 실수축에 접근할 때의 극한값은 $\text{Log}\, r_0 - i\pi$이므로 z_0에서의 극한값이 존재하지 않기 때문에 연속이 아니다. 그러나 이 문제는 분기절단의 위치를 바꿈으로서 해결할 수 있다. 예를 들어 분기절단을 음의 허수축으로 하면 분기함수는 음의 실수축에서 연속인 함수가 된다. 다시 말해 복소함수로서의 로그함수 $\log z$는 복소평면 위의 0이 아닌 모든 점에서 연속인 함수로 간주할 수 있다. 그림 4.2는 $\log z$가 $re^{i\alpha}$ $(r \geq 0)$를 제외한 영역에서 연속이 되도록 분기절단을 택한 경우이다.

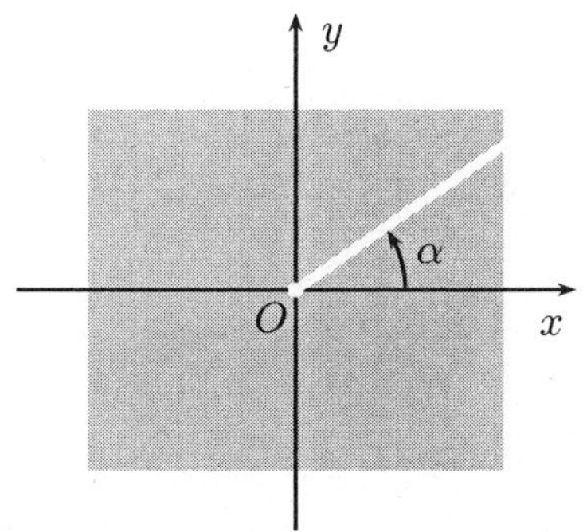

그림 4.2 분기절단 $\alpha < \theta < \alpha + 2\pi$

정의 4.4 복소평면에서 **로그함수**(logarithmic function)는

$$\log z = \text{Log}\,|z| + i\arg z \quad (z \neq 0) \tag{4.48}$$

로 정의한다. ♦

[예 4] $z = 1 + i$라고 하면 $|z| = \sqrt{2}$, $\arg z = \frac{\pi}{4} + 2k\pi$이므로

$$\log(1+i) = \text{Log}\,\sqrt{2} + i(\frac{\pi}{4} + 2k\pi) \quad (k \in \mathbb{Z})$$

이다. □

[예제 4.6] $\log i = (2k + \frac{1}{2})\pi i \quad (k \in \mathbb{Z})$임을 보여라.

(풀이) 로그함수의 정의에 의해

$$\log i = \text{Log}|i| + i\arg i = 0 + i\left(\frac{\pi}{2} + 2k\pi\right) = \left(2k + \frac{1}{2}\right)\pi i \quad (k \in \mathbb{Z})$$

이다. □

로그함수에서 분기절단의 문제는 세심한 주의를 필요로 한다. 로그함수가 갖는 일반적 성질 가운데 하나인 $\log x^n = n\log x$는 고유분기로 제한하면 성립하지 않는다. 예를 들어

$$\text{Log}(i^3) = \text{Log}(-i) = -\frac{\pi}{2}i$$

이지만,

$$3\mathrm{Log}\, i = 3\frac{\pi}{2}i$$

이므로

$$\mathrm{Log}(i^3) \neq 3\mathrm{Log} i$$

이다.

4.3.2 로그함수의 도함수

앞의 3장에서 정의한 미분의 개념을 다가함수에 적용하는 것은 적절하지 못하다. 극한

$$\lim_{z \to z_0} \frac{f(z) - f(z_0)}{z - z_0}$$

에서 $f(z)$가 다가함수이면 z가 z_0에 가까이 가는 동안 각각의 z에 대해 $f(z)$가 취하는 여러 값 가운데 어떤 것을 택할지 정할 수 없어 극한을 말할 수 없기 때문이다. 그러나 다가함수의 경우에도 하나의 고정된 분기함수는 일가함수이므로 미분가능성을 생각할 수 있다.

로그함수의 고유분기

$$f(z) := \mathrm{Log}\, z = \mathrm{Log}|z| + i\mathrm{Arg}\ z, \quad z \neq 0, \ -\pi < \mathrm{Arg}\ z < \pi \tag{4.49}$$

는 일가함수이고, $-\pi < \mathrm{Arg}\ z < \pi$에서 연속인 함수이다. 고유분기 $\mathrm{Log}\, z$는 음의 실수축 위의 어떤 점에서도 연속이 아니므로 음의 실수축 위의 점에서 미분이 불가능 하다. $f(z)$는 극형식을 이용하여

$$f(z) := \mathrm{Log}\, z = \mathrm{Log}\, r + i\theta, \quad z = re^{i\theta}, \ -\pi < \theta < \pi \tag{4.50}$$

와 같이 쓸 수 있다.

$$u(r, \theta) = \mathrm{Log}\, r, \ \ v(r, \theta) = \theta$$

라 하면

$$u_r = \frac{1}{r} = \frac{1}{r}v_\theta, \ \ v_r = 0 = -\frac{1}{r}u_\theta \tag{4.51}$$

이므로, u, v는 연속인 도함수를 갖고 코시-리만 방정식을 만족한다. 그러므로 3장의 식 (3.29)에 의해

$$f'(z) = (\mathrm{Log}\ z)' = e^{-i\theta}(u_r + iv_r) = e^{-i\theta}\left(\frac{1}{r} + i0\right)$$
$$= \frac{1}{re^{i\theta}} = \frac{1}{z} \tag{4.52}$$

이다. 음의 실수축을 분기절단으로 하는 로그함수의 다른 분기함수들의 도함수 또한 0과 음의 실수축을 뺀 모든 점 z에서도 미분가능하고 도함수는 $\frac{1}{z}$이다. 음의 실수축에서 로그함수의 도함수는 분기절단을 바꾸어 미분을 구할 수 있다. 예를 들어 로그함수의 분기함수로

$$f(z) = \log z,\ 0 < \arg z < 2\pi$$

를 택하면 음의 실수축 위의 점 z에서 미분 $\frac{1}{z}$을 구할 수 있다. 이 경우 양의 실수축에서 분기함수는 연속이 아니다. 이처럼 복소평면상에 주어진 0이 아닌 어떤 점 z에서 로그함수 $f(z) = \log z$가 해석적일 수 있게 하는 분기함수를 찾을 수 있으며, 그 미분은

$$f'(z) = (\log z)' = \frac{1}{z},\ z \neq 0 \tag{4.53}$$

이다.

$f(z)$가 해석함수이면 z에서 $\log f(z)$가 해석함수가 될 수 있도록 분기함수를 찾을 수 있으며, $\log f(z)$의 미분은 연쇄법칙을 적용하면

$$\frac{d}{dz}\log f(z) = \frac{f'(z)}{f(z)} \tag{4.54}$$

이다.

[예 5] $\cos z$는 정함수이므로 $\cos z \neq 0$인 점에서

$$(\log\cos z)' = \frac{(\cos z)'}{\cos z} = \frac{-\sin z}{\cos z} = -\tan z$$

이다. □

4.3.3 복소지수함수 z^{α}, α^{z}와 도함수

복소평면에서 지수함수 z^α는 로그함수를 이용하여 정의된다. 따라서 복소지수함수는 로그함수와 마찬가지로 다가함수이다.

정의 4.5 $\alpha \in \mathbb{C}$일 때 복소지수함수(complex exponent)는

$$z^\alpha = e^{\alpha \log z} = e^{\alpha(\mathrm{Log}\,|z| + i \arg z)} \quad (z \in \mathbb{C}\backslash\{0\}) \tag{4.55}$$

로 정의한다. ♦

[예 6] 지수함수의 정의 4.5로부터

(1) $3^{\frac{1}{2}} = e^{\frac{1}{2}\log 3} = e^{\frac{1}{2}(\mathrm{Log}3 + 2k\pi i)} = e^{\frac{1}{2}\mathrm{Log}3} e^{k\pi i} = \pm\sqrt{3}, \quad k \in \mathbb{Z}$

(2) $i^{\frac{1}{2}} = e^{\frac{1}{2}\log i} = e^{\frac{1}{2}(2k\pi + \frac{\pi}{2})i} = \pm\frac{\sqrt{2}}{2}(1+i),$

(3) $2^i = e^{i(\log 2)} = e^{i(\mathrm{Log}\,2 + 2k\pi i)} = e^{i\mathrm{Log}\,2} e^{-2k\pi}, \quad k \in \mathbb{Z}$

와 같이 지수함수 z^α는 다가함수임을 알 수 있다.

위의 예 6의 (3)에서 보는 것 처럼 2^i는 무수히 많은 값을 갖고, 특히 정수 k의 변화에 따라 2^i의 절댓값은 무한히 큰 값을 가질 수도, 0에 가까운 값을 가질 수도 있다.

지수함수 $f(z) = z^\alpha$의 고유분기함수는 $f(z) = z^\alpha = e^{\alpha \log z}$에서 로그함수의 고유분기함수 $\mathrm{Log}\, z$를 이용하여 얻을 수 있다. 도함수를 구하기 위해 연쇄법칙을 이용하면

$$\begin{aligned} f'(z) = (z^\alpha)' = \left(e^{\alpha \log z}\right)' &= \alpha \frac{1}{z} e^{\alpha \log z} = \alpha \frac{1}{z} z^\alpha \\ &= \alpha z^{\alpha - 1} \end{aligned} \tag{4.56}$$

이다. 로그함수에서와 같은 이유로 지수함수도 $z \neq 0$인 모든 점에서 해석적이며, 도함수는

$$f'(z) = (z^\alpha)' = \alpha z^{\alpha-1} \tag{4.57}$$

이다.

a, b가 실수이고, $z = re^{i\theta}$ $(r \neq 0)$일 때

$$z^a = e^{a\log z} = e^{a(\operatorname{Log} r + i(\theta + 2k\pi))} \quad (k \in \mathbb{Z}),$$
$$z^b = e^{b\log z} = e^{b(\operatorname{Log} r + i(\theta + 2l\pi))} \quad (l \in \mathbb{Z})$$

이므로

$$z^a z^b = e^{(a+b)\operatorname{Log} r} e^{i(a+b)\theta} e^{2\pi i(ka+lb)} \tag{4.58}$$

이다.

반면에

$$z^{a+b} = e^{(a+b)\operatorname{Log} r} e^{i(a+b)\theta} e^{2\pi i m(a+b)} \quad (m \in \mathbb{Z}) \tag{4.59}$$

이므로 a, b가 모두 정수일 때는

$$z^a z^b = z^{a+b}$$

이다. 그러나 a 또는 b가 정수가 아닐 때에는 다가함수로서 $z^a z^b$, z^{a+b}는 같은 집합을 나타내지만 각각의 a, b에 대해 $z^a z^b$와 z^{a+b}가 같을 필요는 없다. 예를 들어 $3^{\frac{1}{2}+\frac{1}{2}} = 3$이지만,

$$\begin{aligned} 3^{\frac{1}{2}}3^{\frac{1}{2}} &= e^{\frac{1}{2}(\text{Log}3 + 2n\pi i)} e^{\frac{1}{2}(\text{Log}3 + 2m\pi i)} \\ &= e^{\text{Log}3 + k\pi i} \quad (k, n, m \in \mathbb{Z}) \\ &= \pm 3 \end{aligned}$$

이다. 그러므로 $3^{\frac{1}{2}+\frac{1}{2}} \neq 3^{\frac{1}{2}}3^{\frac{1}{2}}$이다.

4.4 역삼각함수

앞에서 삼각함수와 지수함수 사이에 밀접한 관계가 있음을 보았다. 이들의 역함수 또한 서로 관련이 있다. 예를 들어 sin함수의 역함수는 로그함수로 나타낼 수 있다. 주어진 $z \in \mathbb{C}$에 대해 $z = \sin w$의 해를 찾아보자.

$$z = \sin w = \frac{e^{iw} - e^{-iw}}{2i}$$

로부터 방정식

$$e^{2iw} - 2ize^{iw} - 1 = 0$$

을 얻는다. 이 방정식은 e^{iw}에 관한 이차방정식이므로 해

$$e^{iw} = iz + (1 - z^2)^{\frac{1}{2}}$$

을 찾을 수 있다. 그러므로

$$\sin^{-1} z = w = -i \log[iz + (1 - z^2)^{\frac{1}{2}}] \tag{4.60}$$

이다. 위 식에서 $(1 - z^2)^{\frac{1}{2}}$은 다가함수임에 유의해야 한다.

비슷한 방법으로 $\cos z$, $\tan z$의 역함수

$$\cos^{-1} z = -\, i \log[z + (z^2 - 1)^{\frac{1}{2}}], \tag{4.61}$$

$$\tan^{-1} z = \frac{i}{2} \log \frac{i + z}{i - z} \tag{4.62}$$

를 얻을 수 있다.

[예제 4.7] $\sin^{-1} z$의 도함수를 구하여라.

(풀이) $\sin^{-1} z = -i \log \left(iz + (1 - z^2)^{\frac{1}{2}} \right)$ 이므로 연쇄법칙을 적용하면

$$\begin{aligned} \frac{d}{dz} \sin^{-1} z &= \frac{-i}{iz + (1 - z^2)^{\frac{1}{2}}} \left(i - \frac{z}{(1 - z^2)^{\frac{1}{2}}} \right) \\ &= \frac{-i}{iz + (1 - z^2)^{\frac{1}{2}}} \frac{i[iz + (1 - z^2)^{\frac{1}{2}}]}{(1 - z^2)^{\frac{1}{2}}} \\ &= \frac{1}{(1 - z^2)^{\frac{1}{2}}} \end{aligned} \tag{4.63}$$

이다. □

비슷한 방법으로 $\cos^{-1} z$, $\tan^{-1} z$의 도함수

$$\frac{d}{dz} \cos^{-1} z = -\frac{1}{(1 - z^2)^{\frac{1}{2}}}, \tag{4.64}$$

$$\frac{d}{dz} \tan^{-1} z = \frac{1}{1 + z^2} \tag{4.65}$$

를 구할 수 있다.

쌍곡선함수의 역함수도 삼각함수의 역함수와 같은 방법으로 구할 수 있으며

$$\sinh^{-1} z = \log[z + (z^2+1)^{\frac{1}{2}}], \tag{4.66}$$

$$\cosh^{-1} z = \log[z + (z^2-1)^{\frac{1}{2}}], \tag{4.67}$$

$$\tanh^{-1} z = \frac{1}{2}\log\frac{1+z}{1-z} \tag{4.68}$$

이다.

4.5 문제해결

1. 다음 함수의 실수부와 허수부를 구하여라.

   (1) e^{e^z} (2) $\sin z$ (3) $\log z^{1/2}$ (4) $\cosh z$

2. 다음을 계산하여라.

   (1) e^{2+i} (2) $\sin(1+i)$ (3) $\cos(1+i)$

3. 다음 방정식의 해를 모두 구하여라.

   (1) $e^z = 1+\sqrt{3}i$ (2) $e^z = i$

4. 함수 $e^{\bar{z}}$는 복소평면 위의 어떤 점에서도 해석적이지 않음을 보여라.

5. 부등식 $\left|e^{z^2}\right| < e^{|z|^2}$이 성립함을 보여라.

6. $\operatorname{Re} z > 0$이면 $|e^{-2z}| < 1$임을 보여라.

7. $|e^{1/z}|$가 $|z| \geq \epsilon$ $(\epsilon > 0)$에서 유계임을 보여라.

8. 다음 방정식의 해를 구하여라.

   (1) $\cos z = \frac{3}{4} + \frac{i}{4}$ (2) $\sin z = 2$

9. 방정식 $\cos z = 0$가 실수해만을 가짐을 보여라.

10. $|\cos z|$가 무한히 커지는 z의 방향을[4] 찾고 $\cos z$가 유계인 함수가 아님을 보여라.

[4] z의 방향은 Arg$z$로 나타낼 수 있다.

11. 다음 부등식을 증명하여라.

(1) $\left|e^z + e^{z^2}\right| \le e^x + e^{x^2-y^2}$

(2) $\left|e^{iz} + e^{iz^2}\right| \le e^{-y} + e^{-2xy}$

(3) $|\sin z|^2 + |\cos z|^2 \ge 1$

12. 다음 등식이 성립함을 보여라.

(1) $1 + \tan^2 z = \sec^2 z$ (2) $1 + \cot^2 z = \csc^2 z$

13. $z = x + iy$일 때 다음 부등식이 성립함을 증명하여라.

(1) $|\sin z| \ge |\sin x|$ (2) $|\cos z| \ge |\cos x|$

14. 코시-리만 방정식을 이용하여 $\cos \bar{z}$가 복소평면 위의 어떤 점에서도 해석적이지 않음을 보여라.

15. 다음 값을 모두 찾아라.

(1) $\log 1$ (2) $\log i$ (3) $\log(-i)$ (4) $\log(1+i)$

16. $\log z = \frac{\pi}{2}i$의 해를 모두 찾아라.

17. 로그함수의 분기 $\log z = \ln r + i\theta$, $(r > 0,\ \alpha < \theta < \alpha + 2\pi)$는

$$\log z = \frac{1}{2}\ln(x^2 + y^2) + i\tan^{-1}\frac{y}{x}$$

로 쓸 수 있음을 보이고, 주어진 영역에서 해석적이며

$$\frac{d}{dz}\log z = \frac{1}{z}$$

임을 증명하여라.

18. 다음 값을 모두 찾아라.

(1) 7^i (2) $(-1)^i$ (3) $(-i)^i$ (4) $(1+i)^{1+i}$

19. 다음 함수의 실수부와 허수부를 찾아라.

(1) x^x $(x \in \mathbb{R},\ x \ne 0)$

(2) $(iy)^{iy}$ $(y \in \mathbb{R},\ y \ne 0)$

(3) z^z $(z \ne 0)$

20. $f(z)$가 미분가능한 함수일 때 $c^{f(z)}$의 미분을 구하여라.($c \in \mathbb{C}$)

21. 다음 항등식을 증명하여라.

(1) $\sin(-z) = -\sin z$

(2) $\cosh^2 z - \sinh^2 z = 1$

(3) $\sinh(z_1 + z_2) = \sinh z_1 \cosh z_2 + \cosh z_1 \sinh z_2$

(4) $\cosh(x + iy) = \cosh x \cos y + i \sinh x \sin y$

22. b가 실수이면 $|a^b| = |a|^b$임을 보여라.

23. $\tan^{-1} z = \frac{1}{i} \log\left(\frac{1+iz}{1-iz}\right)^{1/2}$임을 보여라.

24. 다음 값을 찾아라.

(1) $\sin^{-1} \frac{1}{2}$ (2) $\cos^{-1} \frac{1}{\sqrt{2}}$

(3) $\tan^{-1}(1+i)$ (4) $\sec^{-1} i$

25. $\frac{d}{dz} \tan^{-1} z = \frac{1}{1+z^2}$임을 보여라.

제 5 장

복소함수의 적분

실함수 $f : [a, b] \to \mathbb{R}$의 역도함수를 $F(x)$라고 하면, 적분 $\int_a^b f(x)dx$의 값은 미적분학의 기본정리

$$\int_a^b f(x)dx = F(b) - F(a)$$

에 의해 결정된다. 그러나 복소수를 변수로 갖는 복소함수의 적분은 실수의 어떤 구간에서보다는 복소평면 위의 일반적인 곡선 경로를 따라 정의되고 복소함수 $f(z)$가 정의된 영역 D안의 두 점 z_1에서 z_2를 연결하는 D안에 속하는 경로는 무수히 많다. 그러므로 γ_1, γ_2를 z_1과 z_2를 연결하는 D에 속하는 임의의 서로 다른 두 경로라고 하면 적분값 $\int_{\gamma_1} f(z)dz$와 $\int_{\gamma_2} f(z)dz$는 같지 않을 수도 있다.

이 장에서는 복소함수 $f(z)$의 경로 γ 위에서의 적분 $\int_\gamma f(z)dz$를 정의하고, 복소함수의 적분이 갖는 기본적인 성질에 대해 알아본다. 또한 복소함수의 적분에서 가장 중요한 부분이라 할 수 있는 코시의 적분에 대해 자세히 알아본다. 뒤의 6장에서 공부하겠지만 해석함수는 무한번 미분가능한 함수이기 때문에 연속인 편도함수를 갖는다. 그러나 이 사실이 증명되기 전까지는 해석함수가 연속인 편도함수를 갖는다는 가정을 하고 코시의 정리를 증명하여야 했다. 복소함수의 적분의 정의로부터 이 장을 시작한다.

5.1 경로적분

5.1.1 실변수 복소함수의 적분

함수 $w(t)$를 실수 t를 변수로 갖는 복소함수 $w : [a,b] \to \mathbb{C}$라고 하고

$$w(t) = u(t) + iv(t)$$

로 나타내자. 여기서 u, v는 실수를 함숫값으로 갖는 함수이다. 구간 $a \le t \le b$에서 $w(t)$의 적분은

$$\int_a^b w(t)dt = \int_a^b u(t)dt + i\int_a^b v(t)dt \tag{5.1}$$

로 정의한다.

[예 1] $w(t) = \cos t + i \sin t,\ 0 \le t \le \pi$일 때

$$\int_0^\pi w(t)dt = \int_0^\pi \cos t\, dt + i\int_0^\pi \sin t\, dt = 2i$$

이다. □

앞의 식 (5.1)에서

$$\begin{aligned} \mathrm{Re}\int_a^b w(t)dt &= \int_a^b u(t)dt = \int_a^b \mathrm{Re}\, w(t)dt, \\ \mathrm{Im}\int_a^b w(t)dt &= \int_a^b v(t)dt = \int_a^b \mathrm{Im}\, w(t)dt \end{aligned}$$

이므로 구간 $a \le t \le b$에서 정의된 복소함수의 적분은 실함수의 적분이 갖는 대부분의 성질을 공유함을 예상할 수 있다. 예를 들어 실함수의 적분이 갖는 성질

$$\left|\int_a^b f(t)dt\right| \le \int_a^b |f(t)|dt \tag{5.2}$$

는 복소함수의 적분에서도 성립한다. 실수를 변수로 갖는 복소함수 $w(t)$가 부등식 (5.2)를 만족함을 보이기 위해

$$\int_a^b w(t)dt = \alpha e^{i\theta} \quad (\alpha \ge 0)$$

라고 하면,[1]

$$\alpha = \left| \int_a^b w(t)dt \right| = e^{-i\theta} \int_a^b w(t)dt = \int_a^b e^{-i\theta} w(t)dt \tag{5.3}$$

이므로

$$\begin{aligned} \alpha = &\text{Re} \int_a^b e^{-i\theta} w(t)dt = \int_a^b \text{Re } e^{-i\theta} w(t)dt \\ &\le \int_a^b |\text{Re } e^{-i\theta} w(t)| dt \le \int_a^b |e^{-i\theta} w(t)| dt \\ &= \int_a^b |e^{-i\theta}| \, |w(t)| dt = \int_a^b |w(t)| dt \end{aligned} \tag{5.4}$$

이다. 그러므로 식 (5.3), (5.4)로부터

$$\left| \int_a^b w(t)dt \right| \le \int_a^b |w(t)| dt \tag{5.5}$$

이다.

또한 식 (5.1)로부터 실함수의 적분에서와 마찬가지로 $w_1, w_2 : [a,b] \to \mathbb{C}$가 연속함수이고 $\alpha, \beta \in \mathbb{C}$일 때

$$\int_a^b [\alpha w_1(t) + \beta w_2(t)] \, dt = \alpha \int_a^b w_1(t)dt + \beta \int_a^b w_2(t)dt \tag{5.6}$$

$$\int_a^b w_1(t)dt = \int_a^c w_1(t)dt + \int_c^b w_1(t)dt \quad (a \le c \le b) \tag{5.7}$$

이다.

5.1.2 경로

복소평면에서 **곡선**(curve)은 매개변수를 이용하여

$$\gamma : \; z(t) = x(t) + iy(t), \quad a \le t \le b \tag{5.8}$$

로 정의된다 이 책에서 곡선은 연속인 곡선(continuous curve)을 뜻하는 것으로 한다. 다시 말해 식 (5.8)의 함수 x, y는 실변수 t의 연속함수이다. 따라서 곡선은

[1] $\alpha \ge 0$는 α가 실수임을 뜻한다.

연결집합이며 콤팩트 집합인 $[a, b]$의 연속함수에 의한 상(image)이므로 연결집합이고, 콤팩트 집합이다. 곡선 γ의 점 중에서 $z(a)$와 $z(b)$를 각각 γ의 **시점**(initial point), **종점**(terminal point)이라고 부른다. 곡선 γ의 시점과 종점이 일치하면 γ를 **닫힌 곡선**(closed curve)이라 하고, $t_1 \neq t_2$일 때 $z(t_1) \neq z(t_2)$이면 γ를 **단순 곡선**(simple curve)이라 하며, 닫힌 곡선 중에서 $a < t_1 < t_2 < b$일 때 $z(t_1) \neq z(t_2)$인 곡선을 **단순닫힌 곡선**(simply closed curve), 또는 **조단 곡선**(Jordan curve)이라고 한다. 그림 5.1은 차례로 단순 곡선, 단순닫힌 곡선, 단순 곡선이 아닌 닫힌 곡선, 닫히지도 단순하지도 않은 곡선을 보여준다.

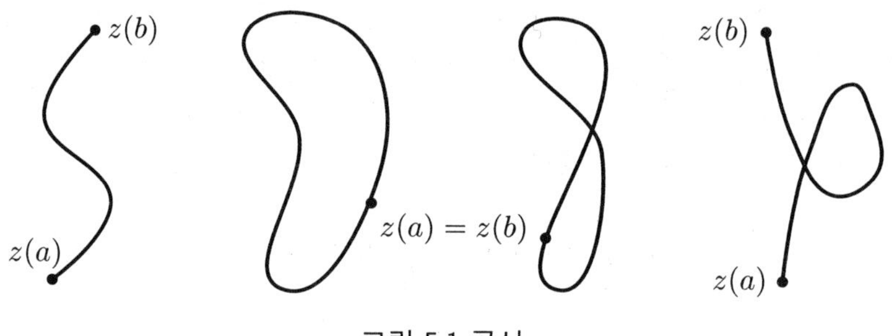

그림 5.1 곡선

[예 2] 곡선 $z(t) = \cos t + i \sin t,\ 0 \leq t \leq 2\pi$는 원점을 중심으로 하고 반지름이 1인 원으로 시점과 종점이 $z(0) = 1 = z(2\pi)$로 일치하는 단순닫힌 곡선이다. 이 곡선은 반시계방향으로 움직인다. □

곡선의 기하학적 형태만을 고려한다면 한 곡선을 나타내는 방법은 다양하다. 예 2의 곡선은 $z(t) = e^{it}$ $(0 \leq t \leq 2\pi)$로 나타낼 수 있다. 원점을 중심으로 하고 반지름이 1인 원은

$$\gamma_1 : \ z(t) = e^{-it} \quad (0 \leq t \leq 2\pi) \tag{5.9}$$

또는

$$\gamma_2 : \ z(t) = e^{i2t} \quad (0 \leq t \leq 2\pi) \tag{5.10}$$

로 나타낼 수도 있다. 그러나 γ_1은 시계방향으로 움직여서 원을 그리고, γ_2는 반시계방향으로 움직이지만 원을 따라 두 바퀴를 움직인다.

곡선 $\gamma :\ z(t) = x(t) + iy(t),\ a \leq t \leq b$의 도함수가 $z'(t)$가 연속이고, 구간 $a < t < b$에서 $z'(t) \neq 0$이면 γ를 **매끄러운 곡선**(smooth curve)이라고 한다.

함수 $h(t)$가 구간 $[a,b]$에서 불연속인 점이 많아야 유한개이고, 각각의 불연속 점에서 왼쪽 극한과 오른쪽 극한이 존재하면, $h(t)$를 **구분적으로 연속**(sectionally continuous)인 함수라고 한다. 도함수가 구분적으로 연속인 곡선을 **경로**(contour)라고 한다. γ_1의 종점과 γ_2의 시점이 일치할 때 두 곡선 γ_1, γ_2의 합은 γ_1의 종점과 γ_2의 시점을 연결하는 것으로 정의하고 $\gamma_1 + \gamma_2$로 표현한다. 경로 γ는 유한개의 매끄러운 곡선 $\gamma_1, \gamma_2, \cdots, \gamma_n$의 합

$$\gamma = \gamma_1 + \gamma_2 + \cdots + \gamma_n \tag{5.11}$$

으로 나타낼 수 있다. 곡선 $z = z(t)$가 경로이면, $z(t)$는 연속 함수이고, $z'(t)$는 구분적으로 연속인 함수이다. 경로 γ가 단순닫힌 곡선이면 γ를 **단순닫힌 경로**(simple closed contour)라고 한다. 곡선 γ와 같은 모양이지만 움직이는 방향이 γ와 반대 방향인 곡선은 $-\gamma$로 나타낸다.

[예 3] $\gamma_1 : z_1(t) = t + it \ (0 \le t \le 1), \gamma_2 : z_2(t) = (1+t) + i(1-t) \ (0 \le t \le 1)$은 모두 매끄러운 곡선이고 γ_1의 종점과 γ_2의 시점은 $1+i$로 같다. 그러므로 γ_1의 종점과 γ_2의 시점을 연결한 곡선 $\gamma = \gamma_1 + \gamma_2$는 경로이고

$$\gamma : z(t) = \begin{cases} t + it, & 0 \le t \le 1 \\ t + i(2-t), & 1 \le t \le 2 \end{cases}$$

로 나타낼 수 있다. □

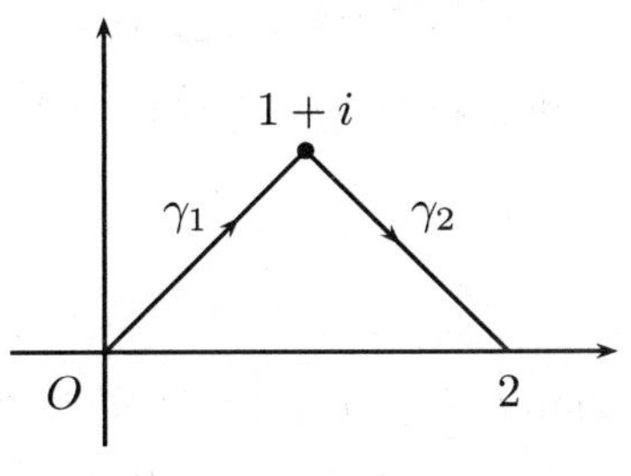

그림 5.2 경로 $\gamma_1 + \gamma_2$

한 영역 D안에 들어있는 모든 단순닫힌 곡선의 안쪽의 점들이 모두 D의 점이면 D를 **단순연결 영역**(simply connected domain)이라고 한다. 단순연결 영역이

아닌 영역 즉, D에 속하지 않는 점을 안쪽에 포함하는 단순닫힌 곡선을 D안에 그릴 수 있으면 영역 D를 **다중연결 영역**(multiply connected domain)이라고 한다. 예를 들어 $D_1 = \{z : |z| < 1\}$는 단순연결 영역이지만, $D_2 = \{z : 1 < |z| < 3\}$은 다중연결 영역이다. 단순닫힌 곡선 $|z| = 2$는 D_2안에 놓여 있지만 $|z| = 2$의 안쪽에 놓인 점 $z = 0$는 D_2에 속하지 않기 때문이다.

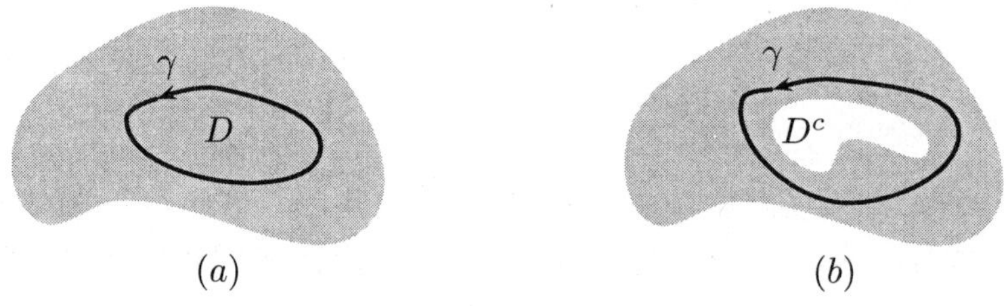

그림 5.3 (a) 단순연결 영역 (b) 다중연결 영역

γ를 영역 D의 경계라고 하자. γ의 진행 방향을 따라 γ 위를 움직일 때 영역 D안의 점들이 진행방향의 왼쪽에 있을 때 γ는 **양의 방향**(positive orientation)을 갖는다고 한다. 다음의 그림 5.4의 γ_1, γ_2는 다중연결 영역의 경계의 양의 방향을 보여주고 있다. 그러나 γ가 영역의 경계가 아니라 영역의 안쪽에 놓여있는 단순닫힌 곡선인 경우에는 반시계방향을 양의 방향으로 정한다.

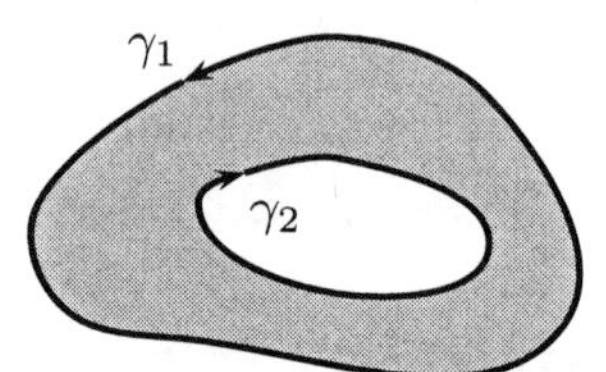

그림 5.4 다중연결 영역의 경계

[예 4] 곡선 $z(t) = \cos t + i \sin t$, $0 \le t \le 2\pi$는 반시계 방향으로 원을 그리므로 양의 방향을 갖지만, 곡선 $z(t) = \cos t - i \sin t$, $0 \le t \le 2\pi$은 시계방향으로 원을 그리므로 양의 방향이 아니다. □

5.1.3 경로적분

이제 복소수를 변수로 갖는 복소함수의 적분에 대해 알아보자. 복소함수의 적분은 복소평면 위의 경로 γ 위에서 함숫값 $f(z)$와 연관지어 정의된다. 복소함수의 적분은 **선적분**(line integral)이다. 그러므로 적분은 $f(z)$와 경로 γ에 의존한다. 경로 γ의 시점을 z_0, 종점을 z_1이라고 하면 복소함수 $f(z)$의 경로 γ를 따른 적분은

$$\int_\gamma f(z)\,dz, \quad \text{또는} \quad \int_{z_0}^{z_1} f(z)\,dz \tag{5.12}$$

로 나타낸다. 그러나 앞에서 언급한 것처럼 적분은 경로에 의존적이기 때문에 위의 (5.12)의 두 번째 표현은 적분의 결과가 $f(z)$의 정의역 내의 z_0와 z_1을 연결하는 경로의 선택에 무관하게 같은 값을 가질 때에 사용된다.

곡선 $\gamma:\ z(t) = x(t) + iy(t),\ a \le t \le b$가 매끄러운 곡선이고, 함수 $f(z)$가 γ위에서 연속이면 $f(z(t))z'(t)$는 구간 $a \le t \le b$에서 연속이다. 그러므로 구간 $a \le t \le b$에서 $f(z(t))z'(t)$는 적분 가능한 함수이다.

정의 5.1 $\gamma:\ z(t) = x(t) + iy(t),\ a \le t \le b$가 매끄러운 곡선이고, $f(z)$가 곡선 γ 위에서 연속이면 $f(z)$의 γ에서의 적분은

$$\int_\gamma f(z)\,dz = \int_a^b f(z(t))z'(t)\,dt \tag{5.13}$$

로 정의한다. ♦

정의 5.1의 피적분 함수 $f(z(t))z'(t)$는 5.1.1절에서 다루었던 실수를 변수로 갖는 복소함수 $w(t)$와 같은 형태이다. 그러므로 식 (5.13)에 의해 경로 γ 위에서 복소함수의 적분은 실함수에서의 적분의 개념을 확장한 것으로 이해할 수 있다.

[예제 5.1] 주어진 경로γ_1, γ_2를 따라 적분 $\int_{\gamma_j} z^2\,dz\ (j = 1, 2)$를 구하여라.

(1) $\gamma_1 : z_1(t) = t + it\ (0 \le t \le 1)$

(2) $\gamma_2 : z_2(t) = t^2 + it\ (0 \le t \le 1)$

(풀이) $\gamma_j\ (j = 1, 2)$가 매끄러운 곡선이고, z^2이 γ_j에서 연속이므로 정의 5.1에 의해 주어진 경로 γ_j에서의 적분을 계산하면

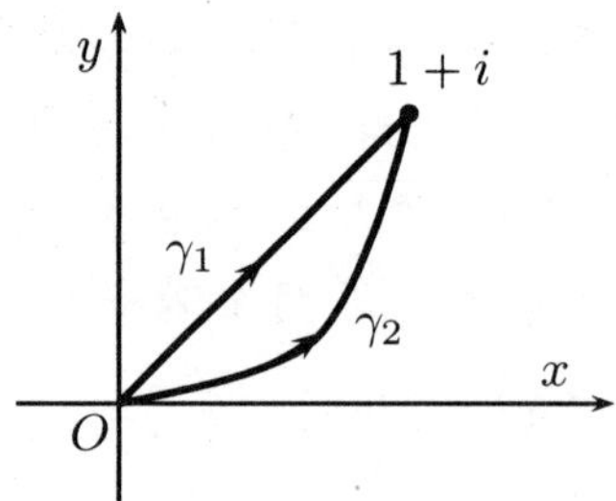

그림 5.5 경로 γ_1, γ_2

(1) $\gamma_1 : z_1(t) = t + it \ (0 \le t \le 1)$

$$\begin{aligned}\int_{\gamma_1} f(z)\,dz &= \int_0^1 f(z_1(t))z_1'(t)\,dt \\ &= \int_0^1 (t+it)^2(1+i)\,dt = \int_0^1 2it^2(1+i)\,dt \\ &= -\int_0^1 2t^2\,dt + i\int_0^1 2t^2\,dt \\ &= -\frac{2}{3} + \frac{2}{3}i,\end{aligned}$$

(2) $\gamma_2 : z_2(t) = t^2 + it \ (0 \le t \le 1)$

$$\begin{aligned}\int_{\gamma_2} f(z)\,dz &= \int_0^1 f(z_2(t))z_2'(t)\,dt = \int_0^1 (t^2+it)^2(2t+i)\,dt \\ &= \int_0^1 (2t^5 - 4t^3)\,dt + i\int_0^1 (5t^4 - t^2)\,dt \\ &= -\frac{2}{3} + \frac{2}{3}i\end{aligned}$$

를 얻을 수 있다. □

위의 예제 5.1에서 피적분 함수 z^2은 복소평면에서 해석적이고, γ_1과 γ_2는 서로 다른 경로이지만 같은 시점과 종점을 갖는다. 두 적분의 결과가 같음에 유의할 필요가 있다. 이와 관련한 자세한 내용은 뒤에서 다시 기술하기로 한다.

[예제 5.2] $\gamma : z(t) = re^{it} \ (r > 0,\ 0 \le t \le 2\pi)$일 때 $\int_\gamma \frac{1}{z}\,dz$를 계산하여라.

(풀이) γ는 원점을 중심으로 하고 반지름이 r인 원으로 양의 방향을 갖는 매끄러운 곡선이며 $\frac{1}{z}$는 γ 위에서 연속이다. 그러므로 정의 5.1에 의해

$$\int_\gamma \frac{1}{z}\, dz = \int_0^{2\pi} \frac{1}{re^{i\theta}} ire^{i\theta}\, d\theta = \int_0^{2\pi} i\, d\theta = 2\pi i$$

이다. 위에서 적분값은 r의 크기에 관계없이 $2\pi i$로 일정하다. □

$\gamma : z = z(t),\ \ a \le t \le b$가 z_1을 시점으로 하고 z_2를 종점으로하는 매끄러운 곡선이면 $-\gamma$는 z_2를 시점으로 하고 z_1을 종점으로 하는 매끄러운 곡선

$$-\gamma : z = z(-t),\ \ -b \le t \le -a$$

로 나타낼 수 있다. 그러므로

$$\begin{aligned}\int_{-\gamma} f(z)dz &= \int_{-b}^{-a} f(z(-t))\frac{d}{dt}z(-t)\, dt \\ &= -\int_{-b}^{-a} f(z(-t))z'(-t)\, dt\end{aligned}$$

이다. 위 식에서 $s = -t$로 놓으면

$$\begin{aligned}\int_{-\gamma} f(z)dz &= \int_b^a f(z(s))z'(s)ds = -\int_a^b f(z(s))z'(s)ds \\ &= -\int_\gamma f(z)dz\end{aligned}$$

이다. 즉,

$$\int_{-\gamma} f(z)dz = -\int_\gamma f(z)dz \tag{5.14}$$

이다.

[예제 5.3] $\gamma : z(t) = 2e^{it}\ (-\pi/2 \le t \le \pi/2)$일 때 적분 $\int_{-\gamma} \bar{z}\, dz$ 를 계산하여라.

(풀이) $A = \int_\gamma \bar{z}\, dz$라 하면 정의 5.1로부터

$$\begin{aligned}A =& \int_{-\pi/2}^{\pi/2} \overline{z(t)}\, z'(t)\, dt = \int_{-\pi/2}^{\pi/2} 2e^{-it}(2ie^{it})\, dt \\ =& 4i \int_{-\pi/2}^{\pi/2} e^{-it}e^{it}\, dt = 4i \int_{-\pi/2}^{\pi/2} 1\, dt \\ =& 4\pi i\end{aligned}$$

이다. 따라서 식 (5.14)에 의해

$$\int_{-\gamma} \bar{z}\, dz = -A = -4\pi i$$

이다. □

식 (5.11)과 같이 주어진 경로 $\gamma = \gamma_1 + \gamma_2 + \cdots + \gamma_n$에서 연속인 함수 $f(z)$의 경로 γ를 따른 적분은

$$\begin{aligned}\int_\gamma f(z)dz &= \int_{\gamma_1+\gamma_2+\cdots+\gamma_n} f(z)dz \\ &= \int_{\gamma_1} f(z)dz + \int_{\gamma_2} f(z)dz + \cdots + \int_{\gamma_n} f(z)dz \end{aligned} \tag{5.15}$$

로 계산할 수 있다.

[예제 5.4] $\gamma = \gamma_1 + \gamma_2$이고,

$$\gamma_1 : z_1(t) = t + it,\ 0 \le t \le 1, \quad \gamma_2 : z_2(t) = t + i,\ 1 \le t \le 2$$

일 때 적분

$$\int_\gamma (2z - 1)dz$$

를 계산하여라.

(풀이) 매끄러운 곡선 γ_1의 종점과 γ_2의 시점이 같으므로 γ는 경로이다. 식 (5.15)에 의해

$$\begin{aligned}\int_\gamma (2z-1)\, dz &= \int_{\gamma_1} (2z-1)\, dz + \int_{\gamma_2} (2z-1)\, dz \\ &= \int_0^1 [(2(t+it)-1](1+i)dt + \int_1^2 [2(t+i)-1)dt \\ &= \int_0^1 [-1+i(4t-1)]\, dt + \int_1^2 (2t-1+2i)\, dt \\ &= 1+3i\end{aligned}$$

이다. □

5.1.4 분기절단 점을 포함하는 경로에서의 적분

경로 γ가 피적분함수의 분기절단 점을 포함하면 피적분 함수는 그 점에서 연속이 아니다. 경로가 분기절단 점을 포함한다 하여도 그 경로 위에서 피적분 함수가 구분적으로 연속이라면 적분은 존재한다.

예를 들어 경로 γ가 $z(t) = 3e^{it}$, $0 \le t \le \pi$로 주어지고, 함수 $f(z)$가

$$f(z) = z^{\frac{1}{2}} = e^{\frac{1}{2}\log z} \quad (|z| > 0,\ 0 < \arg z < 2\pi) \tag{5.16}$$

일 때 경로 γ의 시점 $z = 3$은 $f(z)$의 분기절단에 포함된다.

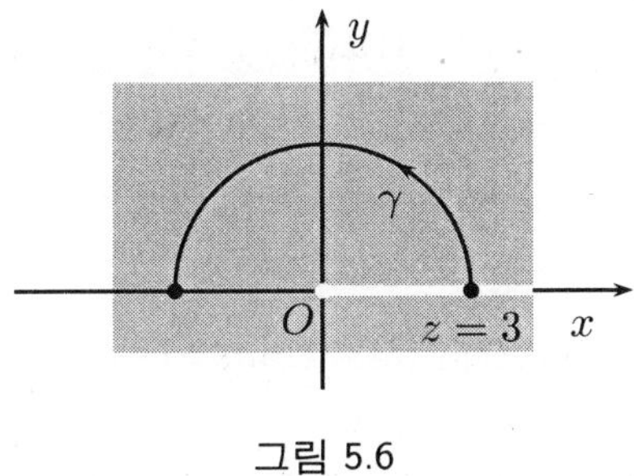

그림 5.6

그러나

$$\begin{aligned} f(z(t)) =& e^{\frac{1}{2}\log(3e^{it})} = e^{\frac{1}{2}(\ln 3 + it)} = e^{\frac{1}{2}\ln 3}\, e^{i\frac{1}{2}t} \\ =& \sqrt{3}\, e^{i\frac{t}{2}}, \\ f(z(t))z'(t) =& \sqrt{3}\, e^{i\frac{t}{2}}\, i3e^{it} = i3\sqrt{3}\, e^{i\frac{3}{2}t} \\ =& -3\sqrt{3}\,\sin\frac{3}{2}t + i3\sqrt{3}\,\cos\frac{3}{2}t \quad (0 < t \le \pi) \end{aligned} \tag{5.17}$$

이고, 극한

$$\lim_{t \to 0+} f(z(t))z'(t) = 3\sqrt{3}\, i$$

가 존재하므로 $f(z(t))z'(t)$는 $0 \le t \le \pi$에서 구분적으로 연속이다. 따라서 식 (5.17)로부터

$$\begin{aligned} \int_\gamma z^{\frac{1}{2}} dz =& \int_0^\pi f(z(t))z'(t)\, dt = \int_0^\pi i3\sqrt{3}\, e^{i\frac{3}{2}t}\, dt \\ =& \left[i3\sqrt{3}\, \frac{2}{3i}\, e^{i\frac{3}{2}t} \right]_0^\pi = -2\sqrt{3}(1+i) \end{aligned}$$

이다.

[예제 5.5] 경로 $\gamma: z(t) = e^{it}\ \ (-\pi \le t \le \pi)$ 위에서 함수

$$f(z) = z^{-1+i} = e^{(-1+i)\mathrm{Log}\, z} \tag{5.18}$$

의 적분 $\int_\gamma f(z)\, dz$를 계산하여라.

(풀이) 주어진 함수 $f(z)$에서 $\mathrm{Log}\, z$는 고유분기이므로 경로 γ의 시점과 종점인 $z = -1$은 분기절단에 포함된 점이다. 그러나

$$\begin{aligned} f(z(t))z'(t) =& e^{(-1+i)\mathrm{Log}\, e^{it}}\, ie^{it} = ie^{i(-1+i)t}\, e^{it} \\ =& ie^{-t} \end{aligned}$$

이고, 극한

$$\lim_{t \to \pi^-} f(z(t))z'(t), \quad \lim_{t \to -\pi^+} f(z(t))z'(t)$$

가 모두 존재하므로 $f(z(t))z'(t)$는 $-\pi \le t \le \pi$에서 구분적으로 연속이다. 그러므로 적분 $\int_\gamma f(z)\, dz$는 존재하고

$$\begin{aligned} \int_\gamma f(z)\, dz =& \int_{-\pi}^{\pi} f(z(t))z'(t)\, dt = \int_{-\pi}^{\pi} ie^{-t}\, dt \\ =& i(e^{\pi} - e^{-\pi}) = 2i \sinh \pi \end{aligned}$$

이다. □

5.1.5 경로적분의 절댓값의 상계

미적분학에서 매개변수로 정의된 매끄러운 곡선

$$C:\ x = x(t),\ y = y(t),\ a \le t \le b \tag{5.19}$$

의 길이는

$$l(C) = \int_a^b \sqrt{x'(t)^2 + y'(t)^2}\, dt = \int_a^b \sqrt{\left(\frac{dx}{dt}\right)^2 + \left(\frac{dy}{dt}\right)^2}\, dt \tag{5.20}$$

로 계산하였다. 복소평면에 주어진 매끄러운 곡선

$$\gamma : z(t) = x(t) + iy(t),\ a \le t \le b \tag{5.21}$$

은 본질적으로 매개변수로 표시된 곡선 (5.19)와 같으므로 곡선 (5.21)의 길이도

$$l(\gamma) = \int_a^b |z'(t)|\, dt = \int_a^b \left| \frac{dx}{dt} + i\frac{dy}{dt} \right| dt \tag{5.22}$$

로 계산할 수 있다. z가 γ 위의 점일 때

$$|dz| = |z'(t)|dt$$

로 약속하고, 앞의 식 (5.22)를

$$l(\gamma) = \int_\gamma |dz| \tag{5.23}$$

와 같이 쓴다.

[예제 5.6] 곡선 $\gamma : z(t) = \sin t + i \cos t,\ 0 \le t \le \pi$의 길이를 구하여라.

(풀이) $z'(t) = \cos t - i \sin t$이므로

$$|dz| = |z'(t)|dt = \sqrt{(\cos t)^2 + (-\sin t)^2} = dt$$

이다. 그러므로 곡선 γ의 길이는

$$l(\gamma) = \int_\gamma |dz| = \int_0^\pi dt = \pi$$

이다. □

주어진 경로 위에서 해석적인 함수의 적분은 적분 경로의 길이를 이용하여 그 적분의 크기의 상계(upper bound)를 추정할 수 있다. 적분 크기의 상계는 적분 경로에서 피적분함수의 최대 절댓값에 의해 결정된다.

정리 5.1 함수 $f(z)$가 경로 $\gamma : z(t),\ a \le t \le b$에서 연속이고, γ 위에서 $|f(z)| \le M$이면

$$\left| \int_\gamma f(z)dz \right| \le Ml(\gamma) \tag{5.24}$$

이다. ♦

(증명) 앞의 5.1.1절의 부등식 (5.5)에 의해 경로 $\gamma : z(t),\ a \le t \le b$에서

$$\begin{aligned}\left|\int_\gamma f(z)\,dz\right| &= \left|\int_a^b f(z(t))z'(t)\,dt\right| \le \int_a^b |f(z(t))|\,|z'(t)|\,dt \\ &\le M\int_a^b |z'(t)|\,dt \\ &= Ml(\gamma)\end{aligned}$$

이다. □

[예 5] 함수 $f(z) = \frac{1}{z^2+10}$은 단순닫힌 경로 $\gamma :\ z(t) = 2e^{it}\ \ (0 \le t \le 2\pi)$ 위에서

$$|f(z)| = \left|\frac{1}{z^2+10}\right| \le \frac{1}{10-|z|^2} = \frac{1}{6}$$

이므로

$$\left|\int_\gamma \frac{1}{z^2+10}\,dz\right| \le \frac{1}{6}\,l(\gamma) = \frac{2}{3}\pi$$

이다. □

[예제 5.7] 곡선 $\gamma : z(t) = e^{it},\ 0 \le t \le \pi$에 대해 부등식

$$\left|\int_\gamma \frac{e^z}{z}dz\right| \le \pi e$$

이 성립함을 보여라.

(풀이) γ는 원점을 중심으로 하고 반지름이 1인 원의 상반부이므로 $l(\gamma) = \pi$이고, γ 위에서

$$\left|\frac{e^z}{z}\right| = \left|\frac{e^{e^{it}}}{e^{it}}\right| = \frac{|e^{\cos t + i\sin t}|}{|e^{it}|} = e^{\cos t} \le e$$

이다. 그러므로

$$\begin{aligned}\left|\int_\gamma \frac{e^z}{z}\,dz\right| \le \int_\gamma \left|\frac{e^z}{z}\right| |dz| \le e\int_\gamma |dz|\\ =& e\,l(\gamma)\\ =& \pi e\end{aligned}$$

이다. □

5.2 적분과 역도함수

복소평면 위의 고정된 점 z_1에서 z_2까지 복소함수 $f(z)$의 경로적분은 z_1과 z_2를 연결하는 경로를 어떻게 선택하는가에 따라 그 값이 결정된다. 그러나 어떤 복소함수의 경로적분은 경로의 선택에 독립적인 경우도 있다. 이 절에서는 어떤 경우에 복소함수의 경로적분이 경로의 선택에 무관하게 같은 적분값을 갖게 되는가에 대해 알아본다.

영역 D에서 정의된 함수 $f(z)$에 대해

$$F'(z) = f(z), \quad z \in D \tag{5.25}$$

인 함수 $F(z)$를 $f(z)$의 **역도함수**(antiderivative)라고 한다. 역도함수 $F(z)$는 해석함수이며, $G(z)$가 $f(z)$의 또 다른 역도함수이면 $G(z) = F(z) + c,\ c \in \mathbb{C}$이다.

정리 5.2 $f(z)$가 영역 D에서 연속인 함수일 때, 다음 세 명제는 동치이다.

(1) D에서 $f(z)$의 역도함수 $F(z)$가 존재한다.

(2) γ가 D안의 임의의 두 점 z_1에서 z_2에 이르는 D안에 놓인 임의의 경로라 할 때 γ를 따라 계산한 경로적분은 모두 같은 값

$$\int_\gamma f(z)\,dz = \int_{z_1}^{z_2} f(z)\,dz = F(z_2) - F(z_1) \tag{5.26}$$

을 갖는다.

(3) γ가 D안에 놓인 닫힌경로이면 $\int_\gamma f(z)dz = 0$이다 ♦

정리 5.2는 $f(z)$가 연속함수일 때 정리의 명제 (1), (2), (3) 가운데 어느 하나가 사실이면 나머지 둘도 사실임을 의미한다. 정리 5.2의 명제 (1), (2)는 $f(z)$의 역도함수가 존재하면 미적분학의 기본정리가 성립함을 말한다. 정리가 사실임을 보이기 위해 (1) ⇒ (2) ⇒ (3) ⇒ (1)의 순서로 증명하기로 한다.

(증명) (1) ⇒ (2): $f(z)$의 역도함수 $F(z)$가 존재한다고 가정하자. 경로 γ : $z(t)$ $(a \leq t \leq b)$를 D의 점 z_1와 z_2를 잇는 D에 놓인 매끄러운 곡선이라고 하자. $F(z)$가 $f(z)$의 역도함수이고, γ가 D안에 놓여 있으므로

$$\frac{d}{dt}F(z(t)) = f(z(t))z'(t)$$

이다. 그러므로 미적분학의 기본정리에 따라

$$\begin{aligned}\int_\gamma f(z)dz = &\int_a^b f(z(t))z'(t)\,dt = F(z(b)) - F(z(a))\\ =&F(z_2) - F(z_1)\end{aligned}$$

이다. 적분의 성질에 의해 위의 적분 (5.26)은 γ가 매끄러운 곡선일 때 뿐만 아니라 경로인 경우에도 성립한다. 즉, z_1, z_2를 연결하는 경로가 D안에 놓여 있기만 하면 경로의 선택과 독립적으로 적분은 같은 값

$$\int_{z_1}^{z_2} f(z)dz = F(z_2) - F(z_1)$$

을 갖는다.

(2) ⇒ (3): γ를 영역 D안에 놓인 닫힌 경로라고 하고 z_1, z_2를 γ 위의 서로 다른 두 점이라고 하자. γ_1, γ_2를 z_1을 시점, z_2를 종점으로 하는 $\gamma = \gamma_1 - \gamma_2$인 경로라고 하면, 명제 (2)에 의해

$$\int_{\gamma_1} f(z)dz = \int_{\gamma_2} f(z)dz, \tag{5.27}$$

또는

$$\begin{aligned}0 = &\int_{\gamma_1} f(z)dz - \int_{\gamma_2} f(z)dz = \int_{\gamma_1-\gamma_2} f(z)dz\\ = &\int_\gamma f(z)dz\end{aligned} \tag{5.28}$$

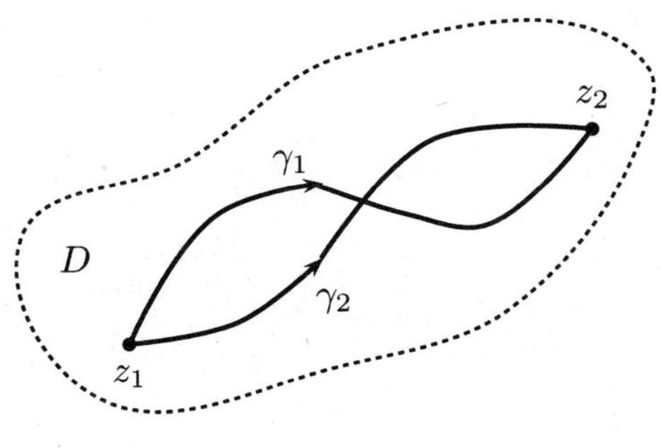

그림 5.7 경로 $\gamma = \gamma_1 - \gamma_2$

이다.

(3) ⇒ (1): 명제 (3)이 사실이라고 가정하면, 식 (5.27)이 성립하므로 영역 D에서 $f(z)$의 경로적분은 경로의 선택에 독립적이다. 따라서 $z_0 \in D$를 고정된 한 점이라고 할 때 아래 식 (5.29)의 함수 F는

$$F(z) = \int_{z_0}^{z} f(\zeta)\, d\zeta \tag{5.29}$$

는 D에서 잘 정의된 함수이다. $F'(z) = f(z)$임을 보이면 증명을 완성할 수 있다. z를 D의 한 점이라하자. $|h|$를 충분히 작게 택하여 $z+h$가 D에 속하도록 하면,

$$F(z+h) - F(z) = \int_{z_0}^{z+h} f(\zeta)d\zeta - \int_{z_0}^{z} f(\zeta)d\zeta = \int_{z}^{z+h} f(\zeta)d\zeta \tag{5.30}$$

이다. 여기서 z와 $z+h$를 연결하는 경로를 직선으로 택한 것으로 가정하면

$$f(z) = \frac{1}{h}\int_{z}^{z+h} f(z)d\zeta \tag{5.31}$$

이므로 식 (5.30)으로부터

$$\frac{F(z+h) - F(z)}{h} - f(z) = \frac{1}{h}\int_{z}^{z+h} [f(\zeta) - f(z)]d\zeta \tag{5.32}$$

이다. 가정에 의해 f는 z에서 연속이므로, 주어진 $\epsilon > 0$에 대해 적절한 $\delta > 0$가 존재하여 $|\zeta - z| < \delta$이면 $|f(\zeta) - f(z)| < \epsilon$을 만족한다. 그러므로 식 (5.32)에서

$|h| < \delta$이면

$$\begin{aligned}\left|\frac{F(z+h)-F(z)}{h}-f(z)\right| &\leq \frac{1}{|h|}\int_z^{z+h}|f(\zeta)-f(z)|\,|d\zeta| \\ &< \frac{\epsilon}{|h|}\int_z^{z+h}|d\zeta| = \frac{\epsilon}{|h|}|h| \\ &= \epsilon\end{aligned}$$

즉,

$$F'(z) = \lim_{h\to 0}\frac{F(z+h)-F(z)}{h} = f(z)$$

이다. 그러므로 영역 D에서 $F(z)$는 $f(z)$의 역도함수이다. □

5.3 코시의 정리

5.3.1 그린의 정리

복소함수 $f(z)$를 실함수 $u(x,y)$, $v(x,y)$를 이용하여

$$f(z) = u(x,y) + iv(x,y)$$

로 표현할 수 있으므로 복소함수의 적분도 실함수를 이용하여 나타낼 수 있다. 함수 $f(z)$가 매끄러운 곡선

$$\gamma : z(t) = x(t) + iy(t),\ a \leq t \leq b$$

위에서 연속인 함수라 하면 정의 5.1에 의해

$$\begin{aligned}\int_\gamma f(z)dz &= \int_a^b f(z(t))z'(t)dt = \int_a^b [u(z(t)) + iv(z(t))](x'(t) + iy'(t))dt \\ &= \int_a^b [u(z(t))x'(t) - v(z(t))y'(t)]dt + i\int_a^b [u(z(t))y'(t) + v(z(t))x'(t)]dt\end{aligned}$$

이고, 위의 식의 마지막 적분에서 $u = u(z(t))$, $v = v(z(t))$라 놓으면

$$\int_\gamma f(z)dz = \int_a^b (ux' - vy')dt + i\int_a^b (uy' + vx')dt \tag{5.33}$$

이다.

$\int_\gamma P(x,y)dx + Q(x,y)dy$의 형태로 표시된 적분을 **선적분**(line integral)이라고 한다. 식 (5.33)에서

$$\int_\gamma f(z)dz = \int_\gamma (u\,dx - v\,dy) + i\int_\gamma (u\,dy + v\,dx) \tag{5.34}$$

을 얻을 수 있으므로 복소함수의 경로적분은 실함수의 두 선적분으로 나타낼 수 있음을 알 수 있다. 식 (5.34)는 적분 $\int_\gamma f(z)dz$에

$$f = u + iv,\ dz = dx + idy$$

대입하여 얻을 수도 있다.

[예제 5.8] $\gamma : z(t) = t^2 + it\ (0 \le t \le 1)$일 때 식 (5.34)를 이용하여 적분

$$\int_\gamma z^2 dz$$

를 구하여라.[2]

(풀이) $z^2 = (x^2 - y^2) + 2xyi$이므로

$$u(x,y) = x^2 - y^2,\ v(x,y) = 2xy,\ x(t) = t^2,\ y(t) = t$$

라 놓으면, 식 (5.34)에 의해

$$\begin{aligned}\int_\gamma z^2 dz &= \int_\gamma (x^2 - y^2)dx - 2xydy + i\int_\gamma 2xydx + (x^2 - y^2)dy \\ &= \int_0^1 [(t^4 - t^2)(2t) - 2t^3]dt + i\int_0^1 [2t^3(2t) + (t^4 - t^2)]dt \\ &= -\frac{2}{3} + \frac{2}{3}i\end{aligned}$$

이다. □

그린의 정리는 닫힌단순 영역의 경계를 따라 시행한 적분과 닫힌단순연결 영역 위에서의 면적분과의 관계를 말해준다.

[2]앞의 예제 5.1과 결과를 비교해 보자.

정리 5.3 [그린의 정리(Green's Theorem)] 닫힌단순연결 영역 G에서 $P(x,y)$, $Q(x,y)$와 두 함수의 일계 편도함수들이 모두 연속이라고 하자. G의 경계를 $\text{bd}(G) = \gamma$라고 하면

$$\int_\gamma P(x,y)dx + Q(x,y)dy = \iint_G \left(\frac{\partial Q}{\partial x} - \frac{\partial P}{\partial y}\right) dxdy \tag{5.35}$$

이다. (γ는 양의 방향을 갖는 것으로 가정한다.) ♦

(증명) 그린의 정리는 닫힌단순연결 영역에서 성립한다. 그러나 여기서 단순한 닫힌단순연결 영역인 직사각형의 경우에 대해서만 증명하기로 한다.

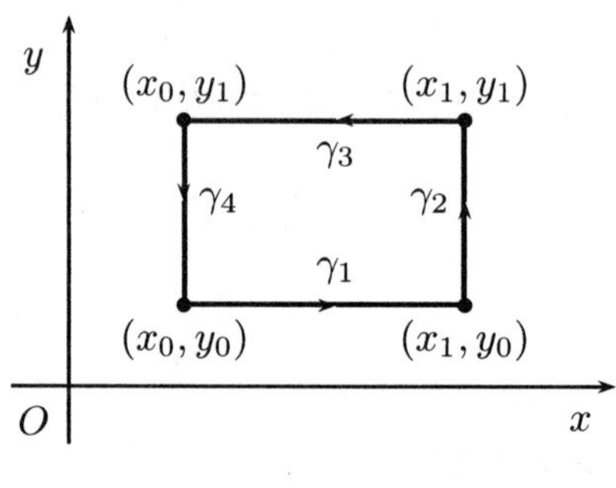

그림 5.8

영역 G의 경계 $\gamma = \text{bd}(G)$가 양의 방향을 갖고 그림 5.8과 같이

$$\gamma = \gamma_1 + \gamma_2 + \gamma_3 + \gamma_4$$

라고 하자. γ_2, γ_4는 허수축과 나란하므로 γ_2, γ_4에서 $dx = 0$이고, γ_1, γ_3는 실수축과 나란하므로 γ_1, γ_3에서 $dy = 0$이다. 그러므로

$$\begin{aligned}\int_\gamma P(x,y)\,dx+Q(x,y)\,dy &= \int_{x_0}^{x_1} P(x,y_0)\,dx + \int_{y_0}^{y_1} Q(x_1,y)\,dy \\ &\quad + \int_{x_1}^{x_0} P(x,y_1)\,dx + \int_{y_1}^{y_0} Q(x_0,y)\,dy \\ &= \int_{x_0}^{x_1} [P(x,y_0) - P(x,y_1)]\,dx + \int_{y_0}^{y_1} [Q(x_1,y) - Q(x_0,y)]\,dy\end{aligned}$$

이다. 위 식의 마지막 적분에 미적분학의 기본정리를 적용하면

$$\begin{aligned}\int_\gamma P(x,y)\,dx + Q(x,y)\,dy &= \int_{x_0}^{x_1}\int_{y_0}^{y_1} -\frac{\partial P}{\partial y}\,dy\,dx + \int_{y_0}^{y_1}\int_{x_0}^{x_1}\frac{\partial Q}{\partial x}\,dx\,dy \\ &= \int_{y_0}^{y_1}\int_{x_0}^{x_1}\left(\frac{\partial Q}{\partial x}-\frac{\partial P}{\partial y}\right)dx\,dy \\ &= \iint_G\left(\frac{\partial Q}{\partial x}-\frac{\partial P}{\partial y}\right)dx\,dy \qquad (5.36)\end{aligned}$$

를 얻는다. 위의 식 (5.36)에서 적분 순서의 변경은 $\frac{\partial P}{\partial y}$가 G에서 연속이라 가정하였으므로 푸비니의 정리(Fubini's Theorem)에 의해 가능하다. □

[예 6] $G = [0,1]\times[0,1]$일 때 선적분

$$\int_{\mathrm{bd}(G)} xy\,dx + (x^2+y^2)\,dy$$

는 $P(x,y) = xy,\ Q(x,y) = x^2 - y^2$이라 놓으면

$$\frac{\partial P}{\partial y} = x,\ \ \frac{\partial Q}{\partial x} = 2x$$

이므로, 그린의 정리에 의해

$$\int_{\mathrm{bd}(G)} xy\,dx + (x^2+y^2)\,dy = \int_0^1\int_0^1 (2x-x)\,dxdy = \frac{1}{2}$$

이다. □

[예제 5.9] 영역 G가 (1,1), (2,1), (2,2)를 꼭짓점으로 갖는 삼각형일 때 선적분

$$\int_{\mathrm{bd}(G)} x\,dy - y\,dx$$

를 계산하여라.

(풀이) $P(x,y) = -y,\ Q(x,y) = x$라 하면

$$\frac{\partial P}{\partial y} = -1,\ \ \frac{\partial Q}{\partial x} = 1$$

이므로, 그린의 정리에 의해

$$\int_{\mathrm{bd}(G)} x\,dy - y\,dx = \iint_G (1+1)\,dxdy = 2\,\frac{1}{2} = 1$$

이다. □

그린의 정리는 경로 γ가 단순닫힌 경로인 경우 뿐만 아니라 단순하지 않은 닫힌 경로에서도 성립한다. 이제 그린의 정리를 복소함수의 적분에 이용해 보자. 앞에서 기술한 대로 $f(z)$가 해석함수이면 $f(z)$는 연속인 도함수를 갖지만 이를 아직 증명하지 않았으므로 다음의 정리에서는 $f(z)$가 연속인 도함수를 갖는다고 가정하였다.

정리 5.4 [코시의 정리 I(Cauchy's Theorem I)] $f(z)$가 단순연결 영역 G에서 연속인 도함수를 갖는 해석함수이고, γ가 영역 G 안에 놓인 닫힌 경로(closed contour)이면,

$$\int_\gamma f(z)dz = 0 \tag{5.37}$$

이다. ♦

(증명) $f(z) := u(x,y) + iv(x,y)$라 하면 식 (5.34)에 의해

$$\int_\gamma f(z)\,dz = \int_\gamma (u\,dx - v\,dy) + i\int_\gamma (v\,dx + u\,dy)$$

로 쓸 수 있다. $f'(z)$가 G에서 연속이고,

$$f'(z) = \frac{\partial u}{\partial x} + i\frac{\partial v}{\partial x} = \frac{\partial v}{\partial y} - i\frac{\partial u}{\partial y}$$

이므로 u, v의 일계도함수들이 γ와 그 안쪽에서 연속이다. γ와 그 안쪽 영역을 Γ라 하면 그린의 정리에 의해

$$\int_\gamma (u\,dx - v\,dy) = \iint_\Gamma \left(-\frac{\partial v}{\partial x} - \frac{\partial u}{\partial y}\right)\,dxdy,$$

$$\int_\gamma (v\,dx + u\,dy) = \iint_\Gamma \left(\frac{\partial u}{\partial x} - \frac{\partial v}{\partial y}\right)\,dxdy$$

이다. 그런데 u, v가 G에서 코시-리만 방정식을 만족하므로 위 두 식의 오른쪽 적분에서 피적분함수는 0이다. 따라서

$$\int_{\gamma} f(z)\, dz = 0$$

이다. □

그러나 코시의 정리 I은 다중연결 영역에서는 성립하지 않는다. 앞의 예제 1.2에서 본 것처럼 $f(z) = \frac{1}{z}$는 다중연결 영역 $\{z : |z| > 0\}$에서 해석적이고 연속인 도함수를 갖지만 단순닫힌 경로 $\gamma : z(t) = re^{it}$ $(r > 0,\ 0 \le t \le 2\pi)$ 위에서 경로적분은

$$\int_{\gamma} \frac{1}{z}\, dz = \int_0^{2\pi} \frac{1}{re^{i\theta}} ire^{i\theta}\, d\theta = \int_0^{2\pi} i\, d\theta = 2\pi i \neq 0$$

으로 코시의 정리 I을 따르지 않는다.

반면에 복소평면 전체에서 연속인 도함수를 갖는 정함수인 $\sin z$의 경로적분은 경로 γ가 닫힌경로이기만 하면

$$\int_{\gamma} \sin z\, dz = 0$$

이다.

따름정리 5.5 $f(z)$가 단순연결 영역 G에서 연속인 도함수를 갖는 해석함수라고 하자. γ_1, γ_2가 G 안에 놓인 두 경로이고, γ_1, γ_2가 같은 시점과 종점을 가지면,

$$\int_{\gamma_1} f(z)dz = \int_{\gamma_2} f(z)dz$$

이다. ♦

(증명) $\gamma = \gamma_1 - \gamma_2$라 놓으면 γ는 G에 속하는 닫힌 경로이므로 정리 5.4에 의해

$$\int_{\gamma} f(z)dz = 0$$

이고

$$0 = \int_{\gamma} f(z)dz = \int_{\gamma_1} f(z)dz + \int_{-\gamma_2} f(z)dz$$
$$= \int_{\gamma_1} f(z)dz - \int_{\gamma_2} f(z)dz$$

이므로

$$\int_{\gamma_1} f(z)dz = \int_{\gamma_2} f(z)dz$$

이다. □

위의 따름정리는 단순연결 영역에서 연속인 도함수를 갖는 함수의 적분은 시점과 종점이 같을 때 경로가 영역안에 머물기만 하면 경로에 관계없이 적분값이 같게 된다는 의미이다.

5.3.2 코시의 정리

앞의 코시의 정리 I은 $f(z)$가 단순연결 영역에서 연속인 도함수를 갖는 해석함수임을 가정하였다. 코시의 정리 II에서는 연속인 도함수를 갖는다는 조건 없이도 같은 결과를 얻을 수 있음을 보여준다. 이런 이유에서 코시의 정리 I을 약한 코시의 정리(weak Cauchy's Theorem)라고 부르기도 한다.

먼저 직사각형 경로 위에서 코시의 정리를 증명하기로 한다. 다음 정리는 **코시-고르사의 정리**(Cauchy-Goursat)의 정리로 알려져 있다.

정리 5.6 $f(z)$가 사각형 γ를 포함하는 단순연결 영역 G에서 해석적인 함수이면,

$$\int_{\gamma} f(z)dz = 0 \tag{5.38}$$

이다. ♦

(증명) 그림 5.9와 같이 사각형 γ를 같은 넓이를 갖는 사각형 γ^1, γ^2, γ^3, γ^4로 나누면, 두 사각형이 겹치는 변에서 두 사각형의 경로의 방향이 반대이므로 겹치는

변에서의 적분은 서로 상쇄된다. 그러므로

$$\int_{\gamma} f(z)dz = \int_{\gamma^1} f(z)dz + \int_{\gamma^2} f(z)dz + \int_{\gamma^3} f(z)dz + \int_{\gamma^4} f(z)dz$$

이고,

$$\begin{aligned}\left|\int_{\gamma} f(z)dz\right| \leq \left|\int_{\gamma^1} f(z)dz\right| + \left|\int_{\gamma^2} f(z)dz\right| \\ + \left|\int_{\gamma^3} f(z)dz\right| + \left|\int_{\gamma^4} f(z)dz\right| \end{aligned} \tag{5.39}$$

이다.

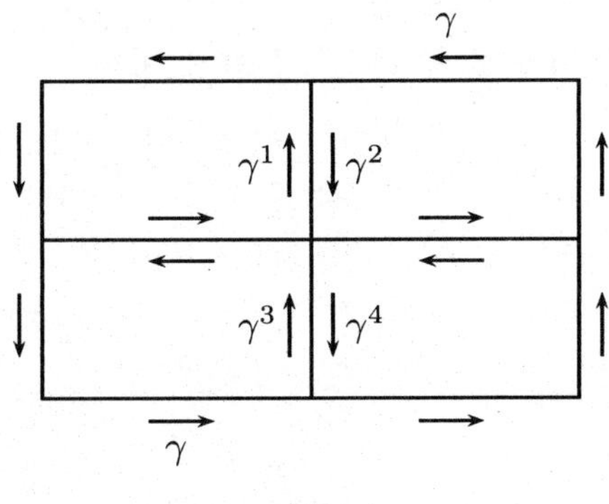

그림 5.9

따라서 식 (5.39)의 오른쪽 변의 적분 가운데 적어도 하나($\int_{\gamma_1} f(z)dz$라 하자.)는

$$\left|\int_{\gamma_1} f(z)dz\right| \geq \frac{\left|\int_{\gamma} f(z)dz\right|}{4}$$

를 만족한다. 이제 다시 위에서와 같은 방법으로 사각형 γ_1을 네 개의 사각형으로 나누면 그 가운데 적어도 하나(이를 γ_2라 하자.)는

$$\left|\int_{\gamma_2} f(z)dz\right| \geq \frac{\left|\int_{\gamma_1} f(z)dz\right|}{4} \geq \frac{\left|\int_{\gamma} f(z)dz\right|}{4^2}$$

를 만족한다. 이 과정을 반복하면 그림 5.10과 같은 사각형의 열 $\{\gamma_n\}$을 얻을 수 있고 각각의 사각형은 부등식

$$\left|\int_{\gamma_n} f(z)dz\right| \geq \frac{\left|\int_{\gamma_{n-1}} f(z)dz\right|}{4} \geq \frac{\left|\int_{\gamma} f(z)dz\right|}{4^n} \tag{5.40}$$

를 만족한다. z_0을 모든 γ_n의 위 또는 안쪽에 공통으로 포함되는 유일한 점이라고 하자.[3]

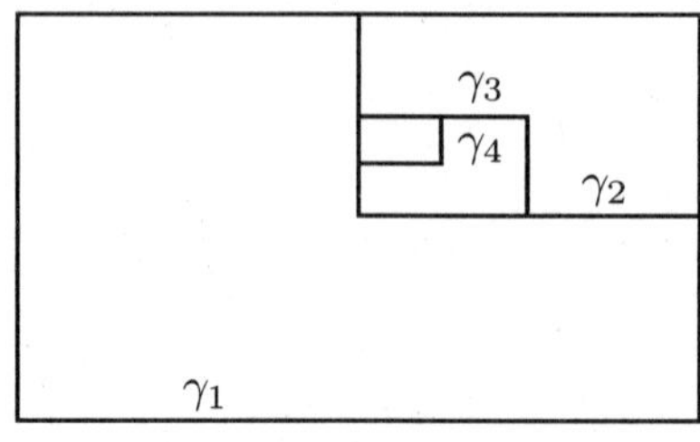

그림 5.10

$f(z)$는 z_0에서 해석적이므로 주어진 $\epsilon > 0$에 대해 $|z - z_0| < \delta$이면

$$f'(z_0) - \frac{f(z) - f(z_0)}{z - z_0} = \eta(z) \tag{5.41}$$

을 만족하는 $\delta > 0$가 존재한다. 여기서 $|\eta(z)| < \epsilon$이다.

식 (5.41)를 $f(z)$에 관하여 정리한 후 γ_n을 따라 적분하면

$$\begin{aligned}\int_{\gamma_n} f(z)dz &= \int_{\gamma_n} [f(z_0) + f'(z_0)(z - z_0) + \eta(z)(z - z_0)]dz \\ &= \int_{\gamma_n} [f(z_0) + f'(z_0)(z - z_0)]dz + \int_{\gamma_n} \eta(z)(z - z_0)dz \end{aligned} \tag{5.42}$$

를 얻는다. 그런데 $f(z_0)+f'(z_0)(z-z_0)$는 연속인 도함수를 갖는 해석함수이므로 코시의 정리 I에 의해

$$\int_{\gamma_n} [f(z_0) + f'(z_0)(z - z_0)]dz = 0$$

이다. 따라서 식 (5.42)는

$$\int_{\gamma_n} f(z)dz = \int_{\gamma_n} \eta(z)(z - z_0)dz$$

로 쓸 수 있다. 여기서 n을 충분히 크게 택하여 $\gamma_n \subset N(z_0, \delta)$라 하면

$$\begin{aligned}\left|\int_{\gamma_n} f(z)dz\right| = \left|\int_{\gamma_n} \eta(z)(z - z_0)dz\right| &\le \int_{\gamma_n} |\eta(z)|\,|(z - z_0)|\,|dz| \\ &\le \epsilon \int_{\gamma_n} |(z - z_0)|\,|dz| \end{aligned} \tag{5.43}$$

[3] R_n를 사각형 γ_n의 위와 안쪽을 포함하는 집합이라 하면 R_n은 닫힌 집합이고 $R_1 \supset R_2 \supset R_3 \supset \cdots$ 이므로 $\bigcap_n R_n$은 단 하나의 점을 포함한다.

이다. 사각형 γ_n의 대각선의 길이를 D_n, 둘레 길이를 L_n이라고 하면 γ_n의 모든 점 z에 대해 $|z - z_0| \le D_n$이므로 식 (5.43)으로부터

$$\left|\int_{\gamma_n} f(z)dz\right| \le \epsilon D_n L_n = \epsilon \frac{D}{2^n}\frac{L}{2^n} = \frac{\epsilon DL}{4^n} \tag{5.44}$$

을 얻는다. 여기서 D와 L은 각각 사각형 γ의 대각선의 길이와 둘레 길이이다. 식 (5.40), (5.44)로부터

$$\left|\int_{\gamma} f(z)dz\right| \le 4^n \frac{\epsilon DL}{4^n} = \epsilon DL$$

을 얻을 수 있다. 그런데 ϵ은 임의의 양수로 택했기 때문에

$$\int_{\gamma} f(z)dz = 0$$

이라 결론지을 수 있다. □

앞 절의 코시의 정리 I에서 한 영역에서 연속인 도함수를 갖는 함수의 닫힌 경로에서의 적분은 0임을 보였다. 위의 코시-고르사의 정리는 사각형 경로에서 도함수의 연속에 대한 조건 없이 코시의 정리 I이 성립함을 보였다. 이제 사각형 경로가 아닌 일반적인 닫힌 경로에서도 코시의 정리 I이 성립함을 보이자.

정리 5.7 [코시의 정리 II(Cauchy's Theorem II)] $f(z)$가 단순연결 영역 G에서 해석적인 함수이고 γ가 G안에 놓인 닫힌 경로이면,

$$\int_{\gamma} f(z)dz = 0 \tag{5.45}$$

이다. ♦

(증명) 함수 $f(z)$가 G에서 연속이므로 정리 5.2에 의해 G에서 $F'(z) = f(z)$인 함수 $F(z)$가 존재함을 보이면 된다. 한 점 $z_0 \in G$를 고정하고, z를 G의 임의의 한 점이라 하자. γ_1, γ_2를 각각 그림 5.11과 같은 z_0와 z를 연결하는 G안의 꺾인 곡선이라 하고 $F(z)$를

$$F(z) = \int_{\gamma_1} f(z)\, dz$$

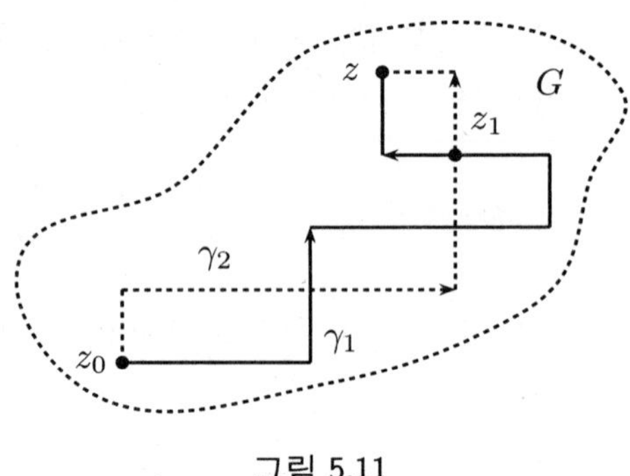

그림 5.11

로 정의하자.

경로 $\gamma_1 - \gamma_2$는 사각형들의 조합이므로 정리 5.6에 의해

$$\int_{\gamma_1-\gamma_2} f(z)\,dz = \int_{\gamma_1} f(z)\,dz - \int_{\gamma_2} f(z)\,dz = 0$$

이므로

$$F(z) = \int_{\gamma_2} f(z)\,dz$$

이다. 그러므로 $F(z)$는 G에서 잘 정의된 함수이다.

그림 5.11에서 처럼 $z_1 = x_1 + iy_1$를 γ_1과 γ_2가 만나는 마지막 교점이라 하고, z_1과 $z = x + iy$를 꼭짓점으로 갖는 마지막 사각형에서 γ_1은 수평, 수직방향으로, γ_2는 수직, 수평방향으로 z_1과 z를 연결한다고 가정하자. 다시 정리 5.6에 의해 γ_1, γ_2를 따라 z_0에서 z_1까지 $f(z)$를 적분한 값은 같다. 그 값을 K라 놓으면

$$\begin{aligned} F(z) &= \int_{\gamma_1} f(z)\,dz \\ &= K + \int_{x_1}^{x} f(t+iy_1)\,dt + \int_{y_1}^{y} f(x+it)i\,dt \end{aligned} \tag{5.46}$$

이고

$$\begin{aligned} F(z) &= \int_{\gamma_2} f(z)\,dz \\ &= K + \int_{y_1}^{y} f(x_1+it)i\,dt + \int_{x_1}^{x} f(t+iy)\,dt \end{aligned} \tag{5.47}$$

이다. 그러므로 식(5.46)에서

$$\frac{\partial F}{\partial y} = \frac{\partial}{\partial y}\left(\int_{y_1}^{y} f(x+it)\,i\,dt\right) = if(x+iy) = if(z),$$

식 (5.47)에서

$$\frac{\partial F}{\partial x} = \frac{\partial}{\partial x}\left(\int_{x_1}^{x} f(t+iy)\,dt\right) = f(x+iy) = f(z)$$

를 얻을 수 있다. 따라서

$$\frac{\partial F}{\partial x} = -i\frac{\partial F}{\partial y} = f(z) \tag{5.48}$$

이다. 식 (5.48)은 $F(z)$의 코시-리만 방정식을 나타내며 $f(z)$가 연속이기 때문에 $F(z)$의 편도함수들도 연속이다. 그러므로

$$F'(z) = \frac{\partial F}{\partial x} = f(z) \quad (z \in G) \tag{5.49}$$

이고, $F(z)$는 G에서 해석적인 함수이다. 즉 $F(z)$는 $f(z)$의 역도함수이다. □

정리 5.7의 증명으로부터 아래의 따름정리를 얻을 수 있다. 다음의 따름정리 5.8은 정리 5.2와 비교해서 생각해 보는 것도 의미있는 일이다. 단순연결 영역에서 해석적인 함수 $f(z)$는 코시의 정리 II를 만족한다. 이는 정리 5.2의 명제 (3)을 의미하는 것이므로 $f(z)$는 역도함수를 갖는다.

따름정리 5.8 $f(z)$가 단순연결영역 G에서 해석적인 함수이면, G에서

$$F'(z) = f(z)$$

인 함수 $F(z)$가 존재한다. ♦

한 영역의 여집합 중에서 유계인 성분(component)을 그 영역의 **홀**(hole)이라고 한다. 다중연결 영역은 유한개의 홀을 갖는 영역이다.

정리 5.9 $f(z)$가 다중연결 영역 D에서 해석적인 함수이고 경로 γ가 양의 방향을 갖는 D의 경계이면,

$$\int_{\gamma} f(z)dz = 0$$

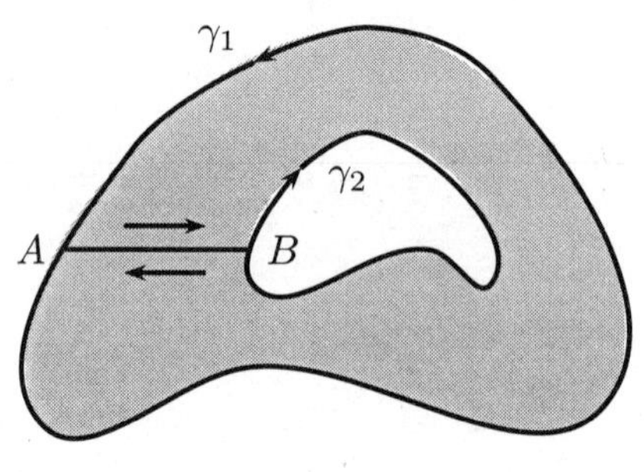

그림 5.12

이다. ♦

(증명) 그림 5.12에서와 같이 하나의 홀을 갖는 다중연결 영역에 대해 증명하면 유한개의 홀을 갖는 경우로의 일반화가 가능하다. 그림에서와 같이 A와 B를 각각 외부영역의 경계 γ_1과 내부영역의 경계 γ_2를 연결하는 선분이라하면

$$\gamma := \gamma_1 + AB + \gamma_2 + BA$$

는 양의 방향을 갖는 닫힌 경로이므로

$$\begin{aligned}\int_\gamma f(z)\,dz &= \int_{\gamma_1+AB+\gamma_2+BA} f(z)\,dz \\ &= \int_{\gamma_1} f(z)\,dz + \int_{AB} f(z)\,dz + \int_{\gamma_2} f(z)\,dz + \int_{BA} f(z)\,dz \\ &= 0 \end{aligned} \tag{5.50}$$

이다. 그런데 AB, BA의 방향이 서로 반대이므로

$$\int_{AB} f(z)\,dz = -\int_{BA} f(z)\,dz \tag{5.51}$$

이다. 그러므로 두 식 (5.50), (5.51)로부터

$$\int_\gamma f(z)\,dz = \int_{\gamma_1} f(z)\,dz + \int_{\gamma_2} f(z)\,dz = 0$$

이다. □

[예제 5.10] 경로 γ가 그림 5.13과 같을 때 적분 $\int_\gamma \frac{1}{z-z_0}\,dz$를 구하여라.

(풀이) 그림 5.13에서와 같이 γ_1을 $|z-z_0|=1$이라 하면, 정리 5.9에 의해

$$\int_{\gamma} \frac{1}{z-z_0}\,dz + \int_{-\gamma_1} \frac{1}{z-z_0}\,dz = 0$$

이다. 그러므로

$$\begin{aligned}\int_{\gamma} \frac{1}{z-z_0}\,dz = -\int_{\gamma_1} \frac{1}{z-z_0}\,dz = \int_0^{2\pi} \frac{1}{(z_0+e^{i\theta})-z_0}\, ie^{i\theta}\,d\theta \\ =2\pi i\end{aligned}$$

이다. □

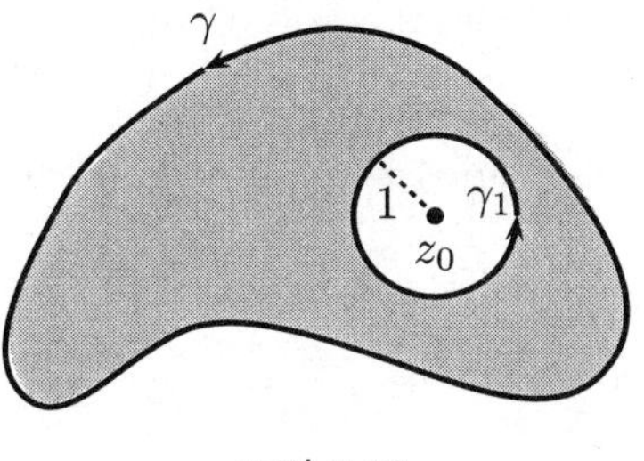

그림 5.13

정리 5.10 $f(z)$가 단순연결 영역 G에서 해석적이고 $f(z) \neq 0$ 이면

$$e^{g(z)} = f(z)$$

인 G에서 해석적인 함수 $g(z)$가 존재한다.

(증명) G에서 $f(z) \neq 0$이므로 $\frac{f'(z)}{f(z)}$ 또한 G에서 해석적인 함수이다.[4] 그러므로 고정된 한 점 $z_0 \in G$에 대해 아래의 함수

$$g(z) := \int_{z_0}^{z} \frac{f'(\zeta)}{f(\zeta)}\,d\zeta + \operatorname{Log} f(z_0), \quad z \in G$$

는 잘 정의된 함수이다. $h(z) = f(z)e^{-g(z)}$라 놓으면

$$h'(z) \;=\; f'(z)e^{-g(z)} - f(z)g'(z)e^{-g(z)}$$

[4] $f(z)$가 해석적이면 $f(z)$는 무한번 미분가능한 함수이다.

$$\begin{aligned} &= f'(z)e^{-g(z)} - f(z)\frac{f'(z)}{f(z)}e^{-g(z)} \\ &= 0 \end{aligned}$$

이므로 $h(z)$는 G에서 상수함수이다. 그런데

$$h(z_0) = f(z_0)e^{-g(z_0)} = f(z_0)e^{-\mathrm{Log} f(z_0)} = 1$$

이다. 즉 $h(z)$는 상수함수 1이다. 따라서 $f(z) = e^{g(z)}$이다. □

만일 $f(z)$가 단순연결영역 G에서 해석적이고 $f(z) \neq 0$ 이면 정리 5.10에 의해 $f(z) = e^{g(z)}$로 쓸 수 있으므로

$$(f(z))^{1/n} = e^{(1/n)g(z)} \quad (n \in \mathbb{N})$$

으로 정의함으로써 $(f(z))^{1/n}$의 해석적인 분기를 정의할 수 있다.

5.4 문제해결

1. 함수 $w(t) = e^{it}$가 구간 $0 \le t \le 2\pi$에서 평균값 정리를 만족하지 않음을 보여라.

2. 주어진 경로에서 다음 적분을 구하여라.

   (1) $\displaystyle\int_\gamma y\,dz \quad (\gamma : 0$과 i를 잇는 선분$)$

   (2) $\displaystyle\int_\gamma \sin 2z\,dz \quad (\gamma : 1+i$와 $-i$를 잇는 선분$)$

   (3) $\displaystyle\int_\gamma ze^{z^2}\,dz \quad (\gamma :$ 양의 방향을 갖는 원 $|z| = 1)$

3. $\gamma : |z| = r,\ r > 0$일 때 $\int_\gamma \frac{1}{z^2}\,dz = 0$ 임을 보여라.

4. m, n이 정수일 때 다음이 성립함을 보여라.

$$\int_0^{2\pi} e^{im\theta}\, e^{-in\theta}\, d\theta = \begin{cases} 0, & m \neq n \\ 2\pi, & m = n \end{cases}$$

5. $\gamma : z(t) = 3i + 2e^{it}$ $(0 \le t \le 2\pi)$일 때 다음 적분을 계산하여라.

(1) $\displaystyle\int_\gamma \frac{1}{z-3i}\,dz$ (2) $\displaystyle\int_\gamma \frac{1}{(z-3i)^2}\,dz$

6. $\gamma : z(t) = z_0 + re^{it}$ $(r > 0,\ 0 \le t \le 2\pi)$일 때 다음을 보여라.

$$\int_\gamma (z-z_0)^{n-1}\,dz = \begin{cases} 0, & n = \pm 1, \pm 2, \cdots \\ 2\pi i, & n = 0 \end{cases}$$

7. 다음에 주어진 경로에서 적분 $\int_\gamma \bar{z}\,dz$을 구하여라.

(1) $\gamma(t) = e^{it},\ 0 \le t \le 2\pi$

(2) $\gamma(t) = e^{2it},\ 0 \le t \le \pi$

(3) $\gamma(t) = e^{it} + 1,\ 0 \le t \le \pi$

(4) $\gamma(t) = t + 2it,\ 0 \le t \le \pi$

8. 주어진 경로에서 다음 적분을 구하여라.

(1) $\displaystyle\int_\gamma \frac{dz}{z}\,dz$ $(\gamma(t) = \cos t + 2i\sin t,\ 0 \le t \le 2\pi)$

(2) $\displaystyle\int_\gamma \frac{dz}{z^2}\,dz$ $(\gamma(t) = \cos t + 2i\sin t,\ 0 \le t \le 2\pi)$

(3) $\displaystyle\int_\gamma \frac{e^z\,dz}{z}\,dz$ $(\gamma(t) = 2 + e^{it},\ 0 \le t \le 2\pi)$

(4) $\displaystyle\int_\gamma \frac{dz}{z^2-1}\,dz$ $(\gamma(t) = e^{it} + 1,\ 0 \le t \le 2\pi)$

9. 경로 $\gamma = \gamma_1 + \gamma_2 + \gamma_3$에 대해 아래의 적분을 계산하여라.[5]

$$\begin{aligned} \gamma_1 &: z_1(t) = t,\ 0 \le t \le 1, \\ \gamma_2 &: z_2(t) = 1 + (t-1)i,\ 1 \le t \le 2, \\ \gamma_3 &: z_3(t) = (3-t) + i,\ 2 \le t \le 3 \end{aligned}$$

(1) $\displaystyle\int_{\gamma_j} x\,dz\ (j = 1, 2, 3)$ (2) $\displaystyle\int_\gamma x dz$

[5] $f(z) = \mathrm{Re}\,z = x$로 놓고 경로적분의 정의를 이용할 수 있다.

10. $\gamma: |z| = 1$일 때 다음 적분을 계산하여라.

(1) $\displaystyle\int_\gamma \frac{dz}{z}$ (2) $\displaystyle\int_\gamma \frac{dz}{|z|}$ (3) $\displaystyle\int_\gamma \frac{|dz|}{z}$ (4) $\displaystyle\int_\gamma \left|\frac{dz}{z}\right|$

11. 다음 곡선의 길이를 구하여라.

(1) $z(t) = 2 + 3e^{it} \ (-\pi \le t \le \pi)$

(2) $z(t) = e^t \cos t + ie^t \sin t \ (-\pi \le t \le \pi)$

12. 다음 부등식이 성립함을 보여라.

$$\left|\int_{|z|=1} \frac{\sin z}{z}\, dz\right| \le 2\pi e$$

13. γ가 $|z| = 2$의 제일사분면에 속한 호일 때 다음 부등식이 성립함을 보여라.

$$\left|\int_\gamma \frac{1}{z^2+1}\, dz\right| \le \frac{\pi}{3}$$

14. 곡선 $\gamma: z(t) = e^{it},\ 0 \le t \le \frac{\pi}{2}$일 때 다음 부등식이 성립함을 보여라.

$$\left|\int_\gamma \frac{z+4}{z^3+1} dz\right| \le \frac{6\pi}{7}$$

15. $\gamma_R = Re^{it}\ (0 \le t \le \pi)$일 때

$$\lim_{R\to\infty} \int_{\gamma_R} \frac{z+1}{(z^2+4)(z^2+9)}\, dz = 0$$

임을 보여라.

16. 다음 적분의 계산에서 미적분학의 기본정리를 이용할 수 있는지 판단하고 적분값을 구하여라.

(1) $\displaystyle\int_{-\pi i}^{\pi i} e^z\, dz$ (2) $\displaystyle\int_{1-i}^{2it} (z^2 + 3z - 2)\, dz$

17. 주어진 적분에서 피적분 함수의 역도함수를 찾고 적분을 계산하여라.

(1) $\displaystyle\int_0^{1+i} z^2\, dz$ (2) $\displaystyle\int_0^{\pi+2i} \cos\frac{z}{2}\, dz$

18. $z^i = e^{i\operatorname{Log} z}$일 때 다음 식이 성립함을 보여라.

$$\int_{-1}^{1} z^i \, dz = \frac{1+e^{-\pi}}{2}(1-i)$$

19. 다음 선적분을 계산하여라.

(1) $\displaystyle\int_\gamma x^2 y \, dx + (2x+1)y^2 \, dy$

(γ : 점 $(1,0)$, $(1,-1)$, $(2,1)$, $(2,0)$을 꼭짓점으로 갖는 사각형)

(2) $\displaystyle\int_\gamma \frac{xy^2}{x^2+y^2} \, dy$ $\quad(\gamma : |z| = r > 0)$

20. 적분 $\int_{|z|=1} e^z \, dz$를 계산하고

$$\int_{-\pi}^{\pi} e^{\cos\theta} \cos(\theta + \sin\theta) \, d\theta = \int_{-\pi}^{\pi} e^{\cos\theta} \sin(\theta + \sin\theta) \, d\theta = 0$$

임을 보여라.

제 6 장

코시의 적분공식과 응용

단순연결 영역 G에서 해석적인 함수 $f(z)$를 G안에 놓여있는 닫힌 경로 γ를 따라 적분하면 $\int_\gamma f(z)dz = 0$이라는 것을 알았다. 그렇다면 $f(z)$가 해석함수가 아닐 때의 적분은 어떻게 계산할 수 있을까? 제한적이지만 $f(z)$가 G 안에서 유한개의 점을 뺀 나머지 점들에서는 해석적인 경우에는 적분을 계산할 수 있다. 코시의 적분공식으로부터 쉽게 얻을 수 있는 코시의 부등식은 해석함수가 갖는 몇 가지 중요한 성질을 이끌어 낼 수 있는 정보를 준다.

이 장에서는 앞에서 가정했던 해석함수는 연속인 도함수를 갖는 다는 사실을 증명하고, 후반부에서는 코시의 부등식을 이용하여 해석함수의 도함수와 적분의 관계를 알아보고 이를 이용하여 복소평면에서의 대수학의 기본정리, 해석함수의 최대절댓값정리 등을 증명한다.

6.1 코시의 적분공식

6.1.1 코시의 적분공식 I

앞의 5장의 코시의 정리 II에서 $f(z)$가 단순연결 영역 G에서 해석적일 때 G안에 놓인 단순닫힌 곡선 γ에서의 적분은 $\int_\gamma f(z)dz = 0$임을 알았다. 그렇다면 $f(z)$가 G의 유한개의 점을 제외한 다른 모든 점에서 해석적일 때 적분 $\int_\gamma f(z)dz$는 어떤 값을 가질까? 경로 γ가 z_0을 중심으로 하는 반지름 $r > 0$인 양의 방향을 갖는 원일 때 함수 $\frac{1}{z-z_0}$는 점 z_0를 제외하고는 γ의 위와 안쪽에서 해석적이지만

$$\int_\gamma \frac{1}{z-z_0}\,dz = 2\pi i \tag{6.1}$$

이다. 이 사실을 일반화 한 것이 다음의 코시의 적분 공식 I이다.

코시의 적분공식 I은 단순닫힌 경로 γ 위와 그 안쪽에서 함수 $f(z)$가 해석적이면 γ 안쪽의 점 z_0에서 $f(z)$의 함숫값은 경로 γ 위에서 $f(z)$의 함숫값에 의해 결정된다는 것이다. 이 장에서는 다른 언급이 없으면 닫힌 곡선 γ는 양의 방향을 갖는 것으로 가정한다.

정리 6.1 [코시의 적분공식 I(Cauchy's Integral Formula I)] 함수 $f(z)$가 단순연결 영역 G에서 해석적이고 γ가 G의 안쪽에 놓인 단순닫힌 경로이면, γ의 안쪽에 있는 모든 점 z_0에서

$$f(z_0) = \frac{1}{2\pi i}\int_\gamma \frac{f(z)}{z-z_0}dz \tag{6.2}$$

이다. ◆

(증명) $\epsilon > 0$이라 하자. 그림 6.1과 같이 충분히 작은 r을 선택하여 경로 γ_1 : $|z-z_0| = r$이 γ의 안쪽에 놓이게 하자. 함수 $f(z)$가 $z = z_0$에서 연속이므로 γ_1 위의 모든 점 z에서 부등식

$$|f(z) - f(z_0)| < \epsilon$$

이 만족할 수 있도록 충분히 작은 $r > 0$을 택할 수 있다.

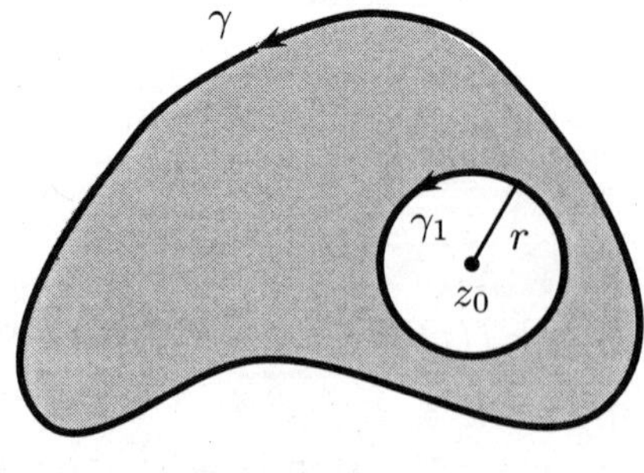

그림 6.1

다중연결 영역에서의 코시의 정리(정리 5.9)에 의해

$$\int_{\gamma} \frac{f(z)}{z-z_0}\,dz = \int_{\gamma_1} \frac{f(z)}{z-z_0}\,dz \tag{6.3}$$

이다. 식 (6.3)의 왼쪽 적분은

$$\begin{aligned}\int_{\gamma} \frac{f(z)}{z-z_0}\,dz &= \int_{\gamma_1} \frac{f(z_0)+[f(z)-f(z_0)]}{z-z_0}\,dz \\ &= \int_{\gamma_1} \frac{f(z_0)}{z-z_0}\,dz + \int_{\gamma_1} \frac{f(z)-f(z_0)}{z-z_0}\,dz\end{aligned}$$

로 쓸 수 있고

$$\int_{\gamma_1} \frac{f(z_0)}{z-z_0}\,dz = f(z_0)\int_{\gamma_1} \frac{1}{z-z_0}\,dz = 2\pi i f(z_0)$$

이므로

$$\int_{\gamma} \frac{f(z)}{z-z_0}\,dz = 2\pi i f(z_0) + \int_{\gamma_1} \frac{f(z)-f(z_0)}{z-z_0}\,dz \tag{6.4}$$

이다. 식 (6.4)의 마지막 적분에서 $|f(z)-f(z_0)| < \epsilon$, $|z-z_0| = r$이므로 부등식

$$\begin{aligned}\left|\int_{\gamma_1} \frac{f(z)-f(z_0)}{z-z_0}\,dz\right| &\leq \int_{\gamma_1} \frac{|f(z)-f(z_0)|}{|z-z_0|}\,|dz| \\ &< \frac{\epsilon}{r}\int_{\gamma_1} |dz| = \frac{\epsilon}{r}2\pi r \\ &= 2\pi\epsilon\end{aligned}$$

을 얻는다. 여기서 $\epsilon > 0$은 임의의 수로 택하였으므로

$$\int_{\gamma_1} \frac{f(z)-f(z_0)}{z-z_0}\,dz = 0 \tag{6.5}$$

이다. 따라서 식 (6.4), (6.5)로부터

$$\int_{\gamma} \frac{f(z)}{z-z_0}\,dz = 2\pi i f(z_0)$$

이다. □

정리 6.1의 식 (6.2)에서 $f(z) = 1$이면, 식 (6.2)는 앞의 식 (6.1)과 같다. 식 (6.2)의 피적분함수 $\frac{f(z)}{z-z_0}$는 $z = z_0$를 제외한 G의 모든 점에서 해석적이다. 또 정리 6.1은 함수 $f(z)$가 단순닫힌경로 γ의 위와 안쪽에서 해석적이면[1]

$$\int_\gamma \frac{f(z)}{z - z_0} dz = 2\pi i f(z_0)$$

임을 의미한다.

[예 1] 경로 γ가 $|z| = 2$ 일 때

(1) $f(z) = z^2 - 1$은 정함수이고 $z = 0$은 γ의 안쪽에 있으므로

$$\int_\gamma \frac{z^2 - 1}{z} dz = \int_\gamma \frac{z^2 - 1}{z - 0} dz = 2\pi i f(0) = -2\pi i,$$

(2) $f(z) = \sin z$는 정함수이고 $z = \frac{\pi}{2}$는 γ의 안쪽에 있으므로

$$\int_\gamma \frac{\sin z}{z - \frac{\pi}{2}} dz = 2\pi i f(\frac{\pi}{2}) = 2\pi i$$

이다.

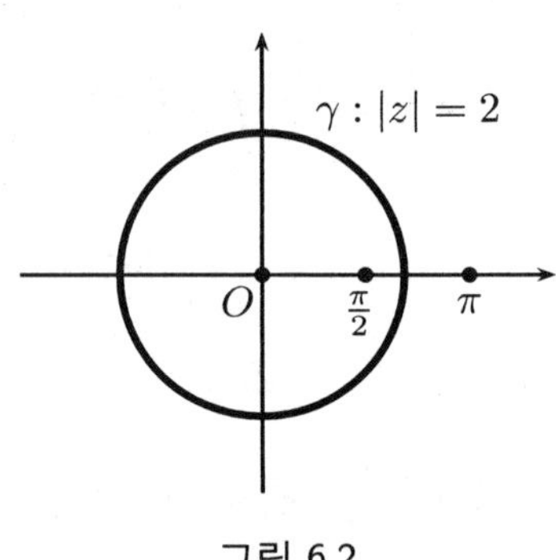

그림 6.2

(3) 함수 $\frac{\cos z}{z-\pi}$는 γ의 위와 안쪽에서 해석적이므로 코시의 정리 II에 의해

$$\int_\gamma \frac{\cos z}{z - \pi} dz = 0$$

이다. □

[1] $f(z)$가 단순닫힌 경로 γ의 위와 안쪽에서 해석적이면 γ 위의 각각의 점의 적절한 근방에서도 해석적이므로 $f(z)$는 γ와 그 안쪽을 포함하는 영역에서 해석적인 함수이다.

[예제 6.1] 적분 $\int_{|z|=4} \frac{\cos z}{(z+\pi)(z+5)} dz$를 계산하여라.

(풀이) 피적분 함수 $\frac{\cos z}{(z+\pi)(z+5)}$는 $z = -\pi$를 제외한 $|z| = 4$의 위와 안쪽의 모든 점에서 해석적이다. 그러므로 $f(z) = \frac{\cos z}{z+5}$라 하면 $f(z)$는 곡선 $|z| = 4$의 위와 안쪽에서 해석적이므로 코시의 적분공식 I에 의해

$$\begin{aligned}\int_{|z|=4} \frac{\cos z}{(z+\pi)(z+5)} &= \int_{|z|=4} \frac{\frac{\cos z}{z+5}}{z+\pi} dz = 2\pi i f(-\pi) \\ &= \frac{2\pi}{\pi-5} i\end{aligned}$$

이다. □

[예제 6.2] 적분 $\int_{|z|=3} \frac{2z}{z^2+1} dz$를 계산하여라.

(풀이) 피적분 함수는

$$\frac{2z}{z^2+1} = \frac{1}{z+i} + \frac{1}{z-i}$$

로 쓸 수 있으므로

$$\begin{aligned}\int_{|z|=3} \frac{2z}{z^2+1} dz &= \int_{|z|=3} \frac{1}{z+i} dz + \int_{|z|=3} \frac{1}{z-i} dz \\ &= 2\pi i + 2\pi i = 4\pi i\end{aligned}$$

이다. □

[예제 6.3] $r = \frac{3}{2}, r = 3$일 때 적분 $\int_{|z|=r} \frac{2z^2-z}{z^2-z-2} dz$를 계산하여라.

(풀이) 주어진 적분은

$$\int_{|z|=r} \frac{2z^2-z}{z^2-z-2} dz = \int_{|z|=r} \frac{z}{z+1} dz + \int_{|z|=r} \frac{z}{z-2} dz$$

로 쓸 수 있다. 그러므로

$$\int_{|z|=\frac{3}{2}} \frac{2z^2 - z}{z^2 - z - 2}\, dz = \int_{|z|=\frac{3}{2}} \frac{z}{z+1}\, dz + \int_{|z|=\frac{3}{2}} \frac{z}{z-2}\, dz$$
$$= 2\pi i(-1) + 0 = -2\pi i,$$

$$\int_{|z|=3} \frac{2z^2 - z}{z^2 - z - 2}\, dz = \int_{|z|=3} \frac{z}{z+1}\, dz + \int_{|z|=3} \frac{z}{z-2}\, dz$$
$$= 2\pi i(-1) + 2\pi i(2) = 2\pi i$$

이다. □

6.1.2 코시의 적분공식 II

5장의 코시의 정리 I에서 해석함수 $f(z)$의 일차도함수가 연속인 것으로 가정하였다. 코시의 적분공식 II는 이 가정이 사실임을 보여준다. 관례적으로 $f^{(0)}(z) = f(z)$, $0! = 1$로 나타낸다. 코시의 적분공식 I은 다음의 코시의 적분공식 II에서 $n = 0$인 경우에 해당하므로 코시의 적분 공식 I, II를 구별하지 않고 코시의 적분 공식이라 부르는 경우도 있다.

정리 6.2 [코시의 적분공식 II(Cauchy's Integral Formula II)] 함수 $f(z)$가 단순연결 영역 G에서 해석적이고 γ가 G 안에 놓인 단순닫힌 경로이면, γ의 안쪽에 있는 모든 점 z_0에서 모든 차수의 도함수을 가지며

$$f^{(n)}(z_0) = \frac{n!}{2\pi i} \int_\gamma \frac{f(z)}{(z - z_0)^{n+1}}\, dz \quad (n \in \mathbb{N}) \tag{6.6}$$

이다. ♦

(증명) 먼저 $n = 1$인 경우 즉,

$$f'(z_0) = \frac{1}{2\pi i} \int_\gamma \frac{f(z)}{(z - z_0)^2}\, dz$$

임을 보이자. $|h|$를 충분히 작게 택하여 z_0+h가 γ의 안쪽에 놓이게 하면, 정리 6.1에 의해

$$f(z_0)=\frac{1}{2\pi i}\int_\gamma \frac{f(z)}{z-z_0}\,dz,$$
$$f(z_0+h)=\frac{1}{2\pi i}\int_\gamma \frac{f(z)}{z-(z_0+h)}\,dz$$

이므로

$$\begin{aligned}\frac{f(z_0+h)-f(z_0)}{h} &=\frac{1}{h}\,\frac{1}{2\pi i}\int_\gamma\left(\frac{1}{z-z_0-h}-\frac{1}{z-z_0}\right)f(z)\,dz\\ &=\frac{1}{2\pi i}\int_\gamma \frac{f(z)}{(z-z_0-h)(z-z_0)}\,dz \qquad (6.7)\end{aligned}$$

이다. 따라서 $n=1$인 경우의 증명을 위해서는

$$\lim_{h\to 0}\frac{1}{2\pi i}\int_\gamma \frac{f(z)}{(z-z_0)(z-z_0-h)}\,dz=\frac{1}{2\pi i}\int_\gamma \frac{f(z)}{(z-z_0)^2}\,dz$$

임을 보이면 된다. 그런데

$$\begin{aligned}&\left|\frac{1}{2\pi i}\int_\gamma \frac{f(z)}{(z-z_0)(z-z_0-h)}\,dz-\frac{1}{2\pi i}\int_\gamma \frac{f(z)}{(z-z_0)^2}\,dz\right|\\ &\qquad=\left|\frac{h}{2\pi i}\int_\gamma \frac{f(z)}{(z-z_0)^2(z-z_0-h)}\,dz\right| \qquad (6.8)\end{aligned}$$

이다. 원 $\gamma_1 : |z-z_0|=r$이 주어진 단순닫힌 경로 γ의 안쪽에 놓이도록 $r>0$을 택하고 h를 $|h|<\frac{r}{2}$을 만족하도록 선택하면 다중연결 영역에서의 코시의 정리 (정리 5.8)에 의해

$$\frac{h}{2\pi i}\int_\gamma \frac{f(z)}{(z-z_0)^2(z-z_0-h)}\,dz=\frac{h}{2\pi i}\int_{\gamma_1} \frac{f(z)}{(z-z_0)^2(z-z_0-h)}\,dz \qquad (6.9)$$

이다. 함수 $f(z)$가 콤팩트 집합 γ_1에서 연속이므로 γ_1의 모든 점에서 $|f(z)|\le M$인 $M>0$이 존재한다. 그러므로 식 (6.9)로부터

$$\begin{aligned}\frac{|h|}{2\pi}\int_{\gamma_1}\frac{|f(z)|}{|z-z_0|^2|z-z_0-h|}\,|dz| &\le\frac{|h|M}{2\pi r^2}\int_{\gamma_1}\frac{|dz|}{|z-z_0|-|h|}\\ &\le\frac{|h|M}{\pi r^3}\int_{\gamma_1}|dz|\\ &=|h|\left(\frac{2M}{r^2}\right) \qquad (6.10)\end{aligned}$$

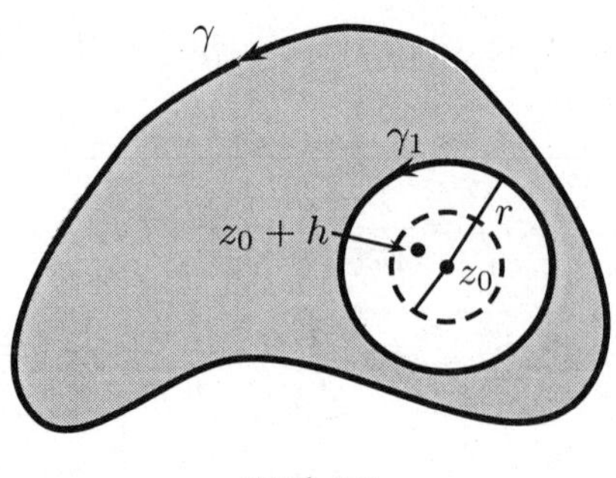

그림 6.3

를 얻는다.

그러므로

$$\lim_{h\to 0}\left|\frac{1}{2\pi i}\int_\gamma \frac{f(z)}{(z-z_0)(z-z_0-h)}\,dz - \frac{1}{2\pi i}\int_\gamma \frac{f(z)}{(z-z_0)^2}\,dz\right|$$
$$\le \lim_{h\to 0}|h|\left(\frac{2M}{r^2}\right) = 0,$$

즉

$$\lim_{h\to 0}\frac{1}{2\pi i}\int_\gamma \frac{f(z)}{(z-z_0)(z-z_0-h)}\,dz = \frac{1}{2\pi i}\int_\gamma \frac{f(z)}{(z-z_0)^2}\,dz \tag{6.11}$$

임을 알 수 있다. 따라서 식 (6.7), (6.9), (6.11)로부터

$$\begin{aligned} f'(z_0) &= \lim_{h\to 0}\frac{f(z_0+h)-f(z_0)}{h} \\ &= \lim_{h\to 0}\frac{1}{2\pi i}\int_\gamma \frac{f(z)}{(z-z_0-h)(z-z_0)}\,dz \\ &= \frac{1}{2\pi i}\int_\gamma \frac{f(z)}{(z-z_0)^2}\,dz \end{aligned} \tag{6.12}$$

이다. 따라서 $n=1$인 경우 식 (6.6)이 성립한다.

위와 같은 과정을 $f'(z)$에 적용하여

$$\frac{f'(z_0+h)-f'(z_0)}{h} = \frac{1}{2\pi i}\int_\gamma \frac{[2(z-z_0)-h]f(z)}{(z-z_0)^2(z-z_0-h)^2}\,dz \tag{6.13}$$

을 얻고, 다시 $h\to 0$일 때의 극한을 계산하면

$$f''(z_0) = \frac{2}{2\pi i}\int_\gamma \frac{f(z)}{(z-z_0)^3}\,dz \tag{6.14}$$

을 얻을 수 있다. 이 과정을 반복적으로 적용하면 귀납논리에 의해 z_0에서의 n차 도함숫값이

$$f^{(n)}(z_0) = \frac{n!}{2\pi i}\int_\gamma \frac{f(z)}{(z-z_0)^{n+1}}\,dz$$

로 주어짐을 보일 수 있다. □

어떤 한 점에서 해석적인 함수는 그 점을 포함하는 그 점의 적절한 근방에서 미분가능한 함수이다. 코시의 적분공식 II는 한 점에서 해석적인 함수는 그 점에서 무한번 미분가능한 함수이며 그 도함수 값은 그 점을 둘러싼 단순단힌 곡선 위에서 $f(z)$가 갖는 함숫값으로 나타낼 수 있음을 말해준다.

[예 2] γ가 $|z-1|=3$ 일 때

(1) 적분 $\int_\gamma \frac{z^2}{(z-1)^2}dz$에서 $f(z) = z^2$는 정함수이고 $z = 1$은 γ 안쪽에 놓인 점이므로

$$\int_\gamma \frac{z^2}{(z-1)^2}dz = f'(1)2\pi i = 4\pi i,$$

(2) 적분 $\int_\gamma \frac{\cos \pi z}{(z-1)^3}dz$에서 $f(z) = \cos \pi z$라 하면

$$\int_\gamma \frac{\cos \pi z}{(z-1)^3}dz = f''(1)\frac{2\pi i}{2!} = \pi^3 i$$

이다. □

[예제 6.4] 적분 $\int_{|z+3|=2} \frac{2z+1}{z(z+2)^2}dz$를 계산하여라.

(풀이) 적분은 $z = -3$을 중심으로 하고 반지름이 2인 원을 따라 계산하여야 한다. $f(z) = \frac{2z+1}{z}$라고 하면 $f(z)$는 주어진 원과 그 안쪽에서 해석적이고, $z = -2$는 원의 내부에 속하는 점이므로,

$$\int_{|z+3|=2} \frac{2z+1}{z(z+2)^2}dz = 2\pi i f'(-2) = -\frac{\pi i}{2}$$

이다. □

코시의 적분공식으로부터

$$f(z) = u(x,y) + iv(x,y)$$

가 $z = x+iy$에서 해석적이면 f'가 미분가능하므로 f'은 z에서 연속이다. 그런데

$$f'(z) = u_x(x,y) + iv_x(x,y) = v_y(x,y) - iu_y(x,y)$$

이므로 u, v의 편도함수들도 (x,y)에서 연속이고

$$f''(z) = u_{xx}(x,y) + iv_{xx}(x,y) = v_{yx}(x,y) - iu_{yx}(x,y) \tag{6.15}$$

이다.

따름정리 6.3 함수 $f(z) = u(x,y) + iv(x,y)$가 $z = x + iy$에서 해석적이면 $u(x,y)$, $v(x,y)$는 모든 차수의 연속인 편도함수를 갖는다. ♦

앞의 5장의 코시의 정리 II(정리 5.7)에서 단순연결 영역 G에서 해석적인 함수 $f(z)$의 G 안에 놓인 닫힌단순 경로 γ 위에서의 적분 $\int_\gamma f(z)dz = 0$임을 알았다. 그렇다면 단순연결 영역 G 안에 놓인 닫힌단순 경로 γ 위에서의 적분이 $\int_\gamma f(z)dz = 0$인 함수 $f(z)$는 G에서 해석적인 함수일까? 다음의 모레라의 정리는 이 문제에 대한 부분적인 답을 준다.

정리 6.4 [모레라의 정리(Morera's Theorem)] 함수 $f(z)$가 영역 D에서 연속인 함수라고 하자. 만약 D에 속하는 모든 단순닫힌 경로 γ에 대해 $\int_\gamma f(z)dz = 0$ 이면 $f(z)$는 D에서 해석적인 함수이다. ♦

(증명) 한 점 $z_0 \in D$을 고정하고

$$F(z) := \int_{z_0}^{z} f(\zeta)\, d\zeta \quad (z \in D) \tag{6.16}$$

라 하면 적분은 z_0에서 D를 벗어나지 않고 z에 이르는 경로에 의존하지 않고 같은 값을 갖는다. 그러므로 $F(z)$는 영역 D에서 잘 정의된 함수이다.

$F(z)$가 D의 모든 점 z에서 $F'(z) = f(z)$임을 보이려 한다. z를 D의 임의의 한 점이라 하고, z에서 $z+h$에 이르는 경로로 선분을 택하고 이 선분이 D를 벗어나지 않도록 $|h|$를 충분히 작게 선택하자. 그러면

$$\begin{aligned}\frac{F(z+h)-F(z)}{h} &= \frac{1}{h}\left(\int_{z_0}^{z+h} f(\zeta)\,d\zeta - \int_{z_0}^{z} f(\zeta)\,d\zeta\right)\\ &= \frac{1}{h}\int_{z}^{z+h} f(\zeta)\,d\zeta \end{aligned} \tag{6.17}$$

이고,

$$f(z) = \frac{1}{h}\int_{z}^{z+h} f(z)\,d\zeta$$

이므로

$$\frac{F(z+h)-F(z)}{h} - f(z) = \frac{1}{h}\int_{z}^{z+h} (f(\zeta)-f(z))\,d\zeta \tag{6.18}$$

이다. $f(z)$가 $z \in D$에서 연속인 함수이므로 주어진 $\epsilon > 0$에 대해

$$|\zeta - z| < \delta \text{이면 } |f(\zeta) - f(z)| < \epsilon$$

인 $\delta > 0$가 존재한다. 그러므로 $|h| < \delta$이면

$$\begin{aligned}\left|\frac{F(z+h)-F(z)}{h} - f(z)\right| &\le \frac{1}{|h|}\int_{z}^{z+h} |(f(\zeta)-f(z)|\,|d\zeta|\\ &< \frac{1}{|h|}\,\epsilon\,|h| = \epsilon\end{aligned}$$

이므로 $F'(z) = f(z)$이다. $z \in D$을 임의의 점으로 선택하였으므로 $F(z)$는 D의 모든 점에서 미분가능하다. 즉 $F(z)$는 D에서 해석함수이다. 그러므로 코시의 적분공식에 따라 $F(z)$는 D에서 모든 차수의 도함수를 가지므로 함수 $f(z)$는 D에서 해석적인 함수이다. □

모레라의 정리로부터 아래의 따름정리를 얻을 수 있다.

따름정리 6.5 $f(z)$가 단순연결영역 G에서 해석적인 함수이면,

$$F(z) := \int_{z_0}^{z} f(\zeta)d\zeta, \quad z_0 \in G$$

는 G에서 해석적이다.

(증명) $f(z)$가 해석함수이므로 코시의 정리에 의해 G 안에 들어있는 모든 단순닫힌경로 γ 에서의 적분은

$$\int_\gamma f(z)\,dz = 0$$

이다. 그러므로 모레라의 정리에 의해 $F(z)$는 G에서 해석적인 함수이다. □

6.2 코시의 부등식과 응용

6.2.1 코시의 부등식과 리우빌의 정리

이 절에서는 코시의 적분공식으로부터 얻을 수 있는 몇 가지 중요한 정리들에 관해 기술하기로 한다. 실함수에서는 도함수로부터 함수가 갖는 특성들을 알아낼 수 있었지만 복소함수에서는 반대로 함수가 갖는 성질로부터 도함수의 특성을 추론하는 경우가 많다.

정리 6.6 [코시의 부등식(Cauchy's Inequality)] 함수 $f(z)$가 원 $\gamma : |z-z_0| = r,\ r > 0$와 그 내부에서 해석적이라고 하자. 만약 γ 위의 모든 점에서 $|f(z)| \le M$이면

$$|f^{(n)}(z_0)| \le \frac{Mn!}{r^n} \tag{6.19}$$

이다. ♦

(증명) 코시의 적분공식

$$f^{(n)}(z_0) = \frac{n!}{2\pi i}\int_\gamma \frac{f(z)}{(z-z_0)^{n+1}}\,dz$$

로부터

$$\begin{aligned}\left|f^{(n)}(z_0)\right| &\le \frac{n!}{2\pi}\int_\gamma \frac{|f(z)|}{|z-z_0|^{n+1}}\,|dz| \\ &\le \frac{Mn!}{2\pi r^{n+1}}\int_\gamma |dz| = \frac{Mn!}{2\pi r^{n+1}}\,2\pi r \\ &= \frac{Mn!}{r^n}\end{aligned}$$

이다. □

코시의 적분공식에서 얻은 코시의 부등식은 복소해석학의 중요한 주제인 리우빌의 정리 등을 증명하는 데 핵심적인 역할을 한다.

정리 6.7 [리우빌의 정리(Liouville's Theorem)] 정함수 $f(z)$가 복소평면 $\mathbb{C}$에서 유계이면 $f(z)$는 상수함수이다. ♦

(증명) 복소평면 위의 모든 점 z에서 $f'(z) = 0$임을 보이면 된다. $f(z)$가 유계이므로 $|f(z)| \le M$ $(z \in \mathbb{C})$인 $M > 0$이 존재한다. z_0을 복소평면 위의 임의의 한 점이라고 하면, $f(z)$가 정함수이므로 코시의 부등식 (6.19)에 의해

$$|f'(z_0)| \le \frac{M}{r}$$

이다. 이 부등식은 모든 $r > 0$에 대해 성립하므로 r을 무한히 크게 잡으면 $f'(z_0) = 0$을 얻는다. z_0을 임의의 점으로 잡았으므로 복소평면 위의 모든 점 z에서 $f'(z) = 0$이다. 그러므로 $f(z)$는 상수함수이다. □

리우빌의 정리는 유계인 정함수는 상수함수뿐임을 말한다. 리우빌의 정리는 실함수에서는 성립하지 않는다. 예를 들어 $\cos x$는 모든 $x \in \mathbb{R}$에서 미분가능하고, 유계이지만 상수함수가 아니다. 그러나 복소함수로서 $\cos z$는 상수함수가 아닌 정함수이므로 리우빌의 정리에 따라 유계인 함수가 아니다.

$f(z)$가 상수함수가 아닌 유계인 함수이면 $\lim_{n\to\infty} f(z_n) = \infty$인 수열 $\{z_n\}$이 존재한다.

정리 6.8 $f(z)$가 상수함수가 아닌 정함수이면, 임의의 복소수 $a \in \mathbb{C}$와 $\epsilon > 0$에 대해 $|f(z) - a| < \epsilon$인 z가 존재한다. ♦

(증명) 만약 모든 $z \in \mathbb{C}$에 대해 $|f(z) - a| \ge \epsilon$인 a와 $\epsilon > 0$이 존재한다면 함수

$$g(z) = \frac{1}{f(z) - a}$$

는 정함수이고

$$|g(z)| = \left|\frac{1}{f(z)-a}\right| \le \frac{1}{\epsilon}, \quad z \in \mathbb{C}$$

이므로 리우빌의 정리에 의해 $g(z)$가 상수함수이어야 한다. 그러면 $f(z)$도 상수함수 이어야 하므로 가정에 모순이다. □

따름정리 6.9 $f(z)$가 상수함수가 아닌 정함수일 때 모든 복소수 $a \in \mathbb{C}$에 대해,

$$\lim_{n\to\infty} f(z_n) = a$$

인 수열 $\{z_n\}$이 존재한다. ♦

(증명) 정리 6.8에 따라 각각의 $n \in \mathbb{N}$에 대해 $f(z_n) \in N\left(a, \frac{1}{n}\right)$인 수열 $\{z_n\}$이 존재한다. 그런데 $\lim_{n\to\infty} \frac{1}{n} = 0$이므로

$$\lim_{n\to\infty} f(z_n) = a$$

이다. □

정리 6.8은 $f(z)$가 상수함수가 아닌 정함수이면 임의의 복소수 $a \in \mathbb{C}$에 임의로 가까운 함숫값을 갖는 점 z가 존재함을 의미하지만 $f(z) = a$를 만족하는 점 z의 존재를 말하는 것은 아니다. 예를 들어 $f(z) = e^z$일 때 어떤 점 z도 $f(z) = 0$을 만족하는 않는다.

피카드의 정리는 정리 6.8의 발전된 내용을 담고 있다. 여기서는 피카드 정리의 증명은 생략한다.

정리 6.10 [피카드의 정리(Picard's Theorem)] $f(z)$가 상수가 아닌 정함수이면, 많아야 하나의 복소수를 제외한 나머지 모든 복소수 a에 대해 방정식 $f(z) = a$는 해를 갖는다. ♦

6.2.2 대수학의 기본 정리

방정식 $x^2 + x + 1 = 0$은 실수집합에서 해를 갖지 않는다. 그러나 복소수 집합에서 $z^2 + z + 1 = 0$은 두 개의 해를 갖는다. $p(z)$가 상수가 아닌 다항함수이면 방정식 $p(z) = 0$은 복소평면에서 적어도 하나의 해를 갖는다. 이것을 **대수학의 기본정리**(Fundamental Theorem of Algebra)라고 한다. 다음 정리는 다항함수가 갖는 특징적인 성질이다.

정리 6.11 $p(z) = a_n z^n + a_{n-1} z^{n-1} + \cdots + a_1 z + a_0$ $(n \geq 1,\ a_n \neq 0)$라고 하면, 충분히 큰 $|z| = r$에 대해 부등식

$$\frac{|a_n|}{2} r^n \leq |p(z)| \leq \frac{3|a_n|}{2} r^n \tag{6.20}$$

이 성립한다. ♦

(증명) $p(z)$는

$$p(z) = z^n \left(a_n + \frac{a_{n-1}}{z} + \frac{a_{n-2}}{z^2} + \cdots + \frac{a_0}{z^n} \right)$$

와 같이 쓸 수 있으므로 삼각부등식에 의해

$$\begin{aligned} r^n \left(|a_n| - \left| \frac{a_{n-1}}{z} + \cdots + \frac{a_0}{z^n} \right| \right) &\leq |p(z)| \\ &\leq r^n \left(|a_n| + \left| \frac{a_{n-1}}{z} + \cdots + \frac{a_0}{z^n} \right| \right) \end{aligned} \tag{6.21}$$

을 얻을 수 있고 $r > 1$일 때

$$\left| \frac{a_{n-1}}{z} + \frac{a_{n-2}}{z^2} + \cdots + \frac{a_0}{z^n} \right| \leq \frac{|a_{n-1}| + |a_{n-2}| + \cdots + |a_0|}{r}$$

이다. $K = |a_{n-1}| + |a_{n-2}| + \cdots + |a_0|$라 하면 부등식 (6.21)은

$$r^n \left(|a_n| - \frac{K}{r} \right) \leq |p(z)| \leq r^n \left(|a_n| + \frac{K}{r} \right) \quad (r > 1) \tag{6.22}$$

와 같이 쓸 수 있다. 그러므로 식(6.22)에서 $r > \frac{2K}{|a_n|}$일 때, 부등식 (6.20)이 성립함을 알 수 있다. □

위 정리 6.11에서 상수가 아닌 다항함수는 $\arg z = \theta$인 직선을 따라 z가 원점에서 멀어질 때 θ에 무관하게

$$\lim_{z\to\infty} p(z) = \infty$$

임을 알 수 있다. 다항함수는 정함수이다. 그러나 이 성질이 모든 정함수에서 성립하는 것은 아니다. 사실 이 성질을 만족하는 정함수는 상수가 아닌 다항함수뿐이다. 다항함수가 아닌 정함수를 **초월정함수**(transcendental entire function)라 한다. 초월정함수 e^z의 경우 z에서 멀어지는 방향에 따라서 무한대에 접근하지 않을 수도 있다. 예를 들어

$$\lim_{z\to\infty} e^z = \begin{cases} \infty, & \arg z = 0 \\ 0, & \arg z = \pi \end{cases}$$

이다.

정리 6.12 [대수학의 기본정리] $p(z)$가 상수가 아닌 다항함수이면 방정식

$$p(z) = 0$$

은 적어도 하나의 해를 갖는다. ♦

(증명) $p(z) = a_n z^n + a_{n-1} z^{n-1} + \cdots + a_1 z + a_0$ $(a_n \neq 0)$라고 하자. 만약 모든 $z \in \mathbb{C}$에서 $p(z) \neq 0$이면, $\frac{1}{p(z)}$는 정함수이고, 정리 6.11에 의해

$$\lim_{z\to\infty} \frac{1}{p(z)} = 0$$

이므로 $|z| \geq R$이면 $\left|\frac{1}{p(z)}\right| \leq 1$인 $R > 0$이 존재한다. 또 $\frac{1}{p(z)}$는 연속함수이므로 콤팩트 집합 $|z| \leq R$에서 유계이다. 그러므로 $\frac{1}{p(z)}$는 복소평면에서 유계인 정함수이다. 따라서 리우빌의 정리에 의해 $\frac{1}{p(z)}$는 상수함수이다. 이것은 $p(z)$가 상수함수임을 의미하므로 가정에 모순이다. □

정리 6.12로부터 다음의 따름정리를 얻을 수 있다.

따름정리 6.13 $p(z)$가 $\deg p(z) = n \geq 1$인 다항함수이면 $p(z) = 0$은 중복된 해를 고려하면 n개의 해를 갖는다. ♦

(증명) 대수학의 기본정리(정리 6.12)에 의해 방정식 $p(z) = 0$는 적어도 하나의 해 α_1을 갖는다. 그러므로

$$p(z) = (z - \alpha_1)p_{n-1}(z)$$

로 쓸 수 있다. 여기서 $p_{n-1}(z)$는 $n-1$차 다항식이다. 만일 $p_{n-1}(z)$가 상수함수가 아니라면 적어도 하나의 해를 가질 것이다. 이를 반복하면

$$p(z) = c(z - \alpha_1)(z - \alpha_2)\cdots(z - \alpha_n), \quad c \in \mathbb{C}$$

와 같이 쓸 수 있으므로 $p(z)$는 n개의 해를 갖는다. □

$p(z)$가 n차 다항함수이고 a가 임의의 복소수이면 $p(z) - a$도 n차 다항함수이므로 다음의 따름정리가 성립한다.

따름정리 6.14 $p(z)$가 $\deg p(z) = n \geq 1$인 다항함수이면 모든 복소수 a에 대해 $p(z) = a$는 중복된 해를 고려하면 n개의 해를 갖는다. ♦

따름정리 6.14는 방정식 $p(z) = a$의 해의 존재를 보장하지만 해의 위치에 대해서는 어떠한 정보도 주지 않는다.

6.3 최대절댓값 정리

z_0를 중심으로 하고 반지름이 $r_0 > 0$인 원 위에서 해석적인 함수 $f(z)$의 z_0에서의 함숫값 $f(z_0)$는 원 $|z - z_0| = r_0$ 위에서 함숫값 $f(z)$의 평균값으로 나타낼 수 있다. 이를 가우스의 평균값 정리라고 한다. 아래의 증명에서 볼 수 있는 것처럼 가우스의 평균값 정리는 $0 < r \leq r_0$인 모든 원 $|z - z_0| = r$에서도 성립한다.

정리 6.15 [가우스 평균값 정리(Gauss Mean Value Theorem)] $f(z)$가 닫힌 원판 $|z-z_0| \leq r$ 위에서 해석적이면

$$f(z_0) = \frac{1}{2\pi}\int_0^{2\pi} f(z_0 + re^{i\theta})\,d\theta \tag{6.23}$$

이다. ♦

(증명) 코시의 적분공식

$$f(z_0) = \frac{1}{2\pi i}\int_{|z-z_0|=r} \frac{f(z)}{z-z_0}\,dz$$

은 경로 $z(\theta) = z_0 + re^{i\theta}$ $(0 \leq \theta \leq 2\pi)$ 위에서의 적분이므로

$$\begin{aligned} f(z_0) =& \frac{1}{2\pi i}\int_0^{2\pi} \frac{f(z_0 + re^{i\theta})}{re^{i\theta}} ire^{i\theta} d\theta \\ =& \frac{1}{2\pi}\int_0^{2\pi} f(z_0 + re^{i\theta})\,d\theta \end{aligned}$$

이다. □

실함수 $f(x) = -x^2$은 열린 구간 $(-1,1)$에서 최댓값을 갖는다. 그러나 상수함수가 아닌 복소해석함수는 열린 영역에서 최댓값 또는 최솟값을 가질 수 없다. 다시 말해 열린 영역에서 최대 또는 최솟값을 갖는 해석함수는 상수함수뿐이다. 이것은 복소함수가 실함수와 구별되는 큰 성질 가운데 하나이다. 복소평면 위에서 영역은 연결된 열린 집합으로 정의하였음에 유의하자.

정리 6.16 [최대절댓값 정리(Maximum Modulus Theorem)] 상수함수가 아닌 함수 $f(z)$가 영역 D에서 해석적이면 $|f(z)|$는 D에서 최댓값을 갖지 않는다. 즉, 모든 $z \in D$에 대해 $|f(z)| \leq |f(z_0)|$인 z_0가 D안에 존재하지 않는다. ♦

(증명) $|f(z)|$가 $z_0 \in D$에서 최댓값을 갖는다고 가정하자. D가 열린 집합이므로 닫힌 원판 $|z-z_0| \leq R$이 D에 속하도록 $R > 0$을 정할 수 있다. $0 \leq r \leq R$에 대해 가우스의 평균값 정리

$$f(z_0) = \frac{1}{2\pi}\int_0^{2\pi} f(z_0 + re^{i\theta})d\theta$$

가 성립한다. 그런데 $|f(z)|$가 $z_0 \in D$에서 최댓값을 가지므로

$$|f(z_0 + re^{i\theta})| \leq |f(z_0)|$$

이다. $f(z)$는 상수함수가 아니라고 가정하였으므로

$$|f(z_0 + r_1 e^{i\theta_1})| < |f(z_0)|$$

인 점 $z_0 + r_1 e^{i\theta_1}$ $(0 \leq r_1 \leq R)$이 존재한다. $|f(z)|$가 $z_0 + r_1 e^{i\theta_1}$에서 연속이므로 $\theta \in [\theta_1 - \epsilon, \theta_1 + \epsilon]$이면

$$|f(z_0 + r_1 e^{i\theta})| < |f(z_0)|$$

인 $\epsilon > 0$이 존재한다. 따라서

$$\begin{aligned} |f(z_0)| &= \left| \frac{1}{2\pi} \int_0^{2\pi} f(z_0 + r_1 e^{i\theta}) d\theta \right| \leq \frac{1}{2\pi} \int_0^{2\pi} |f(z_0 + r_1 e^{i\theta})| d\theta \\ &< \frac{1}{2\pi} \int_0^{2\pi} |f(z_0)| d\theta = |f(z_0)| \end{aligned}$$

이 되어 모순이다. 그러므로 $|f(z)|$가 $z_0 \in D$에서 최댓값을 갖는다는 가정은 성립할 수 없다. □

콤팩트 집합에서 연속인 함수는 최댓값과 최솟값을 갖는다. 그러므로 정리 6.16으로부터 다음의 정리를 얻는다.

정리 6.17 함수 $f(z)$가 유계인 영역 D에서 해석적이고, bd(D)에서 연속이면 $|f(z)|$는 bd(D)에서 최댓값을 갖는다. ♦

(증명) D가 유계이므로 cl(D)는 컴팩트 집합이다. 그러므로 cl(D)에서 연속인 $|f(z)|$는 최댓값을 갖는다. 그러나 최대절댓값 정리에 의해 $|f(z)|$는 D에서 최댓값을 가질 수 없으므로 bd(D)에서 최댓값을 갖는다. □

정리 6.17은 함수 $f(z)$가 유계인 영역 D에서 해석적이고, bd(D)에서 연속이면 모든 $z \in$ cl(D)에 대해

$$|f(z_0)| \geq |f(z)|$$

를 만족하는 점 $z_0 \in \mathrm{bd}(D)$가 존재함을 의미한다. 이 사실은 $|f(z)|$의 최솟값에 대해서도 성립한다.

정리 6.18 [최소절댓값 정리(Minimum Modulus Theorem)] 상수함수가 아닌 함수 $f(z)$가 영역 D에서 해석적이고, $f(z) \neq 0$이면, $|f(z)|$는 D에서 최솟값을 갖지 않는다. 또한 D가 유계이고 $f(z)$가 $\mathrm{bd}(D)$에서 연속이면, $|f(z)|$는 $\mathrm{bd}(D)$에서 최솟값을 갖는다. ♦

(증명) D의 모든 점 z에서 $f(z) \neq 0$이면 함수 $g(z) = \frac{1}{f(z)}$는 정리 6.16, 6.17의 조건을 모두 만족하므로 $|g(z)|$는 $\mathrm{bd}(D)$에서만 최댓값을 갖는다. $|g(z)|$의 최댓값은 $|f(z)|$의 최솟값이므로 최소절댓값의 정리는 성립한다. □

함수 $f(z)$에 대해 실숫값을 갖는 함수 $M_f(r)$을

$$M_f(r) := \max_{|z|=r} |f(z)| \tag{6.24}$$

로 정의하고, $M_f(r)$를 $f(z)$의 **최대절댓값함수**(Maximum Modulus Function)라고 한다. $f(z)$가 상수가 아닌 정함수이면

$$M_f(r) = \max_{|z|=r} |f(z)| = \max_{|z|\leq r} |f(z)|$$

이다. 또한 리우빌의 정리에 따라

$$\lim_{r\to\infty} M_f(r) = \infty$$

이다.

[예제 6.5] $f(z)$가 상수가 아닌 정함수일 때 $M_f(r)$은 단순증가 함수임을 보여라.

(풀이) 만일 $M_f(r_1) \leq M_f(r_0)$인 $0 \leq r_0 < r_1$이 존재한다면 $|f(z)|$는 $|z| < r_1$의 내부에서 최댓값을 갖게되므로 최대절댓값정리에 위배된다. 그러므로 $M_f(r)$은 단순증가 함수이다. □

정리 6.19 $f(z)$가 $|z| < R$에서 해석적이면 $M_f(r)$은 $0 \le r \le R$에서 연속인 함수이다. ♦

(증명) r_0가 $0 \le r_0 \le R$일 때, 주어진 ϵ에 대해 $|r_1 - r_0| < \delta$이면

$$|M_f(r_1) - M_f(r_0)| < \epsilon$$

을 만족하는 $\delta > 0$가 존재함을 보이면 된다. $|f(z)|$가 $|z| < R$의 콤팩트 부분집합에서 균등연속이므로 $|r_1 - r_0| < \delta\,(0 \le \theta \le 2\pi)$이면

$$\left|\,|f(r_1 e^{i\theta})| - |f(r_0 e^{i\theta})|\,\right| < \epsilon \tag{6.25}$$

을 만족하는 $\delta > 0$가 존재한다.

$r_0 \le r_1 \le r_0 + \delta$라고 가정하자. 최대절댓값의 정리에 의해

$$M_f(r_1) = \left|f(r_1 e^{i\theta_1})\right|$$

인 θ_1이 존재하고 (만일 $|f(r_1 e^{i\theta})|$가 $|z| = r_1$ 위의 다른 점에서도 $M_f(r_1)$와 같은 값을 가지면 그들 가운데 어느 하나를 $|f(r_1 e^{i\theta_1})|$이라 하자.) $M_f(r_1) \ge M_f(r_0)$이므로 $r_0 \le r_1 \le r_0 + \delta$이면 식(6.25)에 의해

$$0 \le M_f(r_1) - M_f(r_0) \le |f(r_1 e^{i\theta_1})| - |f(r_0 e^{i\theta_1})| < \epsilon$$

이다.(여기서 $M_f(r_0) \ge |f(r_0 e^{i\theta_1})|$이다.)

한편 $r_0 - \delta \le r_1 \le r_0$일 때 $M_f(r_0) = \left|f(r_0 e^{i\theta_0})\right|$라 하면

$$0 \le M_f(r_0) - M_f(r_1) \le |f(r_0 e^{i\theta_0})| - |f(r_1 e^{i\theta_0})| < \epsilon$$

이다. 그러므로 $M_f(r)$는 r_0에서 연속인 함수이다. □

6.4 문제 해결

1. $\gamma : |z| = 2$ 일 때 다음 적분을 계산하여라.

(1) $\displaystyle\int_\gamma \frac{\cos z}{z}dz$ (2) $\displaystyle\int_\gamma \frac{\cos z}{z-\pi}dz$ (3) $\displaystyle\int_\gamma \frac{z^2}{z-1}\,dz$

(4) $\displaystyle\int_\gamma \frac{e^z}{z^2}\,dz$ (5) $\displaystyle\int_\gamma \frac{z^2-1}{z+1}\,dz$ (6) $\displaystyle\int_\gamma \frac{1}{z^2-2z-3}\,dz$

2. 다음 적분을 계산하여라.

(1) $\displaystyle\int_{|z|=5} \frac{\sin 3z}{z+\pi}dz$ (2) $\displaystyle\frac{1}{2\pi i}\int_{|z|=2} \frac{e^{3z}}{z^2+1}dz$

(3) $\displaystyle\int_{|z+i|=4} \frac{e^{iz}}{(z-i)^5}dz$ (4) $\displaystyle\frac{1}{2\pi i}\int_{|z|=1} \frac{\sin^6 z}{(z-\pi/6)^3}dz$

3. (1) $p(z)$가 n차 다항함수이면

$$\int_{|z|=2} \frac{p(z)}{(z-1)^{n+2}}dz = 0$$

임을 보여라.

(2) m, n이 양의 정수, γ가 z_0을 싸고도는 단순닫힌 경로일 때

$$\int_\gamma \frac{(n-1)!e^z}{(z-z_0)^n}dz = \int_\gamma \frac{(m-1)!e^z}{(z-z_0)^m}dz$$

임을 보여라.

4. 다음에 주어진 경로 γ에서 적분 $\displaystyle\int_\gamma \frac{z}{(16-z^2)(z+i)}dz$를 계산하여라.

(1) $|z|=2$ (2) $|z-4|=2$ (3) $|z+4|=2$ (4) $|z|=\frac{1}{2}$

5. 다음 적분을 계산하여라.

$$\int_{|z|=2} \frac{\sin \pi z}{e^z(z-1)^3}dz$$

6. $f(z)$, $g(z)$가 단순연결 영역 D에서 해석적이고, z_1, $z_2 \in D$일 때

$$\int_{z_1}^{z_2} f(z)g'(z)dz = f(z_2)g(z_2) - f(z_1)g(z_1) - \int_{z_1}^{z_2} f'(z)g(z)dz$$

임을 보여라.

7. $f(z)$가 영역 D에서 해석적이고 γ가 D 안에 놓인 닫힌곡선일 때, $z_0 \in D$가 γ 위에 있지 않으면 다음 등식이 성립함을 보여라.

$$\int_\gamma \frac{f'(z)}{\zeta - z_0}\, d\zeta = \int_\gamma \frac{f(z)}{(\zeta - z_0)^2}\, d\zeta$$

8. $f(z)$가 정함수이고 복소평면에서 $|f(z)| \geq 1$이면 $f(z)$는 상수함수임을 보여라.

9. $f(\mathbb{C}) = \{z : |z| < 1\}$인 상수함수가 아닌 정함수 $f(z)$가 존재하는가?

10. $f(z)$가 복소평면의 모든 점 z에서 $|f(z)| \leq |e^z|$를 만족하는 정함수이면 $f(z) = Ae^z$ $(|A| \leq 1)$임을 보여라.

11. $f(z)$가 정함수이고 a, b가 양수일 때

$$f(z + a) = f(z + ib) = f(z)$$

이면 $f(z)$는 상수함수임을 보여라.

12. $f(z)$가 $|z - z_0| \leq r$에서 해석적이고 $|z - z_0| \leq r$의 모든 점에서 $f(z) \neq 0$이면

$$\log|f(z_0)| = \frac{1}{2\pi} \int_0^{2\pi} \log|f(z_0 + re^{i\theta})|\, d\theta$$

임을 보여라.

13. $f(z)$가 복소평면의 모든 점 z에서 $|f(z)| \leq A|z|$를 만족하는 정함수이면 $f(z) = az$임을 보여라. 여기서 A는양의 실수이고 a는 복소수이다. (코시의 부등식을 이용하여 복소평면의 모든 점에서 $f''(z) = 0$임을 보여라.)

14. $|z| \leq 1$에서 다음 함수의 최대절댓값을 구하여라.

(1) $z^2 - 3z + 2$ (2) $z^4 + z^2 + 1$

(3) $\cos 3z$ (4) $\dfrac{2z+1}{2z-1}$

15. 상수가 아닌 함수 $f(z)$가 영역 D에서 해석적이고 D의 경계에서 연속이며, $|f(z)|$가 D의 경계에서 상숫값을 가지면 $f(z)$는 D에서 영점(zero point)을[2] 가짐을 보여라.

[2] $f(z) = 0$를 만족하는 점 z를 $f(z)$의 영점이라 한다.

16. $\gamma : z(\theta) = e^{i\theta},\ -\pi \le \theta \le \pi$, a는 실수일 때

$$\int_\gamma \frac{e^{az}}{z} dz = 2\pi i$$

임을 보이고 이를 이용하여

$$\int_0^\pi e^{a\cos\theta}\cos(a\sin\theta)d\theta = \pi$$

임을 보여라.

17. $u(x, y)$가 $\mathbb{R}^2$에서 유계인 조화함수이면 $u(x, y)$는 상수함수임을 보여라.

18. 조화함수 $u(x, y)$가 단순연결 영역 D에서 최솟값과 최댓값을 가지면 $u(x, y)$는 상수함수임을 보여라.

제 7 장

해석함수의 테일러급수

복소수열에 관한 내용은 앞의 1장에서 기술하였다. 이 장에서는 멱급수와 함수를 항으로 갖는 급수

$$\sum_{n=0}^{\infty} a_n(z-a)^n, \quad \sum_{n=0}^{\infty} f_n(z)$$

에 대해 알아본다. 급수에서의 주요 관심사는 급수의 수렴 여부와 수렴하는 경우 합에 관한 것이다. 급수의 수렴은 기본적으로 수열의 수렴 개념을 확장한 것이기 때문에 수열의 이론은 대부분 급수에 확장된 형태로 적용될 수 있다.

해석함수의 가장 대표적인 성질은 코시-리만의 방정식을 만족할 뿐만 아니라 테일러급수로 나타낼 수 있다는 것이다. 이 장에서는 해석함수와 그 함수의 테일러급수와의 관계에 대해서도 알아본다.

7.1 급수의 수렴

무한급수

$$\sum_{n=1}^{\infty} z_n = z_1 + z_2 + \cdots + z_n + \cdots$$

이 복소수 A로 수렴한다는 것은 부분합

$$s_n = \sum_{k=1}^{n} z_k$$

로 약속한 수열 $\{s_n\}$이 A에 수렴하는 것으로 정의한다. 따라서 급수의 성질은 수열 $\{s_n\}$이 갖는 성질로부터 얻을 수 있는 경우가 많다. 수렴하는 복소수열이 갖는 성질 가운데 하나인 정리 2.2로부터 다음의 정리를 얻을 수 있다.

정리 7.1 $z_n = x_n + iy_n$, $A = a_1 + ia_2$라고 하자. $\sum_{n=1}^{\infty} z_n = A$일 필요충분조건은

$$\sum_{n=1}^{\infty} x_n = a_1, \ \sum_{n=1}^{\infty} y_n = a_2$$

이다. ♦

실수를 항으로 갖는 급수 $\sum_{n=1}^{\infty} x_n$이 수렴하면 수열 $\{x_n\}$은 0에 수렴한다. 이 사실은 정리 7.1에 의해 복소수를 항으로 하는 급수에도 성립한다.

따름정리 7.2 급수 $\sum_{n=1}^{\infty} z_n$이 수렴하면 $\lim_{n\to\infty} z_n = 0$이다. ♦

$z_n = x_n + iy_n$이라 하면

$$|x_n| \le |x_n + iy_n| = \sqrt{{x_n}^2 + {y_n}^2} = |z_n|,$$
$$|y_n| \le |x_n + iy_n| = \sqrt{{x_n}^2 + {y_n}^2} = |z_n|$$

이므로, 급수 $\sum_{n=1}^{\infty} z_n$이 절대수렴하면, 즉 $\sum_{n=1}^{\infty} |z_n|$이 수렴하면 $\sum_{n=1}^{\infty} |x_n|$, $\sum_{n=1}^{\infty} |y_n|$도 수렴한다. 따라서 실수 x_n, y_n을 항으로 하는 급수 $\sum_{n=1}^{\infty} x_n$, $\sum_{n=1}^{\infty} y_n$ 도 수렴한다. 따라서 다음의 따름정리를 얻는다.

따름정리 7.3 급수 $\sum_{n=1}^{\infty} |z_n|$이 수렴하면 $\sum_{n=1}^{\infty} z_n$도 수렴한다. ♦

7.2 균등수렴

7.2.1 함수열의 수렴

각각의 $n \in \mathbb{N}$에 대해 함수

$$f_n : E(\subset \mathbb{C}) \to \mathbb{C}$$

들을 나열한 것을 **함수열**(sequence of functions)이라고 하고 $\{f_n\}$으로 나타낸다. f_n이 E에서 정의된 함수일 때 z_0가 E의 점이면 $\{f_n(z_0)\}$은 수열이다. E에 속하는 각각의 점 z에서 수열 $\{f_n(z)\}$가 수렴하면 함수열 $\{f_n\}$이 점마다 수렴한다고 한다.

정의 7.1 $f_n : E \to \mathbb{C}$일 때 함수열 $\{f_n\}$이 **점마다 f로 수렴한다**(converges to f pointwise)는 것은 각각의 $z \in E$와 $\epsilon > 0$에 대해 $n \geq N = N(z, \epsilon)$이면

$$|f_n(z) - f(z)| < \epsilon \tag{7.1}$$

을 만족하는 자연수 N이 존재하는 것이다. □

위의 정의 7.1에서 자연수 N의 선택은 ϵ뿐만 아니라 점 $z \in E$에도 의존한다. 이와는 달리 하나의 자연수 N으로 E의 모든 점에서 부등식 (7.1)을 만족하게 할 수 있다면, 즉 N의 선택이 ϵ에만 의존할 뿐, 점 $z \in E$의 위치에 영향을 받지 않을 경우 $\{f_n\}$가 f로 **균등수렴한다**(converge uniformly)고 한다.

$f_n : E \to \mathbb{C}$일 때 함수열 $\{f_n\}$이 $f(z)$로 점마다 수렴할 때는 기호 $f_n \to f$, 균등수렴할 때는 $f_n \rightrightarrows f$ 로 나타낸다. 균등수렴하는 함수열은 점마다 수렴하지만, 점마다 수렴하는 함수열이 균등수렴할 필요는 없다.

정의 7.2 $f_n : E \to \mathbb{C}$일 때 함수열 $\{f_n\}$이 f로 균등수렴한다는 것은 주어진 $\epsilon > 0$

에 대해 $n \geq N = N(\epsilon)$이면 모든 점 $z \in E$에서

$$|f_n(z) - f(z)| < \epsilon \tag{7.2}$$

을 만족하는 자연수 N이 존재하는 것이다. □

[예제 7.1] $f_n(z) = \frac{1}{nz}$는 영역 $0 < |z| < 1$에서 $f(z) = 0$으로 점마다 수렴하지만 균등수렴하지는 않음을 보여라.

(풀이) (1) 점 z_0 $(0 < |z_0| < 1)$와 주어진 $\epsilon > 0$에 대해 $N > \frac{1}{\epsilon|z_0|}$ 인 자연수로 택하면 $n \geq N$에 대해

$$\left|\frac{1}{nz_0} - 0\right| \leq \frac{1}{N|z_0|} < \epsilon$$

이므로 $f_n \to 0$이다.

(2) 만일 f_n이 0으로 균등수렴한다면 모든 $0 < |z| < 1$에 대해, $n \geq N$이면

$$\left|\frac{1}{nz} - 0\right| < \epsilon < 1$$

을 만족하는 자연수 N이 존재한다. 그러나 $z = \frac{1}{N}$은 주어진 영역에 속하는 점이지만

$$\left|\frac{1}{Nz} - 0\right| = \frac{1}{N\frac{1}{N}} = 1 > \epsilon$$

이므로 위 부등식을 만족하지 못한다. 그러므로 f_n은 0으로 균등수렴하지 않는다. □

균등수렴하는 함수열은 극한 또는 극한과 관련된 기호의 순서를 바꾸어 적용할 수 있는 편리함을 보장해 준다.

정리 7.4 함수 $f_n : E \to \mathbb{C}$가 $z_0 \in E$에서 연속이고, 함수열 $\{f_n\}$이 E에서 f로 균등수렴하면, $f(z)$는 $z_0 \in E$에서 연속이다. 즉,

$$\lim_{n\to\infty}\left(\lim_{z\to z_0} f_n(z)\right) = \lim_{z\to z_0}\left(\lim_{n\to\infty} f_n(z)\right) = \lim_{z\to z_0} f(z) \tag{7.3}$$

이다. ♦

(증명) $\epsilon > 0$이 주어졌다고 하자. f_n이 f로 균등수렴하므로 모든 $z \in E$에 대해

$$|f_N(z) - f(z)| < \frac{\epsilon}{3}$$

인 자연수 N이 존재한다. 또한 f_N이 z_0에서 연속이므로 $|z - z_0| < \delta$이면

$$|f_N(z) - f_N(z_0)| < \frac{\epsilon}{3}$$

인 $\delta > 0$가 존재한다. 그러므로 $|z - z_0| < \delta$인 모든 z에 대해

$$\begin{aligned} |f(z) - f(z_0)| &\le |f(z) - f_N(z)| + |f_N(z) - f_N(z_0)| + |f_N(z_0) - f(z_0)| \\ &< \frac{\epsilon}{3} + \frac{\epsilon}{3} + \frac{\epsilon}{3} = \epsilon \end{aligned}$$

이다. 따라서 $f(z)$는 z_0에서 연속이다. □

정리 7.4로부터 함수 $f_n : E \to \mathbb{C}$이 연속함수이고 함수열 $\{f_n\}$이 E에서 $f(z)$로 균등수렴하면, $f(z)$는 E에서 연속함수임을 알 수있다.

7.2.2 균등수렴의 조건

함수열 $\{f_n\}$이 주어진 $\epsilon > 0$에 대해 E의 모든 점 z에서 $n \ge m > N$이면

$$|f_n(z) - f_m(z)| < \epsilon$$

을 만족하는 자연수 $N = N(\epsilon)$이 존재하면 $\{f_n\}$는 E에서 **균등코시수열**(uniform Cauchy sequence)이라고 한다.

정리 7.5 함수열 $\{f_n\}$이 E에서 f로 균등수렴하기 위한 필요충분조건은 $\{f_n\}$이 E에서 균등 코시수열인 것이다. ♦

(증명) 먼저 $\epsilon > 0$이 주어졌고 f_n이 f로 균등수렴한다고 가정하면, 모든 $z \in E$에 대해 $n \ge N$이면

$$|f_n(z) - f(z)| < \frac{\epsilon}{2}$$

인 자연수 N이 존재한다. 그러므로 $n \geq m > N$이면

$$\begin{aligned}|f_n(z) - f_m(z)| &\leq |f_n(z) - f(z)| + |f(z) - f_m(z)| \\ &< \frac{\epsilon}{2} + \frac{\epsilon}{2} = \epsilon\end{aligned}$$

이다. 따라서 $\{f_n\}$는 E에서 균등 코시수열이다.

반대로 $\{f_n\}$가 E에서 균등 코시수열이라면 각각의 점 $z_0 \in E$에서 $\{f_n(z_0)\}$는 코시수열이므로 f_n은 f로 점마다 수렴한다. 즉 $\lim_{n\to\infty} f_n(z) = f(z)$이다. 다시 $\{f_n\}$이 E에서 균등 코시수열이므로 주어진 $\epsilon > 0$에 대해 $n \geq m > N$이면

$$|f_n(z) - f_m(z)| < \frac{\epsilon}{2} \quad (z \in E)$$

인 자연수 N이 존재한다. 여기서 n을 고정하고 m을 무한히 크게하면

$$\begin{aligned}|f_n(z) - f(z)| &= \lim_{m\to\infty} |f_n(z) - f_m(z)| \leq \frac{\epsilon}{2} \\ &< \epsilon\end{aligned}$$

이고, 위 식은 모든 $z \in E$와 $n > N$에 대해 성립하므로 E에서 f_n은 f로 균등수렴한다. □

함수 $f_n : E \to \mathbb{C}$에 대해

$$s_n(z) := \sum_{j=1}^{n} f_j(z)$$

로 정의된 새로운 함수열 $\{s_n\}$을 생각해 보자. E의 모든 점 z에서 극한 $\lim_{n\to\infty} s_n(z)$가 존재할 때 극한함수를 $f(z)$라고 하면

$$f(z) = \lim_{n\to\infty} s_n(z) = \sum_{n=1}^{\infty} f_n(z) \tag{7.4}$$

로 나타낸다.

함수열 $\{s_n\}$이 E에서 균등수렴하면, 급수 $\sum_{n=1}^{\infty} f_n(z)$가 **균등수렴**한다고 하고, $\sum_{n=1}^{\infty} |f_n(z)|$이 수렴하면, $\sum_{n=1}^{\infty} f_n(z)$이 **절대수렴**한다(converge absolutely)고 한다.

함수열의 균등수렴에 대한 코시의 정리 7.5는 급수의 경우 다음과 같이 기술할 수 있다.

정리 7.6 급수 $\sum_{n=1}^{\infty} f_n(z)$가 E에서 균등수렴하기 위한 필요충분조건은 주어진 $\epsilon > 0$에 대해 $n \geq m > N$이면

$$\left| \sum_{j=m}^{n} f_j(z) \right| < \epsilon, \ z \in E \tag{7.5}$$

인 자연수 $N = N(\epsilon)$이 존재하는 것이다. ♦

위의 식 (7.5)는 $n > N$인 모든 n에 대해 성립하므로

$$\left| \sum_{j=m}^{\infty} f_j(z) \right| < \epsilon, \ z \in E$$

로 대신할 수 있다. 앞의 정리 7.6으로부터 급수 $\sum_{n=1}^{\infty} f_n(z)$의 수렴여부를 판단할 수 있는 유용한 정리를 얻을 수 있다. $\{f_n\}$을 E에서 정의된 함수열이라고 하자.

정리 7.7 [바이어스트라스 M-판정법(Weierstrass M-test)] 각각의 자연수 n과 모든 $z \in E$에 대해 $|f_n(z)| \leq M_n$인 수열 $\{M_n\}$이 존재하고,

$$\sum_{n=1}^{\infty} M_n < \infty$$

이면[1] $\sum_{n=1}^{\infty} f_n(z)$는 E에서 균등수렴하고, 절대수렴한다. ♦

(증명) $\sum_{n=1}^{\infty} M_n$이 수렴하므로, 주어진 $\epsilon > 0$에 대해 $n \geq m > N$이면

$$\sum_{j=m}^{n} M_j < \epsilon$$

[1] $M_k \geq 0$, $\sum_{n=1}^{\infty} M_n < \infty$ 일 때 $s_n := \sum_{k=1}^{n} M_k$는 유계인 증가 수열이므로 $\sum_{n=1}^{\infty} M_n$는 수렴한다.

을 만족하는 자연수 N이 존재한다. 그런데 모든 $n \geq m > N$과 $z \in E$에 대해

$$\left|\sum_{j=m}^{n} f_j(z)\right| \leq \sum_{j=m}^{n} |f_j(z)| \leq \sum_{j=m}^{n} M_j < \epsilon$$

이므로, 정리 7.6에 의해 $\sum_{j=1}^{\infty} f_j(z)$은 E에서 균등수렴하고 절대수렴한다. □

[예제 7.2] $f_n(z) = z^n$일 때 급수 $\sum_{n=1}^{\infty} f_n(z)$이 닫힌 원판 $|z| \leq r$ $(r < 1)$에서 균등수렴함을 보여라.

(풀이) 각각의 n에 대해 $M_n = r^n$으로 놓으면

$$|f_n(z)| = |z^n| \leq M_n \text{ 이고 } \sum_{n=1}^{\infty} M_n < \infty$$

이므로 $\sum_{n=1}^{\infty} z^n$은 닫힌 원판 $|z| \leq r < 1$에서 균등수렴한다. □

[예제 7.3] 급수 $\sum_{n=1}^{\infty} \frac{\sin^2 z}{n\sqrt{n}}$이 복소평면 $\mathbb{C}$의 모든 콤팩트 집합에서 균등수렴함을 보여라.

(풀이) $K(\subset \mathbb{C})$를 콤팩트 집합이라하면 $\sin^2 z$는 K에서 연속이므로

$$|\sin^2 z| \leq M, \ z \in K$$

인 M이 존재한다. 각각의 n에 대해

$$M_n = \frac{M}{n\sqrt{n}}$$

이라 하면 $\sum_{n=1}^{\infty} M_n$은 수렴하므로 정리 7.7에 의해 $\sum_{n=1}^{\infty} \frac{\sin^2 z}{n\sqrt{n}}$은 콤팩트집합 K에서 균등수렴한다. □

[예제 7.4] 급수 $\sum_{n=1}^{\infty} \frac{1}{n^z}$는 Re $z > 1$에서 절대수렴하고, Re $z \geq 1 + \epsilon$ $(\epsilon > 0)$에서 균등수렴함을 보여라.

(풀이) $z = x + iy$라 하면

$$n^z = e^{z \log n} = e^{(x+iy) \log n}$$

이므로

$$\left| \frac{1}{n^z} \right| = \frac{1}{e^{x \log n}} = \frac{1}{n^x}$$

이다. 또

$$\sum_{n=1}^{\infty} \left| \frac{1}{n^z} \right| = \sum_{n=1}^{\infty} \frac{1}{n^x}$$

은 $x =$ Re $z > 1$일 때 수렴하고, 바이어스트라스 M-테스트에 의해 Re $z \geq 1 + \epsilon$일 때 균등수렴한다. [2] □

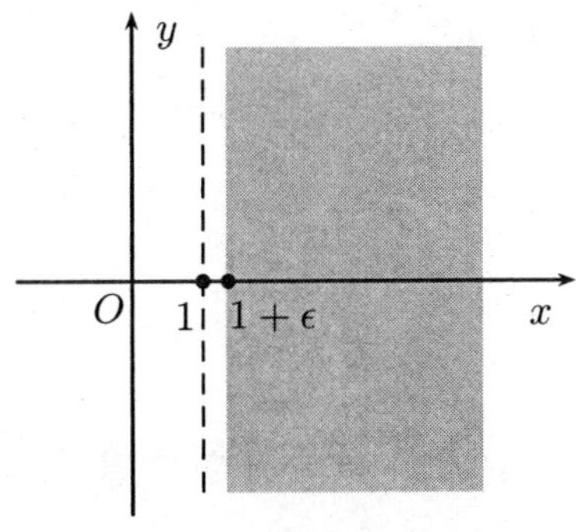

그림 7.1

7.2.3 균등수렴하는 함수열의 성질

적분경로 γ 위에서 함수열 $\{f_n\}$이 f로 균등수렴하면 극한과 적분 기호의 순서를 바꾸어도 같은 결과를 얻는다.

[2] 급수 $\sum_{n=1}^{\infty} \frac{1}{n^z}$은 리만-제타함수(Riemann-zeta function)라고 한다. 리만-제타함수는 정수론에서 중요한 역할을 한다.

정리 7.8 $\{f_n\}$이 경로 γ 위에서 연속인 함수열이고, γ 위에서 $\{f_n\}$이 f로 균등수렴하면

$$\lim_{n\to\infty}\int_\gamma f_n(z)\,dz = \int_\gamma \left(\lim_{n\to\infty} f_n(z)\right)\,dz = \int_\gamma f(z)\,dz \tag{7.6}$$

이다. ♦

(증명) 정리 7.4에 의해 $f(z)$는 γ위에서 연속이므로 적분 $\int_\gamma f(z)\,dz$가 존재한다. 함수열 $\{f_n\}$이 f로 균등수렴하므로 주어진 $\epsilon > 0$에 대해 $n \geq N$이면

$$|f_n(z) - f(z)| < \epsilon, \quad z \in \gamma$$

인 N이 존재한다. 그러므로 $n \geq N$에 대해

$$\begin{aligned}\left|\int_\gamma f_n(z)\,dz - \int_\gamma f(z)\,dz\right| &= \left|\int_\gamma (f_n(z) - f(z))\,dz\right| \\ &\leq \int_\gamma |f_n(z) - f(z)|\,|dz| < \epsilon l(\gamma)\end{aligned}$$

이 성립한다. 여기서 $l(\gamma)$는 γ의 길이이고, $\epsilon > 0$은 임의로 주어졌으므로

$$\lim_{n\to\infty}\int_\gamma f_n(z)\,dz = \int_\gamma f(z)\,dz$$

이다. □

따름정리 7.9 $\{f_n\}$이 경로 γ 위에서 연속인 함수열이고, $\sum_{n=0}^{\infty} f_n(z)$가 균등수렴하면,

$$\sum_{n=0}^{\infty}\left(\int_\gamma f_n(z)\,dz\right) = \int_\gamma \left(\sum_{n=0}^{\infty} f_n(z)\right)\,dz \tag{7.7}$$

이다. ♦

(증명) $g_n(z) := \sum_{k=0}^{n} f_k(z)$라 하면 $g_n(z)$은 γ위에서 연속이고, 함수열 $\{g_n\}$은 균등수렴하므로

$$\sum_{n=0}^{\infty}\left(\int_\gamma f_n(z)\,dz\right) = \lim_{n\to\infty}\left(\sum_{k=0}^{n}\int_\gamma f_k(z)\,dz\right) = \lim_{n\to\infty}\int_\gamma g_n(z)\,dz$$

이므로 정리 7.8에 의해

$$\lim_{n\to\infty}\int_\gamma g_n(z)\,dz = \int_\gamma \lim_{n\to\infty} g_n(z) = \int_\gamma \left(\sum_{n=0}^{\infty} f_n(z)\right) dz$$

이다. □

7.3 멱급수

7.3.1 멱급수의 수렴반경

함수 $f_n(z)$이 임의로 주어진 경우 급수 $\sum_{n=1}^{\infty} f_n(z)$가 어떤 점 z_0에서 수렴한다고 해도 그것으로부터 다른 점에서의 수렴 또는 발산에 관한 정보를 얻을 수 없다. 그러나 $f_n(z)$가 특정한 형태로 주어진 경우 한 점 $z = z_0$에서 $\sum_{n=1}^{\infty} f_n(z)$의 수렴 여부는 다른 점에서의 수렴 또는 발산에 대한 충분한 정보를 얻을 수도 있다. $f_n(z) = a_n(z-a)^n$이라 하자. a_n과 a는 복소수이다. 이 때

$$a_0 + \sum_{n=1}^{\infty} a_n(z-a)^n = \sum_{n=0}^{\infty} a_n(z-a)^n \tag{7.8}$$

을 $z = a$에서의 **멱급수**(power series)라고 한다. $a = 0$이면 멱급수는

$$\sum_{n=0}^{\infty} a_n z^n \tag{7.9}$$

의 형태를 갖는다. 우리의 관심은 멱급수 (7.8)의 특성을 알아보는 것이다.

정리 7.10 멱급수 $\sum_{n=0}^{\infty} a_n(z-a)^n$이 점 $z_0 \neq a$에서 수렴하면, 이 멱급수는 $|z-a| < |z_0 - a|$인 모든 점 z에서 절대수렴한다. ♦

(증명) $\sum_{n=0}^{\infty} a_n(z_0-a)^n$이 수렴하므로 따름정리 7.2에 의해 $\lim_{n\to\infty} a_n(z_0-a)^n = 0$ 이다. 따라서

$$|a_n(z_0-a)^n| \le M \quad (n = 0, 1, 2, \cdots)$$

인 M이 존재한다. 그러므로 $|z-a|<|z_0-a|$이면,

$$\begin{aligned}\sum_{n=0}^{\infty}|a_n(z-a)^n| &= \sum_{n=0}^{\infty}(|a_n(z_0-a)^n|)\left|\frac{z-a}{z_0-a}\right|^n \\ &\leq M\sum_{n=0}^{\infty}\left|\frac{z-a}{z_0-a}\right|^n \qquad (7.10)\end{aligned}$$

이다. 그런데 $\left|\frac{z-a}{z_0-a}\right|<1$이므로 부등식 (7.10)의 $M\sum_{n=0}^{\infty}\left|\frac{z-a}{z_0-a}\right|^n$는 수렴한다. 따라서 비교판정법에 따라 $\sum_{n=0}^{\infty}|a_n(z-a)^n|$은 수렴한다. □

정리 7.10에서 $\sum_{n=0}^{\infty}|a_n(z-a)^n|$이 수렴하므로 $\sum_{n=0}^{\infty}a_n(z-a)^n$도 수렴한다. 정리 7.10으로부터 다음의 두 따름정리를 얻는다.

따름정리 7.11 멱급수 $\sum_{n=0}^{\infty}a_n(z-a)^n$이 점 $z_0\neq a$에서 발산하면, 이 멱급수는 $|z-a|>|z_0-a|$인 모든 점 z에서 발산한다. ♦

(증명) 만일 $|z_1-a|>|z_0-a|$인 점 z_1에서 $\sum_{n=0}^{\infty}a_n(z_1-a)^n$이 수렴하면 정리 7.10에 의해 $\sum_{n=0}^{\infty}a_n(z_0-a)^n$도 수렴해야 한다. 이는 가정에 모순이다. □

멱급수 $\sum_{n=0}^{\infty}a_n(z-a)^n$의 실수점에서의 수렴 또는 발산에 관한 정보가 때로는 급수 $\sum_{n=0}^{\infty}a_n(z-a)^n$의 수렴 또는 발산 여부를 결정하기도 한다.

따름정리 7.12 멱급수 $\sum_{n=0}^{\infty}a_n(z-a)^n$이 z가 어떤 실숫값을 가져도 수렴하면, 이 멱급수는 복소평면 위의 모든 점에서 수렴한다. ♦

(증명) 만약 어떤 복소수점 z_0에서 $\sum_{n=0}^{\infty} a_n(z_0-a)^n$ 이 발산한다면 따름정리 7.11에 의해 $|z_0-a|<R$인 실수 R에 대해 $\sum_{n=0}^{\infty} a_n(R-a)^n$ 은 발산한다. 이는 가정에 모순이다. □

모든 멱급수 $\sum_{n=0}^{\infty} a_n(z-a)^n$은 $z=a$에서 수렴한다. 멱급수 $\sum_{n=0}^{\infty} a_n(z-a)^n$이 $z_0 \neq a$에서 수렴하면 $\sum_{n=0}^{\infty} a_n(z-a)^n$은 모든 복소수 z에 대해 수렴하거나, 앞의 정리 7.10과 따름정리 7.11에 의해, $|z-a|<R$인 모든 z에서 수렴하고, $|z-a|>R$인 모든 z에서 발산하게되는 $R>0$가 존재한다. 이 실수 R을 $\sum_{n=0}^{\infty} a_n(z-a)^n$의 **수렴반경**(radius of convergence)이라고 한다. 특별히 $\sum_{n=0}^{\infty} a_n(z-a)^n$이 $z=a$에서만 수렴하면 $R=0$로, 모든 z에서 수렴하면 $R=\infty$로 약속한다. 즉, 멱급수 $\sum_{n=0}^{\infty} a_n(z-a)^n$의 수렴반경을 R이라 할 때

(1) $R=0$이면 $\sum_{n=0}^{\infty} a_n(z-a)^n$은 $z=a$에서만 수렴한다.

(2) $0<R<\infty$이면, $\sum_{n=0}^{\infty} a_n(z-a)^n$은 $|z-a|<R$일 때 절대수렴하고 $|z-a|>R$일 때 발산한다.

(3) $R=\infty$이면, $\sum_{n=0}^{\infty} a_n(z-a)^n$은 모든 점 $z\in\mathbb{C}$에서 수렴한다.

정리 7.13 멱급수 $\sum_{n=0}^{\infty} a_n(z-a)^n$의 수렴반경이 $R>0$이면 이 멱급수는 닫힌원판 $|z-a|\leq R_0<R$에서 균등수렴한다. ♦

(증명) $R_0<r<R$, $|z_0-a|=r$이라 하면 정리 7.10에 의해 $\sum_{n=0}^{\infty} |a_n(z_0-a)^n|$도

수렴한다. 또한 $|z-a| \le R_0$인 모든 z에서

$$|a_n(z-a)^n| \le |a_n(z_0-a)^n|$$

이므로 바이어스트라스 M-판정법에 의해 $\sum_{n=0}^{\infty} a_n(z-a)^n$은 균등수렴한다. □

멱급수 $\sum_{n=0}^{\infty} a_n(z-a)^n$의 특성은 계수 a_n에 의해 결정된다. 수렴반경의 결정은 온전히 계수에 의해 만들어지는 수열 $\{a_n\}$에 의존한다. 다음의 정리는 근판정법을 이용하여 복소수를 항으로 갖는 급수의 수렴반경을 찾을 수 있는 방법을 말하고 있다.

정리 7.14 $\rho := \limsup_{n\to\infty} |a_n|^{\frac{1}{n}}$이면 멱급수 $\sum_{n=0}^{\infty} a_n(z-a)^n$의 수렴반경은 $R = \frac{1}{\rho}$이다. $\rho = 0$이면 수렴반경은 $R = \infty$, $\rho = \infty$이면 $R = 0$이다. ♦

(증명) 복소평면 위의 점 z에서

$$\limsup_{n\to\infty} |a_n(z-a)^n|^{\frac{1}{n}} = \limsup_{n\to\infty} |a_n|^{\frac{1}{n}}|z-a| = \rho|z-a|$$

이므로 근판정법에 의해 $\sum_{n=0}^{\infty} a_n(z-a)^n$은 $\rho|z-a| < 1$일 때 수렴하고, $\rho|z-a| > 1$일 때 발산한다. 그러므로 $\sum_{n=0}^{\infty} a_n(z-a)^n$의 수렴반경은

$$R = \frac{1}{\rho}$$

이다. □

만일 $\lim_{n\to\infty} |a_n|^{\frac{1}{n}}$이 존재하면 $\rho = \limsup_{n\to\infty} |a_n|^{\frac{1}{n}} = \lim_{n\to\infty} |a_n|^{\frac{1}{n}}$ 이다. 멱급수 $\sum_{n=1}^{\infty} \frac{1}{n} z^n$에서 $a_n = \frac{1}{n}$이라 하면

$$\rho = \lim_{n\to\infty} |a_n|^{\frac{1}{n}} = \lim_{n\to\infty} \frac{1}{n^{\frac{1}{n}}} = 1$$

이므로 $\sum_{n=1}^{\infty} \frac{1}{n} z^n$의 수렴반경은 $R = \frac{1}{\rho} = 1$ 이다.

[예 1] (1) 급수 $\sum_{n=1}^{\infty} n^n z^n$에서 $a_n = n^n$이라 하면

$$\rho = \limsup_{n\to\infty} |a_n|^{\frac{1}{n}} = \limsup_{n\to\infty} n = \infty$$

이므로 수렴반경 $R = 0$이고 $z = 0$일때만 수렴한다.

(2) 급수 $\sum_{n=1}^{\infty} \frac{z^n}{n^n}$에서 $a_n = \frac{1}{n^n}$이라 하면

$$\rho = \limsup_{n\to\infty} |a_n|^{\frac{1}{n}} = \limsup_{n\to\infty} \frac{1}{n} = 0$$

이므로 수렴반경 $R = \infty$이고 $\sum_{n=1}^{\infty} \frac{z^n}{n^n}$은 모든 점 z에서 수렴한다. □

7.3.2 멱급수의 도함수

다음 보조정리와 정리 7.16은 멱급수로 나타낼 수 있는 해석함수는 무한번 미분 가능한 함수임을 말하고 있다.

보조정리 7.15 두 급수 $\sum_{n=0}^{\infty} a_n(z-a)^n$, $\sum_{n=1}^{\infty} na_n(z-a)^{n-1}$의 수렴반경은 같다. ♦

(증명) $\sum_{n=1}^{\infty} na_n(z-a)^n$의 수렴반경은 $\limsup_{n\to\infty} n^{\frac{1}{n}} = 1$이고,

$$\limsup_{n\to\infty} |na_n|^{\frac{1}{n}} = \limsup_{n\to\infty} |n|^{\frac{1}{n}} |a_n|^{\frac{1}{n}} = \limsup_{n\to\infty} |a_n|^{\frac{1}{n}}$$

이므로 정리 7.14에 의해 $\sum_{n=0}^{\infty} a_n(z-a)^n$의 수렴반경과 같다. 그런데

$$\sum_{n=1}^{\infty} na_n(z-a)^n = (z-a) \sum_{n=1}^{\infty} na_n(z-a)^{n-1}$$

이므로 $\sum_{n=1}^{\infty} na_n(z-a)^n$, $\sum_{n=1}^{\infty} na_n(z-a)^{n-1}$의 수렴반경은 같다. □

정리 7.16 $f(z) := \sum_{n=0}^{\infty} a_n(z-a)^n$이 $|z-a| < R$에서 수렴하면, $f(z)$는 $|z-a| < R$에서 해석적이고

$$f'(z) = \sum_{n=1}^{\infty} na_n(z-a)^{n-1} \tag{7.11}$$

이다. ♦

(증명) $|z_0 - a| < R$인 각각의 z_0와 주어진 $\epsilon > 0$에 대해 $|z - z_0| < \delta = \delta(\epsilon, z_0)$이면

$$\left| \frac{f(z) - f(z_0)}{z - z_0} - \sum_{n=1}^{\infty} na_n(z_0 - a)^{n-1} \right| < \epsilon$$

인 $\delta > 0$을 찾을 수 있음을 보이면 된다.

z를 z_0에 충분히 가깝게 하면

$$|z_0 - a| \le \rho, \quad |z - a| \le \rho \quad (\rho < R) \tag{7.12}$$

인 $\rho > 0$를 택할 수 있다.

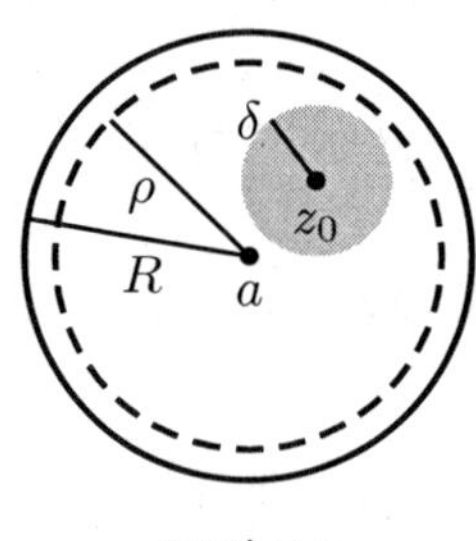

그림 7.2

임의의 자연수 N에 대해

$$p_N(z) = \sum_{n=0}^{N} a_n(z-a)^n$$

이라 하면

$$\frac{f(z)-f(z_0)}{z-z_0} = \frac{p_N(z)-p_N(z_0)}{z-z_0} + \sum_{n=N+1}^{\infty} a_n \frac{(z-a)^n-(z_0-a)^n}{z-z_0}$$

이다. 그런데

$$p'_N(z_0) = \sum_{n=1}^{N} na_n(z_0-a)^{n-1}$$

이므로

$$\begin{aligned}\left|\frac{f(z)-f(z_0)}{z-z_0} - \sum_{n=1}^{\infty} na_n(z_0-a)^{n-1}\right| &\le \left|\frac{p_N(z)-p_N(z_0)}{z-z_0} - p'_N(z_0)\right| \\ &+ \left|\sum_{n=N+1}^{\infty} a_n \frac{(z-a)^n-(z_0-a)^n}{z-z_0}\right| + \left|\sum_{n=N+1}^{\infty} na_n(z_0-a)^{n-1}\right| \qquad (7.13)\end{aligned}$$

이다.

식 (7.12)에 의해

$$\begin{aligned}&\left|\frac{(z-a)^n-(z_0-a)^n}{z-z_0}\right| \\ &\quad = |(z-a)^{n-1} + (z-a)^{n-2}(z_0-a) + \cdots + (z_0-a)^{n-1}| \\ &\quad \le |z-a|^{n-1} + |z-a|^{n-2}|z_0-a| + \cdots + |z_0-a|^{n-1} \\ &\quad \le n\rho^{n-1} \qquad (7.14)\end{aligned}$$

이고, 보조정리 7.15에 의해 $\sum_{n=0}^{\infty} n|a_n|\rho^{n-1}$은 수렴하는 급수이므로 정리 7.6에 의해

$$\sum_{n=N+1}^{\infty} n|a_n|\rho^{n-1} < \frac{\epsilon}{4} \qquad (7.15)$$

을 만족하는 자연수 N이 존재한다. 그러므로 충분히 큰 N에 대해

$$\begin{aligned}&\left|\sum_{n=N+1}^{\infty} a_n \frac{(z-a)^n-(z_0-a)^n}{z-z_0}\right| + \left|\sum_{n=N+1}^{\infty} na_n(z_0-a)^{n-1}\right| \\ &\quad \le \sum_{n=N+1}^{\infty} n|a_n|\rho^{n-1} + \sum_{n=N+1}^{\infty} n|a_n|\rho^{n-1} \\ &\quad < \frac{\epsilon}{4} + \frac{\epsilon}{4} = \frac{\epsilon}{2} \qquad (7.16)\end{aligned}$$

이다.

또 다항식 $p_N(z)$는 미분가능한 함수이므로 $|z-z_0|<\delta$이면

$$\left|\frac{p_N(z)-p_N(z_0)}{z-z_0}-p_N'(z_0)\right|<\frac{\epsilon}{2} \tag{7.17}$$

인 $\delta>0$가 존재한다.

식 (7.13), (7.16), (7.17)에 의해 $|z-z_0|<\delta$이면

$$\left|\frac{f(z)-f(z_0)}{z-z_0}-\sum_{n=1}^{\infty}na_n(z_0-a)^{n-1}\right|<\epsilon$$

이다. 그러므로 $f(z)=\sum_{n=0}^{\infty}a_n(z-a)^n$은 $|z-a|<R$에서 해석적이고

$$f'(z)=\sum_{n=1}^{\infty}na_n(z-a)^{n-1}$$

이다. □

멱급수 $f(z):=\sum_{n=0}^{\infty}a_n(z-a)^n$의 수렴반경이 R이면 $f(z)$는 $|z-a|<R$에서 해석적이다. 보조정리 7.15에 의해 도함수

$$f'(z)=\sum_{n=1}^{\infty}na_n(z-a)^{n-1}$$

의 수렴반경도 R이므로 $f'(z)$도 $|z-a|<R$에서 해석적이다. 따라서 다음의 정리를 얻을 수 있다.

정리 7.17 $f(z)=\sum_{n=0}^{\infty}a_n(z-a)^n$의 수렴반경이 $R>0$이면, $f(z)$는 $|z-a|<R$에서 모든 차수의 도함수

$$f^{(k)}(z)=\sum_{n=k}^{\infty}\frac{n!}{(n-k)!}a_k(z-a)^{n-k},\quad k\in\mathbb{N}$$

를 갖는다. ♦

멱급수의 항 $a_n(z-a)^n$은 정함수이다. 그러나 항들이 영역 D에서 일반적인 형태의 해석함수 $f_n(z)$로 주어진 경우도 $\sum_{n=1}^{\infty} f_n(z)$가 균등수렴하면 $\sum_{n=1}^{\infty} f_n(z)$는 D에서 해석적인 함수이다.

정리 7.18 $\{f_n\}$가 영역 D에서 해석적인 함수열이고 D의 모든 콤팩트 부분집합에서 f로 균등수렴하면, $f(z)$는 D에서 해석적이다. ♦

(증명) $f(z)$가 D의 모든 점에서 해석적임을 보이면 충분하다. $z_0 \in D$에 대해 $O := N(z_0, \epsilon) \subset D$라 하자. $f(z)$는 정리 7.4에 의해 O에서 연속이다. γ를 O 안에 놓인 단순닫힌 경로라고 하면, γ는 D의 콤팩트 부분집합이므로 정리 7.8에 의해

$$\lim_{n\to\infty} \int_\gamma f_n(z)\,dz = \int_\gamma f(z)\,dz \tag{7.18}$$

이다. 그런데 $f_n(z)$ $(n \in \mathbb{N})$은 해석함수이므로 코시의 정리에 의해

$$\int_\gamma f_n(z)\,dz = 0\ (n \in \mathbb{N})$$

이다. 따라서 식 (7.18)에 의해 O 안에 놓인 단순닫힌 경로 γ에서

$$\int_\gamma f(z)\,dz = 0$$

이다. 그러므로 모레라의 정리에 의해 $f(z)$는 z_0에서 해석적이다. z_0을 임의로 택하였으므로 $f(z)$는 D에서 해석적인 함수이다. □

멱급수 $\sum_{n=0}^{\infty} a_n(z-z_0)^n$이 $|z| < R$에서 $f(z)$에 수렴하면 계수 a_n은 함수 $f(z)$의 z_0에서의 도함숫값에 의해 결정된다.

정리 7.19 멱급수 $\sum_{n=0}^{\infty} a_n(z-z_0)^n$이 z_0의 ϵ근방 $N(z_0, \epsilon)$에서 $f(z)$에 수렴하면

$$a_n = \frac{f^{(n)}(z_0)}{n!}, \quad n = 0, 1, 2, \cdots$$

이다. ♦

(증명) $|z-z_0|<\epsilon$에서

$$f(z)=\sum_{n=0}^{\infty}a_n(z-z_0)^n$$

이라 하면 정리 7.16과 7.17에 의해 $f(z)$는 $z=z_0$에서 무한번 미분가능하고

$$\begin{aligned}
f'(z)&=a_1+2a_2(z-z_0)+3a_3(z-z_0)^2+\cdots\\
f''(z)&=2!a_2+3\cdot 2(z-z_0)+4\cdot 3(z-z_0)^2+\cdots\\
&\cdots\\
f^{(n)}(z)&=n!a_n+\frac{(n+1)!}{1!}(z-z_0)+\frac{(n+2)!}{2!}(z-z_0)^2+\cdots
\end{aligned}\tag{7.19}$$

이다. 그러므로 위 식 (7.19)에서 $z=z_0$을 대입하면 $f'(z_0)=a_1$, $f''(z_0)=2!a_2,\cdots$를 얻고 일반적으로

$$f^{(n)}(z_0)=n!a_n,\ a_n=\frac{f^{(n)}(z_0)}{n!}$$

이다. □

정리 7.19는 $f(z)$를 $z=z_0$에서 멱급수로 나타낼 수 있으면 그 형태는

$$\sum_{n=0}^{\infty}\frac{f^{(n)}(z_0)}{n!}(z-z_0)^n \tag{7.20}$$

뿐임을 말한다. 다시 말해 어떤 함수 $f(z)$를 급수 $\sum_{n=0}^{\infty}a_n(z-z_0)^n$의 형태로 나타낼 경우 이 멱급수는 반드시 식 (7.20)의 형태를 갖는다는 것이다. 이 때 멱급수 $\sum_{n=0}^{\infty}\frac{f^{(n)}(z_0)}{n!}(z-z_0)^n$을 함수 $f(z)$의 $z=z_0$에서 $f(z)$의 **테일러 급수**(Taylor series)라고 하고 $z=0$에서의 테일러 급수 $\sum_{n=0}^{\infty}\frac{f^{(n)}(0)}{n!}z^n$ 을 $f(z)$의 **맥클로린 급수**(Maclaurin series)라고 한다.

7.4 해석함수의 테일러 급수

7.4.1 해석함수의 테일러 급수

해석함수가 갖는 가장 중요한 특징 가운데 하나는 해석적인 점 근방에서 테일러 급수(Taylor series)로 나타낼 수 있다는 것이다.

정리 7.20 함수 $f(z)$가 열린 원판 $|z-z_0|<R$에서 해석적이면 $f(z)$를 멱급수

$$f(z)=\sum_{n=0}^{\infty}a_n(z-z_0)^n \quad (|z-z_0|<R) \tag{7.21}$$

로 나타낼 수 있다. 여기서

$$a_n=\frac{f^{(n)}(z_0)}{n!} \quad (n=0,1,2,\cdots) \tag{7.22}$$

이다. ♦

(증명) 먼저 $z_0=0$인 경우를 증명하자. z를 열린원판 $|z|<R$ 안의 한 점으로 $|z|=r<R$이라 하자. γ를 양의 방향을 갖는 경로로, 원점을 중심으로 하고 반지름이 r_0 $(r<r_0<R)$인 원이라고 하자. $f(z)$는 γ의 위와 안쪽에서 해석적인 함수이므로 코시의 적분공식으로부터

$$f(z)=\frac{1}{2\pi i}\int_{\gamma}\frac{f(\zeta)}{\zeta-z}d\zeta \tag{7.23}$$

로 쓸 수 있다.

그런데 $\left|\frac{z}{\zeta}\right|<1$이므로

$$\begin{aligned}\frac{1}{\zeta-z}&=\frac{1}{\zeta}\frac{1}{1-\frac{z}{\zeta}}=\frac{1}{\zeta}\sum_{n=0}^{\infty}\left(\frac{z}{\zeta}\right)^n=\frac{1}{\zeta}\left[\sum_{n=0}^{N-1}\left(\frac{z}{\zeta}\right)^n+\frac{(\frac{z}{\zeta})^N}{1-\frac{z}{\zeta}}\right]\\&=\sum_{n=0}^{N-1}\frac{z^n}{\zeta^{n+1}}+\frac{z^N}{(\zeta-z)\zeta^N}\end{aligned} \tag{7.24}$$

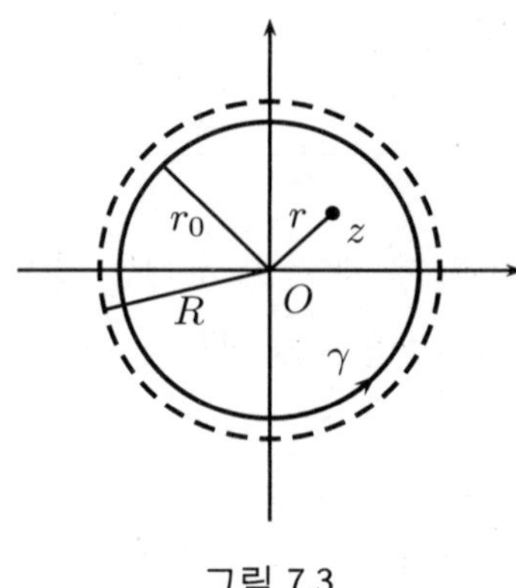

그림 7.3

이다. 식 (7.24)를 (7.23)의 오른쪽 변에 대입하고, 코시의 적분공식을 적용하면

$$\begin{aligned}\frac{1}{2\pi i}\int_\gamma \frac{f(\zeta)}{\zeta - z}d\zeta &= \frac{1}{2\pi i}\sum_{n=0}^{N-1} z^n \int_\gamma \frac{f(\zeta)}{\zeta^{n+1}}d\zeta + \frac{z^N}{2\pi i}\int_\gamma \frac{f(\zeta)}{(\zeta - z)\zeta^N}d\zeta \\ &= \sum_{n=0}^{N-1} \frac{f^{(n)}(0)}{n!}z^n + R_N(z) \qquad (7.25)\end{aligned}$$

를 얻는다. 여기서

$$R_N(z) = \frac{z^N}{2\pi i}\int_\gamma \frac{f(\zeta)}{(\zeta - z)\zeta^N}d\zeta \qquad (7.26)$$

이다. 이제 증명을 완결하기 위해서는

$$\lim_{N\to\infty} R_N(z) = 0 \qquad (7.27)$$

임을 보이면 된다.

$|z| = r < r_0, \gamma$는 원점을 중심으로 하고 반지름이 r_0인 원, ζ는 γ 위를 움직이므로

$$|\zeta - z| \geq ||\zeta| - |z|| = r_0 - r$$

이다. 따라서 콤팩트 집합 γ에서 $|f(z)|$의 최댓값을 M이라 하면

$$\begin{aligned}|R_N(z)| &= \left|\frac{z^N}{2\pi i}\int_\gamma \frac{f(\zeta)}{(\zeta - z)\zeta^N}d\zeta\right| \leq \frac{r^N}{2\pi}\frac{M}{(r_0 - r)r_0^N}2\pi r_0 \\ &= \frac{Mr_0}{r_0 - r}\left(\frac{r}{r_0}\right)^N \qquad (7.28)\end{aligned}$$

이다. 그런데 $0 < \frac{r}{r_0} < 1$이므로 $\lim_{N\to\infty} |R_N(z)| = 0$이다. 따라서 식 (7.27)이 성립하므로 $z_0 = 0$일 때 식 (7.21)이 성립한다.

$z_0 \neq 0$가 복소평면 위의 한 점인 경우에는 $g(z) = f(z+z_0)$로 놓고, 앞의 과정을 반복하면 원하는 결과를 얻을 수 있다. □

정리 7.17에서 멱급수로 나타낼 수 있는 함수

$$f(z) = \sum_{n=0}^{\infty} a_n(z-z_0)^n, \ |z-z_0| < R$$

은 해석적임을 보였다. 정리 7.21은 이의 역으로 $|z-z_0| < R$에서 해석적인 함수는 멱급수

$$f(z) = \sum_{n=0}^{\infty} \frac{f^{(n)}(z_0)}{n!}(z-z_0)^n, \ |z-z_0| < R$$

으로 나타낼 수 있음을 보여주고 있다. 다시 말하면 $f(z)$가 z_0에서 해석적이라는 것과 $f(z)$를 z_0 근방에서 테일러 급수로 나타낼 수 있다는 것은 동치이다.

$z = z_0$에서 해석적인 함수 $f(z)$의 z_0근방에서의 테일러 급수를

$$f(z) = \sum_{n=0}^{\infty} a_n(z-z_0)^n$$

이라 하면

$$a_n = \frac{f^{(n)}(z_0)}{n!} = \frac{1}{2\pi i}\int_{|z-z_0|=\epsilon} \frac{f(z)}{(z-z_0)^{n+1}}\,dz$$

이다.

[예 2] 정함수 $e^z, \sin z, \cos z$의 맥클로린 급수는 다음과 같다. ($|z| < \infty$)

(1) $e^z = \sum_{n=0}^{\infty} \frac{z^n}{n!} = 1 + z + \frac{z^2}{2!} + \frac{z^3}{3!} + \cdots,$

(2) $\sin z = \sum_{n=1}^{\infty} (-1)^n \frac{z^{2n-1}}{(2n-1)!} = z - \frac{z^3}{3!} + \frac{z^5}{5!} - \frac{z^7}{7!} + \cdots,$

(3) $\cos z = \sum_{n=0}^{\infty} (-1)^n \frac{z^{2n}}{(2n)!} = 1 - \frac{z^2}{2!} + \frac{z^4}{4!} - \frac{z^6}{6!} + \cdots.$ □

[예제 7.5] $|z| < 1$에서 $f(z) = \text{Log}\,(1+z)$의 맥클로린 급수를 구하여라.

(풀이) $|z| < 1$에서 $f'(z)$는 기하급수

$$f'(z) = \frac{1}{1+z} = 1 - z + z^2 - z^3 + \cdots = \sum_{n=0}^{\infty}(-1)^n z^n$$

으로 나타낼 수 있으므로 따름정리 7.9에 따라

$$\begin{aligned} f(z) = \text{Log}(1+z) &= \int_0^z f'(\zeta)\,d\zeta + f(0) = \sum_{n=0}^{\infty}\int_0^z (-1)^n \zeta^n\,d\zeta \\ &= \sum_{n=0}^{\infty}\frac{(-1)^n z^{z+1}}{n+1} \\ &= z - \frac{z^2}{2} + \frac{z^3}{3} - \frac{z^4}{4} + \cdots \end{aligned}$$

이다. 여기서는 고유분기를 택하였으므로 $\text{Log}\,1 = 0$이지만 일반적으로 $\log 1 = 2k\pi i$이므로, $f(z)$의 맥클로린 급수는

$$\begin{aligned} f(z) = \log(1+z) &= \int_0^z f'(\zeta)\,d\zeta + f(0) \\ &= 2k\pi i + z - \frac{z^2}{2} + \frac{z^3}{3} - \frac{z^4}{4} + \cdots \end{aligned}$$

이다. □

정리 7.21 $M > 0$일 때 정함수 $f(z)$가 부등식

$$|f(z)| \le Mr^{\alpha} \quad (|z| = r \ge R,\ \alpha \ge 0)$$

를 만족하면, $f(z)$는 $\deg f \le \alpha$인 다항함수이다. ♦

(증명) 정함수 $f(z)$의 $z = 0$에서의 테일러급수를

$$f(z) = \sum_{n=0}^{\infty} a_n z^n = \sum_{n=0}^{\infty}\frac{f^{(n)}(0)}{n!}z^n$$

이라 하자. 코시의 부등식에 의해 원 $|z| = r$ 위에서

$$|a_n| = \frac{|f^{(n)}(0)|}{n!} \le \frac{Mr^{\alpha}}{r^n} = \frac{M}{r^{n-\alpha}}$$

이다. 그런데 $n > \alpha$이면 $r \to \infty$일 때 $a_n = 0$이므로 $f(z)$는 다항식으로 그 차수는 α 이하이다. □

정리 7.21에서 $\alpha = 0$이면 리우빌의 정리와 같은 의미이다.

함수 $f(z)$가 영역 $|z| \leq R$에서 해석적이고 $|z| = R$에서 $|f(z)| \leq M$이면 최대절댓값 정리에 의해 $|z| < R$인 모든 z에서 $|f(z)| < M$이다. 다음의 슈바르츠의 정리는 $|z| < r\ (< R)$인 z에서 $|f(z)|$의 상한을 추정할 수 있게 해준다.

정리 7.22 [슈바르츠의 정리(Schwarz's Theorem)] $f(z)$가 $|z| < R$에서 해석적이고, $f(0) = 0$이라고 하자. 만약 $|z| < R$에서 $|f(z)| < M$이면,

$$|f(z)| \leq \frac{r}{R}M \quad (|z| = r < R) \tag{7.29}$$

이다. 등호가 성립하는 것은 $f(z) = \frac{M}{R}e^{i\alpha}z\ (\alpha \in \mathbb{R})$일 때 뿐이다.

(증명) $f(0) = 0$이므로 f의 $z = 0$에서의 테일러 급수는

$$f(z) = a_1 z + a_2 z^2 + z_3 z^3 + \cdots := zg(z)$$

와 같이 쓸 수 있다. 여기서 $g(z)$는 $|z| < R$에서 해석적인 함수이다. $g(0) = a_1 = f'(0)$이므로 $g(z)$에 최대절댓값정리를 적용하면

$$\max_{|z|=r} |g(z)| \leq \max_{|z|=R'} |g(z)| \quad (r < R' < R) \tag{7.30}$$

을 얻는다. 즉,

$$\max_{|z|=r} \left|\frac{f(z)}{z}\right| \leq \max_{|z|=R'} \left|\frac{f(z)}{z}\right| \quad (r < R' < R)$$

또는

$$\max_{|z|=r} |f(z)| \leq \frac{r}{R'} \max_{|z|=R'} |f(z)| \leq \frac{r}{R'}M$$

이다. 그런데 R'를 R에 임의로 가깝게 할 수 있으므로

$$\max_{|z|=r} |f(z)| \leq \frac{r}{R}M$$

을 얻는다.

식 (7.30)에서 등호는 최대절댓값의 정리에 의해 $g(z)$가 상수일 때만 성립한다. 따라서

$$|f(z)| = \frac{r}{R}M \quad (|z| = r < R)$$

이기 위한 필요충분조건은 $|g(z)| = \frac{M}{R}$이다. $g(z)$는 $|z| < R$에서 해석적인 함수이고 $|g(z)|$가 상수함수이므로 예제 3.4에 의해 $g(z)$는 상수함수이다. 즉 $g(z) = \frac{M}{R}e^{i\alpha}$ $(\alpha \in \mathbb{R})$이고

$$f(z) = \frac{M}{R}e^{i\alpha}z \ (\alpha \in \mathbb{R})$$

이다. □

슈바르츠의 정리에 의해 $f(z)$가 $|z| < R$에서 해석적이고, $f(0) = 0$이면,

$$M_f(r) \leq \frac{r}{R'}M_f(R') \ \ (r < R' < R)$$

이다.

따름정리 7.23 $f(z)$가 $|z| < R$에서 해석적이고, $|f(z)| < M$ $(|z| < R)$ 이면,

$$|f(z) - f(0)| \leq \frac{2r}{R}M \quad (|z| = r < R) \tag{7.31}$$

이다.

(증명) $g(z) = f(z) - f(0)$라 놓으면 $g(0) = 0$이고,

$$|g(z)| \leq |f(z)| + |f(0)| \leq 2M$$

이므로 슈바르츠의 정리에 의해

$$|f(z) - f(0)| = |g(z)| \leq \frac{2r}{R}M \quad (|z| = r < R)$$

이다. □

7.4.2 항등정리

f가 열린구간 (a, b)에서 정의된 미분가능한 실함수이고, $\{x_n\}$이 (a, b)의 서로 다른 점들로 이루어진 수렴하는 수열이라고 하자. 만일 $f(x_n) = 0$이면, (a, b)에서 $f(x) = 0$일까? 실함수는 그렇지 않다. 그러나 해석적인 복소함수의 경우 수렴하는 수열에서 갖는 성질이 함수 전체의 성질과 밀접한 관계를 갖는 경우가 있다.

정리 7.24 $f(z)$가 열린 원판 $|z - z_0| < r$에서 해석적이고, $\{z_n\}$은 $|z - z_0| < r$에서 z_0로 수렴하는 서로 다른 점들로 이루어진 수열이라고 하자. 만일 $f(z_n) = 0$ $(n \in \mathbb{N})$이면 $|z - z_0| < r$ 안의 모든 점 z에서 $f(z) = 0$이다. ♦

(증명) $f(z)$가 $|z - z_0| < r$에서 해석적이므로 테일러급수

$$f(z) = a_0 + \sum_{j=1}^{\infty} a_j (z - z_0)^j \quad (|z - z_0| < r)$$

로 나타낼 수 있다. $f(z)$가 z_0에서 연속이므로 $z_n \to z_0$일 때 $f(z_n) \to f(z_0)$이다. 그러므로

$$a_0 = f(z_0) = \lim_{n\to\infty} f(z_n) = 0$$

이다. $a_0 = 0$이므로

$$f(z) = (z - z_0)\left(a_1 + \sum_{j=2}^{\infty} a_j (z - z_0)^{j-1}\right) \tag{7.32}$$

로 쓸 수 있다. 위 식 (7.32)의 양변에 $z = z_n$을 대입하고 $z_n - z_0$로 나눈 후 극한을 취하면

$$\lim_{n\to\infty} \frac{f(z_n)}{z_n - z_0} = 0 = a_1 \tag{7.33}$$

이다. 비슷한 방법으로

$$f(z) = (z - z_0)^2\left(a_2 + \sum_{j=3}^{\infty} a_j (z - z_0)^{j-2}\right)$$

로부터

$$\lim_{n\to\infty} \frac{f(z_n)}{(z_n - z_0)^2} = 0 = a_2$$

를 얻는다. 이 과정을 반복하여 $a_n = 0\ (n = 0, 1, 2, \cdots)$임을 보일 수 있다. 그러므로 $|z - z_0| < r$ 위의 모든 z에서 $f(z) = 0$이다. □

정리 7.24는 실함수에서는 성립하지 않는다. 함수

$$f(x) = \begin{cases} x^2 \sin \frac{\pi}{x}, & x \neq 0 \\ 0, & x = 0 \end{cases}$$

는 모든 점에서 미분가능하고 $f\left(\frac{1}{n}\right) = 0,\ n \in \mathbb{N}$ 이지만 $x = 0$ 근방에서 f가 항등적으로 0인 상수함수는 아니다.

따름정리 7.25 $f(z)$가 z_0에서 해석적이고 $f(z_0) = 0$이면, z_0의 적절한 근방의 모든 점 z에서 $f(z) = 0$이거나 $0 < |z - z_0| < \epsilon$인 모든 점 z에서 $f(z) \neq 0$인 $\epsilon > 0$이 존재한다. ♦

(증명) 만일 따름정리를 만족하는 $\epsilon > 0$이 존재하지 않는다면 충분히 큰 자연수 n에 대해

$$0 < |z_n - z_0| < \frac{1}{n} \text{ 이고 } f(z_n) = 0 \tag{7.34}$$

인 점 z_n을 찾을 수 있다. 수열 $\{z_n\}$은 z_0로 수렴하므로 정리 7.24에 의해 z_0의 적절한 근방 안에 있는 모든 점 z에서 $f(z) = 0$이다. □

정리 7.24는 열린원판에서 뿐만아니라 복소평면 위의 일반적인 영역, 열린연결 집합에서도 성립한다.

정리 7.26 $f(z)$가 영역 D에서 해석적이고, D의 수열 $\{z_n\}$이 $z_0 \in D$로 수렴한다고 하자. 만약 $f(z_n) = 0\ (n \in \mathbb{N})$이면 D의 모든 점 z에서 $f(z) = 0$이다. ♦

(증명) 두 집합 A, B를

$$\begin{aligned} A =& \{a \in D : a\text{의 적절한 근방에서 } f(z) = 0\}, \\ B =& \{a \in D : a\text{가 빠진 적절한 근방에서 } f(z) \neq 0\} \end{aligned}$$

로 정의하자. A, B의 정의로부터 $A \cap B = \emptyset$이고, 따름정리 7.25에 의해 모든 $z \in D$는 A 또는 B의 원소이어야 하므로 $D = A \cup B$이다. 또한 A, B는 모두 열린 집합이고(문제해결 7.23참고), D가 연결집합이므로 A 또는 B 가운데 한 집합은 공집합이어야 한다. 그런데 $z_0 \in A$이므로 $B = \emptyset$이다. 즉 $A = D$이므로 D의 모든 점 z에서 $f(z) = 0$이다. □

정리 7.26으로부터 다음정리를 얻을 수 있다. $f(z)$가 영역 D에서 해석적인 함수이고 $\{z_n\}$이 D에서 수렴하는 수열일 때 z_n에서 $f(z_n)$과 같은 함숫값을 갖는 해석함수는 $f(z)$뿐이다.

정리 7.27 [항등정리(Identity Theorem)] $\{z_n\}$을 영역 D에서 극한점을 갖는 수열이라고 하자. 만약 두 함수 $f(z), g(z)$가 D에서 해석적이고, $f(z_n) = g(z_n)$ $(n \in \mathbb{N})$이면, D의 모든 점 z에서 $f(z) = g(z)$이다. ♦

(증명) z_0을 $\{z_n\}$의 극한점이라고 하면 정리 2.8에 의해 z_0로 수렴하는 $\{z_n\}$의 부분수열 $\{z_{n_j}\}$이 존재한다.

$$h(z) := f(z) - g(z)$$

로 놓으면 $h(z)$는 D에서 해석적이고, $h(z_{n_j}) = 0$ $(j \in \mathbb{N})$이므로 정리 7.26에 의해 D에서 $h(z) = 0$이다. 즉 D의 모든 점에서 $f(z) = g(z)$이다. □

항등정리는 영역 D안에서 극한점을 갖는 수열 $\{z_n\}$에 대해 $f(z_n)$이 갖는 성질로부터 영역 D전체에서 $f(z)$가 갖는 특성을 유추할 수 있음을 보여준다.

[예 3] 열린 원판 $|z| < 1$에서 해석적이고, 식

$$f\left(\frac{1}{2n}\right) = f\left(\frac{1}{2n+1}\right) = \frac{1}{2n} \tag{7.35}$$

을 만족하는 함수 $f(z)$는 존재하지 않는다. 왜냐하면 $\{\frac{1}{2n}\}$은 0으로 수렴하므로 항등정리에 의해 $f\left(\frac{1}{2n}\right) = \frac{1}{2n}$를 만족하는 해석함수는 $f(z) = z$뿐이다. 그러나 $f(z) = z$는 $f\left(\frac{1}{2n+1}\right) = \frac{1}{2n}$을 만족하지 않는다. 그러므로 식 (7.35)를 만족하는 $|z| < 1$에서 해석적인 함수는 존재하지 않는다. □

[예제 7.6] 항등정리를 이용하여 복소평면에서 항등식

$$\cos^2 z + \sin^2 z = 1$$

이 성립함을 보여라.

(풀이) 모든 실수 x에 대해 $\cos^2 x + \sin^2 x = 1$임을 알고 있다.

$$f(z) = \cos^2 z + \sin^2 z - 1$$

는 정함수이고 $z_n = \frac{1}{n}$이라 하면 $\{z_n\}$은 0으로 수렴하고, $f(z_n) = 0$이므로 항등 정리에 의해 복소평면에서 $f(z) = 0$이다. □

7.5 문제해결

1. $z_n = x_n + iy_n$일 때 급수 $\sum_{n=1}^{\infty} |z_n|$이 수렴하기 위한 필요충분조건은 두 급수 $\sum_{n=1}^{\infty} |x_n|$, $\sum_{n=1}^{\infty} |y_n|$ 이 수렴하는 것임을 보여라.

2. $\sum_{n=1}^{\infty} z_n = A$, $\sum_{n=1}^{\infty} w_n = B$이고 $c_1, c_2 \in \mathbb{C}$일 때 $\sum_{n=1}^{\infty} (c_1 z_n + c_2 w_n) = c_1 A + c_2 B$임을 보여라.

3. $f_n = u_n + iv_n$이 $f = u + iv$에 균등수렴하기 위한 필요충분조건이 $\{u_n\}$이 u에, $\{v_n\}$이 v에 균등수렴하는 것임을 보여라.

4. 집합 $E(\subset \mathbb{C})$에서 $f_n \rightrightarrows f$, $g_n \rightrightarrows g$이고, $|f_n(z)| \leq M_1$, $|g_n(z)| \leq M_2$ 이면 $f_n g_n \rightrightarrows fg$임을 보여라.

5. $\sum_{n=1}^{\infty} f_n(z)$가 E에서 $f(z)$에 균등수렴하면, E에서 $f_n \rightrightarrows 0$인가?

6. 함수열 $\{f_n(z) = \frac{z}{n^2}\}$은 $|z| \leq R$에서 $f(z) = 0$로 균등수렴하지만, 복소평면 $\mathbb{C}$에서는 균등수렴하지 않음을 보여라.

7. 다음 함수열 중에서 $\{z : |z| \le 1\}$에서 균등수렴하는 것을 찾아라.

   (1) $\dfrac{z}{z^2+n^2}$ (2) ze^{-nz} (3) $\dfrac{e^{nz}}{n}$ (4) $\dfrac{1}{1+z^n}$

8. 다음 급수가 주어진 집합에서 균등수렴함을 보여라.

   (1) $\displaystyle\sum_{n=1}^{\infty} \frac{z^n}{z^{2n}+1}, \quad |z| \le r < 1$

   (2) $\displaystyle\sum_{n=1}^{\infty} \frac{1}{(z^2-1)^n}, \quad |z| \ge r > \sqrt{2}$

   (3) $\displaystyle\sum_{n=1}^{\infty} \frac{1}{(z^2-1)^n}, \quad \operatorname{Re} z \ge 2$

9. $f_n(z)$가 콤팩트 집합 E에서 연속인 함수이고, $f_n(z)$가 $f(z)$로 균등수렴하면 $f(z)$가 E에서 균등연속임을 보여라.

10. $\{f_n(z)\}$가 콤팩트 집합 K에서 $f(z)$로 균등수렴한다고 하자. 만일 $f_n(z)$가 K에서 균등연속이면, $f(z)$도 K에서 균등연속임을 보여라.

11. 다음 급수의 수렴반경을 구하여라.

   (1) $\displaystyle\sum_{n=1}^{\infty} \frac{z^n}{n}$ (2) $\displaystyle\sum_{n=1}^{\infty} \frac{z^n}{n^2}$ (3) $\displaystyle\sum_{n=1}^{\infty} \frac{z^n}{n^n}$ ‘ (4) $\displaystyle\sum_{n=1}^{\infty} \frac{z^{n^2}}{2^n}$

12. 다음 급수의 수렴반경을 구하여라.

   (1) $\displaystyle\sum_{n=1}^{\infty} \frac{z^{2n}}{4^n n}$ (2) $\displaystyle\sum_{n=1}^{\infty} \frac{3^n}{n^2+4n} z^{2n}$

   (3) $\displaystyle\sum_{n=1}^{\infty} \frac{i^n-1}{n} z^n$ (4) $\displaystyle\sum_{n=1}^{\infty} \left(1+\frac{1}{n}\right)^{n^2} z^n$

13. $\displaystyle\sum_{n=0}^{\infty} a_n z^n$의 수렴반경이 $R > 0$이고, $|z_0| > R$일 때 $\displaystyle\sum_{n=0}^{\infty} a_n \left(\frac{1}{z_0}\right)^n$이 수렴함을 보여라.

14. $\{|a_n|\}$이 감소수열이면 $\displaystyle\sum_{n=0}^{\infty} a_n z^n$의 수렴반경은 $R \ge 1$임을 보여라.

15. $z = 0$ 근방에서 다음 함수의 테일러 급수를 구하여라.

   (1) $\dfrac{z}{z-1}$ (2) $\dfrac{e^z}{z-1}$ (3) $\sin z^2$ (4) e^{2z}

16. 급수 $\displaystyle\sum_{n=1}^{\infty}\frac{\sin nz}{2^n}$가 $\{z : -\frac{1}{2} \le \operatorname{Im} z \le \frac{1}{2}\}$에서 균등수렴함을 보여라.

17. $\displaystyle\sum_{n=1}^{\infty} e^{-n}\sin nz$가 영역 $\{z : -z < \operatorname{Im} z < 1\}$에서 해석적임을 보여라.

18. $\displaystyle e^z = e\sum_{n=0}^{\infty}\frac{(z-1)^n}{n!},\ z \in \mathbb{C}$임을 보여라.

19. $0 < |z| < 4$일 때 $\displaystyle\frac{1}{4z-z^2} = \frac{1}{4z} + \sum_{n=0}^{\infty}\frac{z^n}{4^{n+2}}$임을 보여라.

20. $f(z)$가 $|z| < 1$에서 해석적이고 $|f(z)| < 1$이라 하자. $f(0) = 0$이면, $|f'(0)| \le 1$임을 보여라. 등호는 $f(z) = e^{i\alpha}z\ \ (\alpha \in \mathbb{R})$일 때만 성립함을 보여라.

21. 정함수 $f(z)$가 $|z| \ge 1$인 모든 점에서 $|f(z)| \le 5\sqrt{|z|}$이면 $f(z)$는 상수함수임을 보여라.

22. $f(z)$가 $|z| \le 1$에서 해석적이고 $|f(z)| \ge 1$이라 하자. $f(0) = 0$이면, $f(z)$는 상수 함수임을 보여라

23. 함수 $f(z)$, $g(z)$가 영역 D에서 해석적이고 D에서 $f(z)g(z) = 0$ 이면 D에서 $f(z) = 0$이거나 $g(z) = 0$임을 보여라.

24. 정리 7.26의 증명에서 정의된 두 집합 A, B가 열린집합임을 보여라.

25. $f(z)$, $g(z)$가 영역 D에서 해석적이고 L을 D에 속한 한 선분이라고 하자. L 위에서 $f(z) = g(z)$이면, D에서 $f(z) = g(z)$임을 보여라.

제 8 장

로랑의 급수

함수 $f(z)$의 특이점이란 $f(z)$가 해석적이지 않은 점을 말한다. 특이점 근방에서 함수를 테일러 급수로 나타낼 수는 없지만 테일러 급수의 확장된 개념이라 할 수 있는 로랑의 급수로 나타낼 수 있다.

이 장에서는 특이점의 형태를 구분하고, 특이점 근방에서 함수의 형태에 대해 알아본다. 함수 $f(z)$의 특이점 z_0 근방에서 음의 멱

$$b_k(z - z_0)^{-k} = \frac{b_k}{(z - z_0)^k}$$

를 포함하는 로랑의 급수로 나타낼 수 있으며, 특이점의 형태는 특이점 근방에서의 로랑의 급수와 밀접한 관계가 있다.

8.1 특이점

함수 $f(z)$가 z_0에서 해석적이지 않으면 z_0를 $f(z)$의 **특이점**(singularity)이라고 한다. 점 z_0가 $f(z)$의 특이점이고, $f(z)$가 z_0가 빠진 적절한 근방 $N'(z_0, \epsilon)$에서 해석적이면 z_0을 **고립 특이점**(isolated singularity)이라고 한다.[1]

[1]점 $z = 0$는 $f(z) = \frac{1}{\sin\frac{1}{z}}$의 특이점이다. $z = \frac{1}{n\pi}$ $(n \in \mathbb{N})$ 또한 $f(z)$의 특이점이다. 따라서 $z = 0$는 $f(z)$의 특이점이지만 고립 특이점은 아니다.

z_0가 $f(z)$의 고립 특이점일 때 z_0 근방에서 $f(z)$의 움직임은 다음 세가지 가운데 하나로 나타난다.

(1) $f(z)$가 z_0가 빠진 z_0의 적절한 근방 $N'(z_0, \epsilon)$에서 유계이다. 예를 들어 $z_0 = 0$는 $f(z) = \frac{\sin z}{z}$의 고립 특이점이고 $f(z)$는 $z = 0$의 적절한 근방 $N'(0, \epsilon)$에서 유계이다.

(2) $z \to z_0$일 때 $f(z) \to \infty$일 수 있다. 예를 들어 $z_0 = 0$는 $f(z) = \frac{1}{z}$의 고립 특이점이고 $\lim_{z \to 0} f(z) = \infty$이다.

(3) $f(z)$가 위의 (1), (2) 어느 경우도 아닐 수 있다. 예를 들어 $z_0 = 0$는 $f(z) = e^{\frac{1}{z}}$의 고립특이점이고,

$$\lim_{x \to 0-} e^{\frac{1}{z}} = 0, \quad \lim_{x \to 0+} e^{\frac{1}{z}} = \infty$$

이므로 $f(z)$는 $N'(z_0, \epsilon)$에서 유계도 아니고, $f(z) \to \infty$도 아니다.

$f(z)$의 고립 특이점 z_0는 z_0 근방에서 $f(z)$의 움직임의 형태에 따라 아래와 같이 구분된다.

정의 8.1 z_0가 $f(z)$의 고립특이점일 때

(1) $\lim_{z \to z_0} f(z)$이 존재하면, z_0를 $f(z)$의 **제거가능한 특이점**(removable singularity)이라 한다.

(2) 적절한 자연수 k에 대해

$$\lim_{z \to z_0} (z - z_0)^k f(z) = A \quad (A \neq 0,\ \infty) \tag{8.1}$$

이면 z_0를 $f(z)$의 k차 **극점**(pole of order k)이라고 한다. 특별히 $k = 1$일 때 z_0를 $f(z)$의 **단순 극점**(simple pole)이라고 한다.

(3) $\lim_{z \to z_0} f(z)$이 존재하지 않으면 z_0를 $f(z)$의 **본질적 특이점**(essential singularity)이라고 한다. ♦

이 절에서는 세 가지 유형의 고립 특이점 근방에서 찾을 수 있는 $f(z)$의 성질에 대해 알아 본다.

8.1.1 제거 가능한 특이점

먼저 고립 특이점이 갖는 성질에 대해 알아 보자. z_0가 $f(z)$의 제거 가능한 특이점이면 극한 $\lim_{z \to z_0} f(z)$이 존재하므로 $f(z)$는 z_0가 빠진 적절한 근방 $N'(z_0, \epsilon)$에서 유계이다.[2] 또 z_0가 $f(z)$의 제거 가능한 특이점인 경우 적절한 값으로 $f(z_0)$을 정의하면 $f(z)$를 z_0에서 해석적인 함수로 확장할 수 있다.

정리 8.1 [리만의 정리(Riemann's Theorem)] z_0가 $f(z)$의 고립 특이점이고 $f(z)$가 z_0가 빠진 z_0의 근방 $N'(z_0, \epsilon)$에서 유계이면, $f(z)$가 z_0에서 해석적인 함수가 되도록 $f(z_0)$를 정의할 수 있다. ♦

(증명) 주어진 조건으로부터 $f(z)$가 $0 < |z - z_0| \le R$에서 해석적이고 $|f(z)| \le M$인 적절한 $R > 0$과 $M > 0$을 찾을 수 있다. z_1을 $0 < |z - z_0| < R$ 안에 놓인 점이라고 하고, $0 < r < |z_1 - z_0| < R$이라 하자. $f(z)$는 그림 8.1의 두 원

$$\gamma_1 : |z - z_0| = r, \ \ \gamma_2 : |z - z_0| = R$$

에 의해 둘러싸인 영역에서 해석적이다.

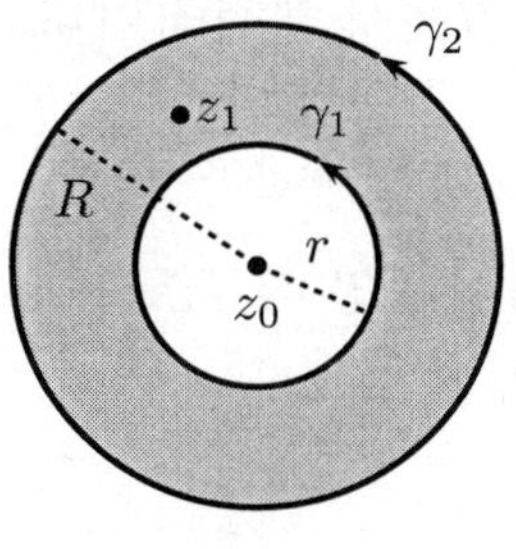

그림 8.1

---

[2] $\lim_{z \to z_0} f(z) = A$라 하면 $0 < |z - z_0| < \epsilon$이면 $|f(z) - A| < 1$, $|f(z)| \le |A| + 1$을 만족하는 $\epsilon > 0$이 존재한다.

그러므로 다중연결 영역에서의 코시의 정리에 의해

$$f(z_1) = \frac{1}{2\pi i}\left(\int_{\gamma_2} \frac{f(\zeta)}{\zeta - z_1}\,d\zeta - \int_{\gamma_1} \frac{f(\zeta)}{\zeta - z_1}\,d\zeta\right) \tag{8.2}$$

이다. 식 (8.2)의 마지막 적분에서

$$\begin{aligned}\left|\frac{1}{2\pi i}\int_{\gamma_1} \frac{f(\zeta)}{\zeta - z_1}\,d\zeta\right| &\le \frac{M}{2\pi}\int_{\gamma_1} \frac{1}{|\zeta - z_1|}\,|d\zeta| \\ &\le \frac{M}{2\pi}\frac{2\pi r}{|z_1 - z_0| - r}\end{aligned} \tag{8.3}$$

이다. 식 (8.2)의 적분 결과는 $0 < r < R$일 때 r에 의존하지 않는다. 그러므로 식 (8.3)에서 $r \to 0$이면

$$\lim_{r\to 0}\frac{1}{2\pi i}\int_{\gamma_1} \frac{f(\zeta)}{\zeta - z_1}\,d\zeta = 0$$

이므로

$$f(z_1) = \frac{1}{2\pi i}\int_{\gamma_2} \frac{f(\zeta)}{\zeta - z_1}\,d\zeta \tag{8.4}$$

와 같이 쓸 수 있다. z_1은 $0 < |z - z_0| < R$의 임의의 점이므로, $0 < |z - z_0| < R$에서 식 (8.4)는

$$f(z) = \frac{1}{2\pi i}\int_{\gamma_2} \frac{f(\zeta)}{\zeta - z}\,d\zeta \tag{8.5}$$

로 쓸 수 있다. 코시의 적분공식(정리 6.2)의 증명에서 위 식 (8.5)는 $|z - z_0| < R$에서 해석적인 함수를 나타내는 것이었으므로

$$f(z_0) = \frac{1}{2\pi i}\int_{\gamma_2} \frac{f(\zeta)}{\zeta - z_0}\,d\zeta \tag{8.6}$$

로 정의하면 $f(z)$는 $|z - z_0| < R$에서 해석적이다. □

z_0가 $f(z)$의 제거가능한 특이점일 때 $f(z)$를 z_0에서 해석적인 함수로 확장하기 위해서는 정리 8.1에 의해 $f(z_0)$를

$$f(z_0) = \frac{1}{2\pi i}\int_{\gamma_2} \frac{f(\zeta)}{\zeta - z_0}\,d\zeta$$

로 정의하면 된다. 그러나 단순히 $f(z_0)$의 적절한 값만을 찾아야 할 때는 앞의 적분 보다는 극한

$$\lim_{z\to z_0} f(z)$$

을 계산하여 $f(z_0)$로 정의하는 것이 편리하다. $f(z)$가 z_0에서 해석적이면 $f(z)$가 z_0에서 연속이어야 하기 때문이다.

[예 1] $z_0 = 0$는 $f(z) = \dfrac{\sin z}{z}$의 제거 가능한 특이점으로

$$f(0) = \lim_{z\to 0} \frac{\sin z}{z} = 1$$

로 정의하면 $f(z)$를 정함수로 확장할 수 있다. 실제로 $f(z)$는 수렴반경이 ∞인 멱급수

$$\begin{aligned} f(z) =& \frac{\sin z}{z} = \frac{1}{z}\left(z - \frac{z^3}{3!} + \frac{z^5}{5!} - \cdots\right) \\ =& 1 - \frac{z^2}{3!} + \frac{z^4}{5!} - \cdots \end{aligned}$$

로 나타낼 수 있다. □

따름정리 8.2 z_0가 $f(z)$의 고립 특이점이고 $f(z)$가 z_0가 빠진 z_0 근방에서 유계이면, $\lim_{z\to z_0} f(z)$가 존재한다. ♦

(증명) 정리 8.1에 의해 $f(z)$는 z_0에서 해석적인 함수로 확장할 수 있으므로 z_0에서 연속이다. 따라서 극한

$$\lim_{z\to z_0} f(z)$$

가 존재한다. □

정리 8.1에 의해 z_0가 $f(z)$의 고립 특이점일 때 z_0가 $f(z)$의 제거가능한 특이점이라는 것과 $f(z)$가 z_0가 빠진 적절한 근방에서 유계라는 것은 같은 의미이다. z_0가 $f(z)$의 고립 특이점 일 때 다음 (1)-(3)은 동치이다.

(1) $\lim_{z\to z_0} f(z)$가 존재한다.
(2) $f(z)$가 z_0가 빠진 적절한 근방에서 유계이다.
(3) $\lim_{z\to z_0} (z - z_0)f(z) = 0$.

8.1.2 극점

z_0가 $f(z)$의 고립 특이점일 때

$$\lim_{z \to z_0} (z - z_0)^k f(z) = A \quad (A \neq 0,\ \infty)$$

이면, z_0를 $f(z)$의 극점으로 정의하였다. 다음 정리는 z_0가 $f(z)$의 고립 특이점일 때 $\lim_{z \to z_0} f(z) = \infty$이면 z_0는 $f(z)$의 극점임을 보여준다.

정리 8.3 z_0가 $f(z)$의 고립 특이점일 때 $\lim_{z \to z_0} f(z) = \infty$이면 z_0는 $f(z)$의 극점이다. ♦

(증명) $g(z) = \frac{1}{f(z)}$라 하자. 만일 $\lim_{z \to z_0} f(z) = \infty$이면 $\lim_{z \to z_0} g(z) = 0$이므로 $g(z)$는 z_0를 뺀 적절한 근방 $N'(z_0, \epsilon)$에서 유계이다. 따라서 정리 8.1에 의해 z_0는 $g(z)$의 제거 가능한 특이점이므로 $g(z)$를 z_0에서 해석적인 함수로 확장할 수 있으므로

$$g(z) = \frac{1}{f(z)} = a_0 + a_1(z - z_0) + a_2(z - z_0)^2 + \cdots \tag{8.7}$$

로 쓸 수 있다. 그러므로

$$\lim_{z \to z_0} g(z) = \lim_{z \to z_0} \frac{1}{f(z)} = a_0 = 0 \tag{8.8}$$

이다.

만일 식 (8.7)에서 $g(z)$의 계수 a_n이 모두 0이면 $f(z)$는 z_0를 뺀 적절한 근방 $N'(z_0, \epsilon)$에서 ∞이다. 그러므로 0이 아닌 계수가 존재한다. 이들 중 최초로 나타나는 0이 아닌 계수를 a_k라고 하자. 그러면 식 (8.7)에서

$$g(z) = \frac{1}{f(z)} = a_k(z - z_0)^k + a_{k+1}(z - z_0)^{k+1} + \cdots \tag{8.9}$$

이므로

$$\frac{1}{(z - z_0)^k f(z)} = a_k + a_{k+1}(z - z_0) + \cdots \tag{8.10}$$

이다. 위 식 (8.10)에 극한을 취하면

$$\lim_{z \to z_0} \frac{1}{(z - z_0)^k f(z)} = a_k \neq 0$$

즉,

$$\lim_{z\to z_0}(z-z_0)^k f(z) = \frac{1}{a_k}$$

이다. 그러므로 z_0는 $f(z)$의 k차 극점이다. □

극점의 정의로부터 z_0가 $f(z)$의 극점이면 $\lim_{z\to z_0} f(z) = \infty$임을 알 수 있다. 그러므로 정리 8.3은 사실상 z_0가 $f(z)$의 극점이 되기 위한 필요충분조건을 말하고 있다.

따름정리 8.4 z_0가 $f(z)$의 k차 극점이면 z_0을 뺀 z_0의 적절한 근방 $N'(z_0,\epsilon)$에서 $f(z)$를 급수

$$\begin{aligned} f(z) &= \frac{b_{-k}}{(z-z_0)^k} + \frac{b_{-k+1}}{(z-z_0)^{k-1}} + \cdots + \frac{b_{-1}}{z-z_0} \\ &\quad + b_0 + b_1(z-z_0) + b_2(z-z_0)^2 + \cdots \\ &= \sum_{n=-k}^{\infty} b_n(z-z_0)^n \qquad (b_{-k}\neq 0) \end{aligned} \tag{8.11}$$

로 나타낼 수 있다. ♦

(증명) 정리 8.3의 증명에서 얻은 식 (8.10)

$$\frac{1}{(z-z_0)^k f(z)} = a_k + a_{k+1}(z-z_0) + \cdots \quad (a_k \neq 0)$$

는 z_0에서 해석적이다. $\frac{1}{(z-z_0)^k f(z)}$가 z_0에서 연속이고 $a_k\neq 0$이므로 z_0의 적절한 근방에서

$$\frac{1}{(z-z_0)^k f(z)} \neq 0$$

이다. 그러므로 $(z-z_0)^k f(z)$는 z_0에서 해석적이고 z_0 근방에서 급수

$$(z-z_0)^k f(z) := \sum_{j=0}^{\infty} c_j (z-z_0)^j \quad \left(c_0 = \frac{1}{a_k}\neq 0\right) \tag{8.12}$$

로 나타낼 수 있다. 따라서

$$f(z) = \sum_{j=0}^{\infty} c_j (z-z_0)^{j-k} \quad \left(c_0 = \frac{1}{a_k}\neq 0\right) \tag{8.13}$$

이다. 위의 식 (8.13)에서 $n = j - k$, $b_n = c_{j+k}$로 놓으면

$$f(z) = \sum_{j=0}^{\infty} c_j (z - z_0)^{j-k} = \sum_{n=-k}^{\infty} b_n (z - z_0)^n \qquad (b_{-k} \neq 0) \tag{8.14}$$

이다. □

극점의 정의로부터 위 정리의 역 또한 사실임을 알 수 있다. 즉, z_0의 근방에서

$$f(z) = \sum_{n=-k}^{\infty} b_n (z - z_0)^n \qquad (b_{-k} \neq 0)$$

이면,

$$\lim_{z \to z_0} (z - z_0)^k f(z) = b_{-k}, \quad b_{-k} \neq 0, \infty$$

이므로 z_0는 $f(z)$의 k차 극점이다.

[예제 8.1] $z = 0$가 $f(z) = \dfrac{e^{z^2}}{z^3}$의 3차 극점임을 보여라.

(풀이) e^z는 정함수이고

$$e^z = 1 + z + \frac{z^2}{2!} + \frac{z^3}{3!} + \cdots$$

이므로

$$\begin{aligned} f(z) =& \frac{e^{z^2}}{z^3} = \frac{1}{z^3}\left(1 + z^2 + \frac{z^4}{2!} + \frac{z^6}{3!} + \cdots\right) \\ =& \frac{1}{z^3} + \frac{1}{z} + \frac{z}{2!} + \frac{z^3}{3!} + \cdots \end{aligned}$$

이다. 그러므로 $z = 0$는 $f(z)$의 3차 극점이다. □

함수 $f(z)$가 영역 D에서 특이점을 갖지 않으면 $f(z)$를 해석함수라고 하였다. $f(z)$가 D에서 특이점을 가질 때 특이점이 극점뿐인 경우 함수 $f(z)$를 **유리형함수**(meromorphic function)라고 한다. 예를 들어 함수

$$\frac{z}{(z-1)(z-i)^2}, \ \frac{\sin z}{z^3}$$

는 유리형함수의 예이다. 특이점을 갖지 않는 해석함수도 유리형함수이다.

8.1.3 본질적 특이점

특이점 가운데 제거 가능한 특이점이 아니고, 극점도 아닌 특이점이 본질적 특이점이다. z_0가 $f(z)$의 본질적 특이점이면 임의의 복소수 a와 $f(z)$의 값을 임의로 가깝게 할 수 있는 점 z를 z_0를 뺀 z_0의 근방에서 찾을 수 있다.

정리 8.5 [카소라티-바이어스트라스의 정리(Casorati-Weierstrass Theorem)] z_0가 $f(z)$의 본질적 특이점이면 임의로 주어진 $a \in \mathbb{C}, \epsilon > 0, \delta > 0$에 대해 $|f(z) - a| < \epsilon$을 만족하는 점 z $(0 < |z - z_0| < \delta)$가 존재한다. ♦

(증명) z_0가 $f(z)$의 고립 특이점이므로 $f(z)$가 $0 < |z - z_0| < \delta_1$에서 해석적이도록 $\delta_1 (< \delta)$를 택할 수 있다. $0 < |z - z_0| < \delta_1$인 모든 z에서 $|f(z) - a| \geq \epsilon$인 $a \in \mathbb{C}$가 있다고 가정하자. 함수 $g(z)$를

$$g(z) := \frac{1}{f(z) - a} \quad (0 < |z - z_0| < \delta_1) \tag{8.15}$$

로 정의하면

$$|g(z)| = \left| \frac{1}{f(z) - a} \right| \leq \frac{1}{\epsilon} \quad (0 < |z - z_0| < \delta_1) \tag{8.16}$$

이므로 따름정리 8.2에 의해 z_0는 $g(z)$의 제거 가능한 특이점이다. 그러므로 $g(z)$는 z_0에서 해석적인 함수가 될 수 있도록 정의할 수 있으므로

$$g(z) = a_0 + a_1(z - z_0) + a_2(z - z_0)^2 + \cdots \quad (0 < |z - z_0| < \delta_1) \tag{8.17}$$

로 쓸 수 있다. 또

$$\lim_{z \to z_0} \frac{1}{f(z) - a} = a_0$$

이다. 이제 $a_0 \neq 0$인 경우와 $a_0 = 0$인 경우를 나누어서 생각해 보자.

먼저 $g(z_0) = a_0 \neq 0$이면

$$f(z) = \frac{1}{g(z)} + a \quad (0 < |z - z_0| < \delta_1) \tag{8.18}$$

이므로

$$\lim_{z \to z_0} f(z) = \frac{1}{g(z_0)} + a = \frac{1}{a_0} + a \tag{8.19}$$

이므로 z_0는 $f(z)$의 제거 가능한 특이점이다.

이제 $g(z_0) = a_0 = 0$인 경우에 대해 알아보자. $g(z)$가 상수함수가 아니므로 식 (8.17)에서 0이 아닌 계수가 존재한다. 처음으로 나타나는 0이 아닌 계수를 a_k $(k \geq 1)$라고 하면

$$\frac{1}{[f(z) - a](z - z_0)^k} = a_k + a_{k+1}(z - z_0) + \cdots \tag{8.20}$$

이므로

$$\lim_{z \to z_0} (z - z_0)^k (f(z) - a) = \frac{1}{a_k} \neq 0 \tag{8.21}$$

이므로 z_0는 $f(z)$의 k차 극점이다.

즉, $0 < |z - z_0| < \delta_1$인 모든 z에 대해

$$|f(z) - a| \geq \epsilon$$

$a \in \mathbb{C}$가 있다면 z_0는 $f(z)$의 제거 가능한 특이점이거나 $f(z)$의 극점이므로 z_0가 $f(z)$의 본질적 특이점이라는 가정에 모순이다. □

피카드의 대정리는 카소라티-바이어스트라스 정리보다 강한 결론을 말하고 있다. 여기서는 증명은 생략하고 정리의 내용만을 기술하기로 한다.

정리 8.6 [피카드의 대정리(Picard's Great Theorem)] z_0가 $f(z)$의 본질적 특이점이면 기껏해야 한 복소수를 뺀 나머지 모든 복소수 a에 대해 $f(z) = a$인 점 z가 z_0가 빠진 근방에 무수히 많이 존재한다. ♦

예를 들어 $e^{\frac{1}{z}}$의 본질적 특이점 0의 0을 뺀 근방에서 방정식

$$e^{\frac{1}{z}} = a$$

는 $a = 0$인 경우를 제외하고는 무수히 많은 해를 갖는다. 한 예로 $a = i$인 경우

$$\left| e^{\frac{1}{z}} \right| = e^{\frac{x}{x^2+y^2}} = |i| = 1$$

이므로 $\mathrm{Re}\, z = 0$이다. 그러므로 $z = iy$라고 하면

$$e^{\frac{1}{z}} = e^{\frac{1}{iy}} = e^{-i\frac{1}{y}} = \cos\frac{1}{y} - i\sin\frac{1}{y} = i$$

로부터

$$\frac{1}{y} = 2n\pi - \frac{\pi}{2},\ \ z_n := \frac{i}{2n\pi - \frac{\pi}{2}}$$

일 때 $e^{z_n} = i$이고 $z = 0$의 모든 근방은 무한히 많은 z_n을 포함한다.

8.1.4 특이점 ∞

무한대, ∞를 특이점으로 간주할 수 있다. ∞가 $f(z)$의 고립 특이점이 되는 경우는 ∞가 빠진 근방에서 $f(z)$가 해석적인 함수가 되는 것이다. 다시 말해 적절한 $R > 0$이 존재하여 $f(z)$가 $R < |z| < \infty$에서 해석적이면, ∞는 $f(z)$의 고립 특이점이다.

$f(z)$가 $|z| > R$에서 해석적이기 위한 필요충분조건은 $f(\frac{1}{z})$가 $|z| < \frac{1}{R}$에서 해석적인 것이다. 그러므로 ∞가 $f(z)$의 고립 특이점이 되기 위한 필요충분조건은 0가 $f(\frac{1}{z})$의 고립 특이점이 되는 것이다. 또한 ∞가 $f(z)$의 제거 가능한 특이점, 극점, 본질적인 특이점이 되기 위한 필요충분조건은 순서대로 0이 $f(\frac{1}{z})$의 제거 가능한 특이점, 극점, 본질적인 특이점이 되는 것이다.

[예 2] $f(z) = e^z$라 하면 $f(\frac{1}{z}) = e^{\frac{1}{z}}$가 $z = 0$에서 본질적 특이점을 가지므로, ∞는 $f(z) = e^z$의 본질적 특이점이다. □

함수 $f(z)$가 ∞에서 k차 극을 갖기 위한 필요충분조건은

$$\lim_{z\to\infty} z^k f(\frac{1}{z}) = A \quad (0 < |A| < \infty),$$

또는

$$\lim_{z\to\infty} \frac{f(z)}{z^k} = A \quad (0 < |A| < \infty) \tag{8.22}$$

이다. $f(z)$가 n차 다항함수

$$f(z) = a_n z^n + a_{n-1}z^{n-1} + \cdots + a_1 z + a_0 \quad (a_n \neq 0) \tag{8.23}$$

이면

$$\lim_{z\to\infty} \frac{f(z)}{z^n} = a_n \tag{8.24}$$

이므로, ∞는 n차 다항식의 n차 극점이다.

정함수 $f(z)$가 ∞에서 제거 가능한 극점을 가지면 $f(z)$는 무한대 근방에서 유계이므로 적절한 $R > 0$, $M > 0$이 존재하여 $|z| > R$이면 $|f(z)| \leq M$을 만족한다. 또 $f(z)$는 정함수이므로 콤팩트 집합 $|z| \leq R+1$에서 유계이므로 $f(z)$는 복소평면에서 유계인 정함수이다. 그러므로 리우빌의 정리에 의해 $f(z)$는 상수함수이다. 따라서 상수가 아닌 정함수는 무한대를 제거 가능한 특이점을 가질 수 없다.

정리 7.21에 의해 식 (8.22) 만족하는 정함수는 k차 다항함수이므로 ∞에서 극점을 갖는 정함수는 상수가 아닌 다항함수뿐이다. 그러므로 상수함수를 포함한 다항함수가 아닌 정함수는 모두 ∞에서 본질적 특이점을 갖는다. ∞에서 본질적 특이점을 갖는 정함수를 **초월정함수**(transcendental entire function)라고 한다.

[예 3] $f(z) = 3z^2 - z + 1$라 할 때

$$\lim_{z\to\infty} \frac{f(z)}{z^2} = 3 \tag{8.25}$$

이므로 ∞는 $f(z) = 3z^2 - z + 1$의 2차 극점이다. □

8.2 로랑의 급수

8.2.1 로랑의 급수

테일러 급수는 z_0 근방에서 해석적인 함수를 z_0 근방에서 멱급수로 나타낸 것이었다. 그러므로 $\frac{1}{z-1}$처럼 $z_0 = 1$에서 해석적이지 않은 함수에 대해서는 테일러 급수를 생각할 수 없다. 이런 함수는 테일러 급수의 확장된 형태인 로랑의 급수로 나타낼 수 있다. 로랑의 급수는 고립 특이점의 특성을 분석하거나, 유수정리에 이용될 수 있다.

정리 8.7 [로랑의 정리(Laurent's Theorem)] 만일 $f(z)$가 환영역(annulus) $R_1 <$

$|z-z_0|<R_2$에서 해석적인 함수이면,

$$f(z)=\sum_{n=0}^{\infty}a_n(z-z_0)^n+\sum_{n=1}^{\infty}\frac{b_n}{(z-z_0)^n}\quad(R_1<|z-z_0|<R_2)\tag{8.26}$$

으로 나타낼 수 있다. 계수 a_n, b_n은 각각 적분

$$\begin{aligned}a_n&=\frac{1}{2\pi i}\int_{\gamma}\frac{f(\zeta)}{(\zeta-z_0)^{n+1}}d\zeta,\\ b_n&=\frac{1}{2\pi i}\int_{\gamma}\frac{f(\zeta)}{(\zeta-z_0)^{-n+1}}d\zeta\end{aligned}\tag{8.27}$$

으로 나타낼 수 있다. 여기서 γ는 환영역 안에서 z_0를 둘러싸는 반시계방향을 갖는 단순닫힌경로이다. ◆

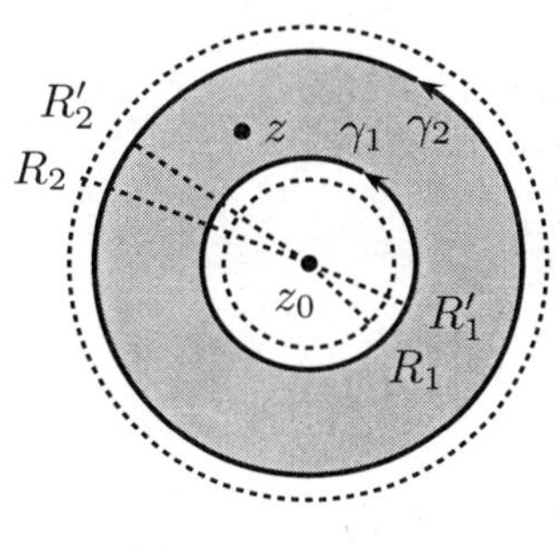

그림 8.2

(증명) z를 $R_1<|z-z_0|<R_2$인 점이라고 하자. R_1', R_2'를 부등식

$$R_1<R_1'<|z-z_0|<R_2'<R_2$$

를 만족하도록 택하면 $f(z)$는 닫힌 환 $R_1'\le|z-z_0|\le R_2'$에서 해석적이다. 닫힌 환의 경계를 그림 8.2에서와 같이

$$\gamma_1:|z-z_0|=R_1',\quad \gamma_2:|z-z_0|=R_2'$$

라 하면 코시의 적분정리에 의해

$$f(z)=\frac{1}{2\pi i}\int_{\gamma_2}\frac{f(\zeta)}{\zeta-z}d\zeta-\frac{1}{2\pi i}\int_{\gamma_1}\frac{f(\zeta)}{\zeta-z}d\zeta\tag{8.28}$$

이다. 식 (8.28)의 첫번째 적분은 γ_2를 따라 계산한것이고 z는 환영역 안쪽의 점이다. $|z-z_0| < R_2' = |\zeta - z_0|$이므로

$$\begin{aligned}\frac{1}{\zeta-z} &= \frac{1}{\zeta-z_0-(z-z_0)} = \frac{1}{(\zeta-z_0)(1-\frac{z-z_0}{\zeta-z_0})} \\ &= \frac{1}{(\zeta-z_0)}\sum_{n=0}^{\infty}\left(\frac{z-z_0}{\zeta-z_0}\right)^n \\ &= \sum_{n=0}^{\infty}\frac{1}{(\zeta-z_0)^{n+1}}(z-z_0)^n \qquad (8.29)\end{aligned}$$

은 γ_2에서 균등수렴한다. 그러므로 위식은 따름정리 7.9에 의해 항별적분이 가능하므로

$$\begin{aligned}\frac{1}{2\pi i}\int_{\gamma_2}\frac{f(\zeta)}{\zeta-z}\,d\zeta &= \sum_{n=0}^{\infty}\left(\frac{1}{2\pi i}\int_{\gamma_2}\frac{f(\zeta)}{(\zeta-z_0)^{n+1}}(z-z_0)^n\,d\zeta\right) \\ &= \sum_{n=0}^{\infty}\left(\frac{1}{2\pi i}\int_{\gamma_2}\frac{f(\zeta)}{(\zeta-z_0)^{n+1}}\,d\zeta\right)(z-z_0)^n \\ &= \sum_{n=0}^{\infty}a_n(z-z_0)^n \qquad (8.30)\end{aligned}$$

이다. 여기서

$$a_n = \frac{1}{2\pi i}\int_{\gamma_2}\frac{f(\zeta)}{(\zeta-z_0)^{n+1}}\,d\zeta \quad (n=0,\,1,\,2,\,\cdots)$$

이다. 일반적으로 $f(z)$가 γ_2의 안쪽에서 해석적이 아닐 수 있으므로 식 (8.30)의 계수 a_n이 해석적일 경우의 테일러 급수의 계수 $\frac{f^{(n)}(z_0)}{n!}$와 같을 필요는 없다.

다시 식 (8.28)의 두번째 적분에서 ζ는 γ_1위의 점이므로 $|z-z_0| > R_1' = |\zeta-z_0|$이다. 따라서

$$-\frac{1}{\zeta-z} = \frac{1}{(z-z_0)(1-\frac{\zeta-z_0}{z-z_0})} = \sum_{m=0}^{\infty}\frac{(\zeta-z_0)^m}{(z-z_0)^{m+1}}$$

은 γ_1위에서 균등수렴한다. 그러므로 다시 따름정리 7.9에 의해

$$\begin{aligned}-\frac{1}{2\pi i}\int_{\gamma_1}\frac{f(\zeta)}{\zeta-z}\,d\zeta &= \sum_{m=0}^{\infty}\left(\frac{1}{2\pi i}\int_{\gamma_1}\frac{f(\zeta)(\zeta-z_0)^m}{(z-z_0)^{m+1}}\,d\zeta\right) \\ &= \sum_{m=0}^{\infty}\left(\frac{1}{2\pi i}\int_{\gamma_1}f(\zeta)(\zeta-z_0)^m\,d\zeta\right)\frac{1}{(z-z_0)^{m+1}} \qquad (8.31)\end{aligned}$$

이다. 식 (8.31)에서 $n = m + 1$이라 놓으면

$$-\frac{1}{2\pi i}\int_{\gamma_1}\frac{f(\zeta)}{\zeta - z}\,d\zeta = \sum_{n=1}^{\infty} b_n(z - z_0)^{-n} \tag{8.32}$$

이다. 여기서

$$b_n = \frac{1}{2\pi i}\int_{\gamma_1}\frac{f(\zeta)}{(\zeta - z_0)^{-n+1}}\,d\zeta \quad (n = 1,\, 2,\, \cdots)$$

이다. 식 (8.28)에 (8.30)과 (8.31)을 대입하면

$$f(z) = \sum_{n=0}^{\infty} a_n(z - z_0)^n + \sum_{n=1}^{\infty} b_n(z - z_0)^{-n}$$

을 얻는다. 여기서

$$a_n = \frac{1}{2\pi i}\int_{\gamma_2}\frac{f(\zeta)}{(\zeta - z_0)^{n+1}}\,d\zeta \quad (n = 0,\, 1,\, 2,\, \cdots), \tag{8.33}$$

$$b_n = \frac{1}{2\pi i}\int_{\gamma_1}\frac{f(\zeta)}{(\zeta - z_0)^{-n+1}}\,d\zeta \quad (n = 1,\, 2,\, 3,\, \cdots) \tag{8.34}$$

이다.

이제 마지막으로 닫힌 환 $R_1' \le |z - z_0| \le R_2'$안에서 z_0를 둘러싸며 반시계 방향을 갖는 닫힌 경로 γ를 택하자. $\frac{f(\zeta)}{\zeta - z_0}$은 경계가 γ_1, γ_2인 영역에서 해석적이므로 (8.30), (8.31)에서 적분경로γ_1, γ_2는 모두 γ로 바꿀 수 있다. 또한 R_1', R_2'은 각각 R_1, R_2에 임의로 가깝게 할 수 있으므로 식(8.30)과 (8.31)은 환영역 $R_1 \le |z - z_0| \le R_2$에서도 성립한다. □

8.2.2 로랑의 급수와 특이점

식 (8.26)을 $f(z)$의 z_0에서의 **로랑의 급수**(Laurent series)라고 한다. 앞의 증명에서 $\sum_{n=0}^{\infty} a_n(z - z_0)^n$은 영역 $|z - z_0| < R_2$에서 수렴하고, $\sum_{n=1}^{\infty}\frac{b_n}{(z - z_0)^n}$은 영역 $|z - z_0| > R_1$에서 수렴하는 것을 알았다.

만일 $f(z)$가 z_0에서 해석적이면 계수 a_n, b_n은 코시의 적분공식에 의해

$$a_n = \frac{1}{2\pi i}\int_\gamma \frac{f(\zeta)}{(\zeta - z_0)^{n+1}}\,d\zeta = \frac{f^{(n)}(z_0)}{n!} \quad (n = 0, 1, 2, \cdots)$$
$$b_n = \frac{1}{2\pi i}\int_\gamma \frac{f(\zeta)}{(\zeta - z_0)^{-n+1}}\,d\zeta = 0 \quad (n = 1, 2, \cdots)$$

이므로 식 (8.26)은 $f(z)$의 z_0에서의 테일러 급수와 같게 되므로 로랑의 급수는 테일러 급수의 일반화된 형태로 볼 수 있다. 로랑의 급수에서 $\sum_{n=0}^{\infty} a_n(z - z_0)^n$을 해석부(analytic part), $\sum_{n=1}^{\infty} \frac{b_n}{(z - z_0)^n}$을 고유부(principal part)라고 한다.

로랑의 급수 (8.26)은

$$\begin{aligned} f(z) &= \sum_{n=0}^{\infty} a_n(z - z_0)^n + \sum_{n=1}^{\infty} \frac{b_n}{(z - z_0)^n} \\ &:= \sum_{n=-\infty}^{\infty} c_n(z - z_0)^n. \end{aligned}$$

와 같이 나타낼 수 있다. 여기서

$$c_n = \frac{1}{2\pi i}\int_\gamma \frac{f(\zeta)}{(\zeta - z_0)^{n+1}}\,d\zeta \quad (n = 0, \pm 1, \pm 2, \cdots)$$

이다.

테일러 급수와 마찬가지로 로랑의 급수도 유일한 형태를 갖는다. 함수 $f(z)$의 로랑의 급수가 다음 두 급수

$$f(z) = \sum_{n=-\infty}^{\infty} c_n(z - z_0)^n = \sum_{n=-\infty}^{\infty} d_n(z - z_0)^n \tag{8.35}$$

로 나타낼수 있다고 가정하자. 두 급수는 z_0을 둘러싸는 환영역 안의 원 γ에서 균등수렴한다. $(z - z_0)^j$의 γ 위에서의 적분은

$$\int_\gamma (z - z_0)^j\,dz = \begin{cases} 2\pi i, & j = -1 \\ 0, & j \neq -1 \end{cases}$$

이므로 k를 정수라 할 때 위 식(8.35)의 각 변에 $(z-z_0)^k$를 곱하고 γ를 따라 적분하면

$$\begin{aligned}\sum_{n=-\infty}^{\infty}\int_\gamma c_n(z-z_0)^{n+k}\,dz =&2\pi i\, c_{-k-1}\\ =&2\pi i\, d_{-k-1} = \sum_{n=-\infty}^{\infty}\int_\gamma d_n(z-z_0)^{n+k}\,dz\end{aligned}$$

이다. 즉 모든 $n \in \mathbb{Z}$에 대해 $c_n = d_n$이므로 로랑급수는 유일한 형태를 갖는다.

z_0가 $f(z)$의 고립 특이점일 때 z_0에서 $f(z)$의 로랑의 급수의 고유부는 특이점의 형태와 관련이 있다.

(1) z_0에서 $f(z)$의 로랑의 급수가 고유부를 갖지 않는다면

$$f(z) = a_0 + a_1(z-z_0) + a_2(z-z_0)^2 + \cdots \tag{8.36}$$

로 쓸 수 있고

$$\lim_{z\to z_0} f(z) = a_0 \tag{8.37}$$

이므로 z_0는 $f(z)$의 제거 가능한 특이점이다.

(2) z_0에서 $f(z)$의 로랑의 급수의 고유부가 유한개의 항을 갖고

$$\begin{aligned}f(z) =&\frac{b_k}{(z-z_0)^k} + \frac{b_{k-1}}{(z-z_0)^{k-1}} + \cdots + \frac{b_1}{z-z_0}\\ &+ a_0 + a_1(z-z_0) + a_2(z-z_0)^2 + \cdots \quad (b_k \neq 0)\end{aligned} \tag{8.38}$$

이면

$$\lim_{z\to z_0} (z-z_0)^k f(z) = b_k \tag{8.39}$$

이므로 z_0는 $f(z)$의 k차 극점이다.

(3) z_0에서 $f(z)$의 로랑의 급수의 고유부가 무한히 많은 항을 가지면 z_0는 $f(z)$의 본질적 특이점이다.

어떤 함수의 로랑의 급수를 찾기 위해 정리 8.7의 식 (8.26)의 계수 a_n, b_n을 계산하는 것은 쉽지 않은 일이다. 로랑의 급수를 찾기 위해서는 관련있는 함수의 테일러 급수을 이용하거나 기하급수를 이용하는 경우가 많다.

[예제 8.2] $f(z) = \frac{z-\sin z}{z^3}$의 $z = 0$에서의 로랑의 급수를 찾고, 특이점의 형태를 분류하여라.

(풀이) $f(z)$는 $z = 0$에서 고립 특이점을 갖고, 정함수 $\sin z$는 테일러 급수

$$\sin z = z - \frac{z^3}{3!} + \frac{z^5}{5!} - \frac{z^7}{7!} + \cdots$$

로 쓸 수 있으므로

$$\begin{aligned} f(z) =& \frac{z - \sin z}{z^3} = \frac{1}{z^3}\left[z - \left(z - \frac{z^3}{3!} + \frac{z^5}{5!} - \frac{z^7}{7!} + \cdots\right)\right] \\ =& \frac{1}{3!} - \frac{z^2}{5!} + \frac{z^4}{7!} - \cdots \end{aligned} \tag{8.40}$$

이다. 로랑의 급수는 유일한 형태를 가지므로 식 (8.40)은 $f(z)$의 로랑의 급수이다. $f(z)$의 $z = 0$에서의 로랑의 급수가 고유부를 갖지 않으므로 $z = 0$는 $f(z)$의 제거 가능한 특이점이다. □

[예 4] $f(z) = \frac{\cos z}{z}$는 $z = 0$에서 고립 특이점을 갖는다. $\cos z$의 $z = 0$에서의 테일러 급수를 이용하여 $z = 0$에서 $f(z)$의 로랑의 급수

$$\begin{aligned} f(z) =& \frac{\cos z}{z} = \frac{1}{z}\left(1 - \frac{z^2}{2!} + \frac{z^4}{4!} - \cdots\right) \\ =& \frac{1}{z} - \frac{z}{2!} + \frac{z^3}{4!} - \cdots \end{aligned}$$

을 얻는다. $f(z)$의 로랑의 급수에서 고유부는 $\frac{1}{z}$뿐이므로 $z = 0$는 $f(z) = \dfrac{\cos z}{z}$의 단순 극점이다. □

[예제 8.3] $z = 0$가 $f(z) = \sin\frac{1}{z}$의 본질적 특이점임을 보여라.

(풀이) $z = 0$는 $\sin\dfrac{1}{z}$의 고립 특이점이다.

$$\sin z = z - \frac{z^3}{3!} + \frac{z^5}{5!} - \cdots \quad (z \in \mathbb{C})$$

이므로, $\sin\dfrac{1}{z}$의 로랑의 급수

$$\sin\frac{1}{z} = \frac{1}{z} - \frac{1}{3!z^3} + \frac{1}{5!z^5} - \cdots \quad (|z| > 0)$$

을 얻는다. 위 로랑의 급수의 고유부가 무한히 많은 항을 포함하므로 $f(z) = \sin\frac{1}{z}$는 $z = 0$에서 본질적 특이점을 갖는다. □

주어진 함수의 로랑의 급수를 찾을 때 기하급수

$$\frac{1}{1-z} = \sum_{n=0}^{\infty} z^n \quad (|z| < 1)$$

를 이용하면 쉽게 로랑의 급수를 찾을 수 있는 경우가 있다.

[예제 8.4] $f(z) = \frac{1}{(z+1)(z+3)}$을 주어진 환영역에서 로랑의 급수로 나타내어라.
(1) $1 < |z| < 3$ (2) $|z| > 3$ (3) $0 < |z+1| < 2$ (4) $|z| < 1$

(풀이) 주어진 함수는

$$f(z) = \frac{1}{(z+1)(z+3)} = \frac{1}{2}\left(\frac{1}{z+1} - \frac{1}{z+3}\right)$$

로 고쳐 쓸 수 있다.

(1) $1 < |z| < 3$
$|z| > 1$이면 $\left|\frac{1}{z}\right| < 1$이므로 기하급수를 이용하여

$$\frac{1}{2(z+1)} = \frac{1}{2z(1+\frac{1}{z})} = \frac{1}{2z}\sum_{n=0}^{\infty}(-1)^n\frac{1}{z^n} = \sum_{n=1}^{\infty}\frac{(-1)^{n-1}}{2}\frac{1}{z^n} \tag{8.41}$$

로 나타낼 수 있고, $|z| < 3$이면 $\left|\frac{z}{3}\right| < 1$이므로

$$\frac{1}{2(z+3)} = \frac{1}{6(1+\frac{z}{3})} = \frac{1}{6}\sum_{n=0}^{\infty}(-1)^n\left(\frac{z}{3}\right)^n = \sum_{n=0}^{\infty}\frac{(-1)^n}{2\cdot 3^{n+1}}z^n \tag{8.42}$$

으로 쓸 수 있다. 식 (8.41), (8.42)는 $1 < |z| < 3$에서 성립하므로 $f(z)$의 로랑의 급수는

$$\begin{aligned} f(z) =& \frac{1}{(z+1)(z+3)} = \frac{1}{2}\left(\frac{1}{z+1} - \frac{1}{z+3}\right) \\ =& \sum_{n=1}^{\infty}\frac{(-1)^{n-1}}{2}\frac{1}{z^n} - \sum_{n=0}^{\infty}\frac{(-1)^n}{2\cdot 3^{n+1}}z^n \\ =& \cdots - \frac{1}{2z^4} + \frac{1}{2z^3} - \frac{1}{2z^2} + \frac{1}{2z} - \frac{1}{6} + \frac{z}{18} - \frac{z^2}{54} + \frac{z^3}{162} - \cdots \end{aligned} \tag{8.43}$$

이다.[3]

(2) $|z| > 3$

위의 식 (8.41)은 $|z| > 3$에서도 성립하므로

$$\frac{1}{2(z+1)} = \sum_{n=1}^{\infty} \frac{(-1)^{n-1}}{2} \frac{1}{z^n} \tag{8.44}$$

이고, $|z| > 3$일 때 $|\frac{3}{z}| < 1$이므로

$$\frac{1}{2(z+3)} = \frac{1}{2z\left(1+\frac{3}{z}\right)} = \frac{1}{2z}\sum_{n=0}^{\infty}(-1)^n\left(\frac{3}{z}\right)^n = \sum_{n=1}^{\infty}\frac{(-3)^{n-1}}{2}\frac{1}{z^n} \tag{8.45}$$

이다. 그러므로 식 (8.44), (8.45)로부터 $|z| > 3$일 때 $f(z)$의 로랑급수는

$$\begin{aligned} f(z) = \frac{1}{(z+1)(z+3)} &= \sum_{n=1}^{\infty}\frac{(-1)^{n-1}-(-3)^{n-1}}{2}\frac{1}{z^n} \\ &= \frac{1}{z^2} - \frac{4}{z^3} + \frac{13}{z^4} - \frac{40}{z^5} + \cdots \end{aligned} \tag{8.46}$$

이다.[4]

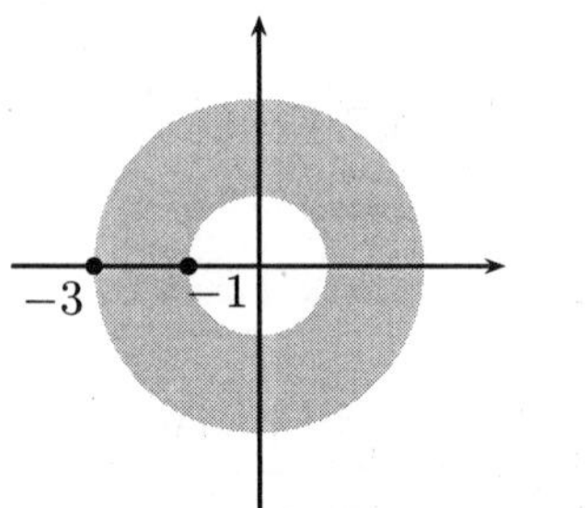

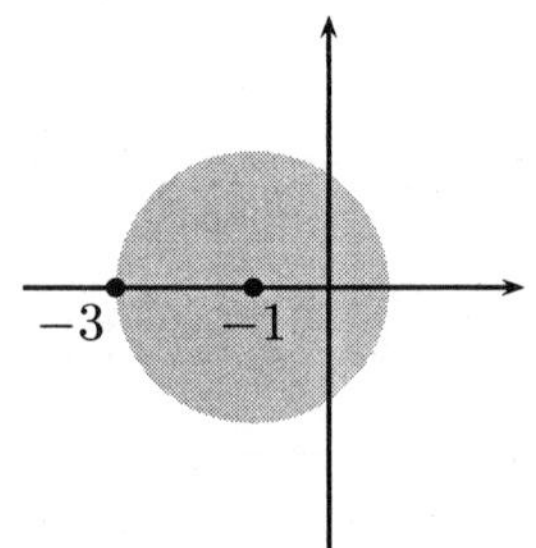

그림 8.3

(3) $0 < |z+1| < 2$

[3]식 (8.43)의 $z=0$을 중심으로 한 $f(z)$의 로랑의 급수이고, 고유부는 무한히 많은 항을 포함하고 있다. 그러나 식 (8.43)으로부터 $z=0$을 $f(z)$의 본질적 특이점이라고 결정할 수 없다. $f(z)$는 $z=0$에서 해석적이므로 $z=0$는 $f(z)$의 특이점이 아니다.

[4]식 (8.46)은 $f(z)$의 점 $z=0$에서의 로랑의 급수이다. $z=0$는 $f(z)$의 특이점이 아니다. 그럼에도 고유부가 나타난 것은 $|z| = 3+\epsilon$ $(\epsilon > 0)$의 안쪽에 $f(z)$가 해석적이지 않은 점이 들어있기 때문이다.

$0 < |z+1| < 2$일 때 $|\frac{z+1}{2}| < 1$이므로

$$\frac{1}{z+3} = \frac{1}{2+(z+1)} = \frac{1}{2(1+\frac{z+1}{2})} = \sum_{n=0}^{\infty} \frac{(-1)^n}{2^{n+1}} (z+1)^n \tag{8.47}$$

이다. 그러므로

$$\begin{aligned}\frac{1}{(z+1)(z+3)} &= \sum_{n=0}^{\infty} \frac{(-1)^n}{2^{n+1}} (z+1)^{n-1} \\ &= \frac{1}{2(z+1)} + \sum_{n=0}^{\infty} \frac{(-1)^{n+1}}{2^{n+2}} (z+1)^n \\ &= \frac{1}{2(z+1)} - \frac{1}{4} + \frac{1}{8}(z+1) - \frac{1}{16}(z+1)^2 + \cdots \end{aligned} \tag{8.48}$$

이다.[5]

(4) $|z| < 1$

$|z| < 1$이면

$$\frac{1}{2(z+1)} = \sum_{n=0}^{\infty} \frac{(-1)^n}{2} z^n \tag{8.49}$$

이고, $|z| < 3$일 때는 식 (8.42)로부터

$$\frac{1}{2(z+3)} = \sum_{n=0}^{\infty} \frac{(-1)^n}{2 \cdot 3^{n+1}} z^n \tag{8.50}$$

이므로

$$\begin{aligned}\frac{1}{(z+1)(z+3)} &= \sum_{n=0}^{\infty} \frac{(-1)^n}{2} \left(1 - \frac{1}{3^{n+1}}\right) z^n \\ &= \frac{1}{3} - \frac{4}{9}z + \frac{13}{27}z^2 - \frac{40}{81}z^3 + \cdots \end{aligned} \tag{8.51}$$

이다.[6] □

고립 특이점에서의 로랑급수는 고유부가 어떤 형태를 갖는가에 초점이 맞추어 지는 경우가 많다. $f(z)$의 고립 특이점 z_0가 단순 극점이면 극한

$$\lim_{z \to z_0} (z - z_0) f(z) := b_1$$

[5] 식 (8.48)은 $f(z)$의 고립 특이점 $z = -1$에서의 로랑의 급수이다. 식 (8.48)로부터 $z = -1$는 $f(z)$의 단순 극점임을 알 수 있다.

[6] $f(z)$는 $|z| < 1$에서 해석적이므로 급수 (8.51)은 $f(z)$의 테일러 급수와 일치한다.

이 존재하기 때문에 $f(z)$의 z_0에서의 로랑급수의 고유부는 $\frac{b_1}{z-z_0}$이다.

[예제 8.5] $f(z) = \frac{z}{z^2+4}$의 고립 특이점 $z = 2i$에서의 로랑급수의 고유부를 찾아라.

(풀이) 극한

$$\begin{aligned}\lim_{z\to 2i}(z-2i)f(z) &= \lim_{z\to 2i}\frac{z(z-2i)}{z^2+4} = \lim_{z\to 2i}\frac{z}{z+2i}\\ &=\frac{1}{2}\end{aligned}$$

이 존재하므로 $z = 2i$는 $f(z)$의 단순 극점이고 고유부는 $\frac{1}{2(z-2i)}$ 이다. 즉, $f(z)$의 $z = 2i$가 빠진 근방에서 $f(z)$는

$$f(z) = \frac{1}{2(z-2i)} + g(z)$$

의 형태를 갖는다. 여기서 $g(z)$는 $z = 2i$근방에서 해석적인 함수이다. □

8.3 문제해결

1. 다음 함수의 $z = 0$에서의 특이점의 종류를 구분하여라.

   (1) $\dfrac{1-\cos z}{z}$ (2) $\dfrac{e^{z^2}}{z^3}$

   (3) $\dfrac{z^2}{e^{z^4}}$ (4) $\dfrac{\cosh\frac{1}{z}}{z}$

2. 다음 함수의 고립 특이점을 찾고 그 특이점의 종류를 구분하여라.

   (1) $\dfrac{1}{(2\sin z-1)2}$ (2) $\dfrac{z}{e^{1/z}-1}$

   (3) $\cos(z^2+z^{-2})$ (4) $\tan^{-1}(z^2+2z+2)$

3. 함수 $f(z) = \dfrac{1-\cos z}{z^2}$가 정함수가 되도록 $f(0)$을 정하여라.

4. 주어진 영역에서 $f(z) = \dfrac{1}{(z-i)(z-2)}$의 z_0에서의 로랑의 급수를 찾아라

   (1) $z_0 = 0,\ 0 < |z| < 1$ (2) $z_0 = i,\ 0 < |z-i| < 1$

(3) $z_0 = 0,\ 1 < |z| < 2$ (4) $z_0 = 2,\ 0 < |z-2| < 1$

5. 주어진 영역에서 다음 함수의 z_0에서의 로랑의 급수를 구하여라.

(1) $\dfrac{1}{z-3}$ $(z_0 = 0,\ |z| > 3)$

(2) $\dfrac{1}{(z-1)(2-z)}$ $(z_0 = 2,\ 0 < |z-2| < 1)$

(3) $\dfrac{1}{z(z-2)}$ $(z_0 = 0,\ |z| > 2)$

(4) $\dfrac{z}{z^2+1}$ $(z_0 = 3,\ |z-3| > 2)$

6. 주어진 영역에서 다음 함수의 z_0에서의 로랑의 급수를 찾고 고유부를 말하여라.

(1) $\dfrac{z^2}{z^4-1}$ $(z_0 = i,\ 0 < |z-i| < \sqrt{2})$

(2) $\dfrac{z^2}{z^4-1}$ $(z_0 = -i,\ 0 < |z+i| < \sqrt{2})$

(3) $\dfrac{\sin z}{z^4}$ $(z_0 = 0,\ |z| > 0)$

(4) $\dfrac{z^3}{(z-1)^2(z-2)}$ $(z_0 = 1,\ 0 < |z-1| < 1)$

7. $|z| > 0$에서 $\sin z \sin \frac{1}{z}$의 로랑의 급수를 찾아라.

8. 다음 함수 $f(z)$의 고립 특이점 $z = 0$에서의 로랑급수를 찾고, $z = 0$가 제거 가능한 특이점임을 보여라:

$$f(z) = \frac{(e^z - 1)^2}{z^2}.$$

9. $z = 0$가 $\frac{\sin z}{z^5}$의 4차 극점임을 보여라.

10. 다음 함수의 고립 특이점의 특성을 설명하여라.

(1) $\frac{\cos z^2}{z^5}$ (2) $\cos \frac{1}{z-\pi}$

11. $f(z)$가 z_0에서 m차의 극점을 갖고, $p(z)$가 n차 다항식일 때 z_0가 $p(f(z))$의 mn차 극점임을 보여라.

12. z_0가 $f(z)$의 고립 특이점이고

$$\lim_{z\to z_0}(z-z_0)^\alpha f(z) = A,\ \ A \neq 0,\ \infty$$

이면, α는 정수임을 보여라.

13. $f(z)$가 $0 < |z| < \epsilon$에서 해석적이고 $\lim_{z\to 0}|zf(z)| = 0$이면, $z = 0$는 $f(z)$의 제거 가능한 특이점임을 보여라.

14. 유리함수[7]가 특이점을 가지면 그 특이점은 극점임을 보여라.

15. 함수 $f(z)$가 확장된 복소평면에서 극점 이외의 특이점을 갖지 않으면 $f(z)$는 유리함수임을 보여라.

16. $\cos z$는 $|z| > R\ (R > 0)$에서 임의의 복소수에 무한히 가깝게 될 수 있음을 설명하여라.

17. (1) $-1 < a < 1$일 때 다음 식이 성립함을 보여라.

$$\frac{a}{z-a} = \sum_{n=1}^{\infty}\frac{a^n}{z^n}\quad (|a| < |z|)$$

(2) 위 (1)의 결과를 이용하여 $-1 < a < 1$일 때 다음이 성립함을 보여라.

$$\sum_{n=1}^{\infty} a^n \cos n\theta = \frac{a\cos\theta - a^2}{1-2a\cos\theta + a^2},\quad \sum_{n=1}^{\infty} a^n \sin n\theta = \frac{a\sin\theta - a^2}{1-2a\cos\theta + a^2}$$

[7] $p(z)$, $q(z)$가 다항식일 때 $\frac{p(z)}{q(z)}$ 형태의 함수를 유리함수라고 한다.

제 9 장

유수정리와 그 응용

단순연결 영역에서 해석적인 함수를 영역 안의 단순닫힌 경로를 따라 적분하면 그 결과는 코시의 정리에 의해 그 값이 0이었다. 그러나 단순닫힌 경로 안쪽에 고립 특이점을 갖는 경우의 적분은 코시의 정리를 적용할 수 없지만, 다행이도 이 경우에도 적분을 계산할 수 있는 편리한 방법이 있다. 이 장에서는 고립 특이점에서 유수라는 특별한 값을 정의한다.

유수는 고립 특이점을 갖는 함수의 적분에서 중요한 역할을 한다. 유수를 이용한 적분법은 실함수의 적분 가운데 미적분학의 방법으로는 적분이 어렵거나 불가능한 함수의 적분을 가능하게 해 주는 경우가 있다. 이 장에서는 고립 특이점에서 유수를 찾는 방법, 유수정리와 그를 이용한 적분법에 대해 알아본다.

9.1 유수정리

앞의 8장에서 $f(z)$가 z_0에서 고립 특이점을 가지면, $f(z)$는 z_0가 빠진 근방 $0 < |z - z_0| < R_2$에서 로랑의 급수

$$f(z) = \cdots + \frac{b_2}{(z-z_0)^2} + \frac{b_1}{z-z_0} + a_0 + a_1(z-z_0) + a_2(z-z_0)^2 + \cdots \tag{9.1}$$

로 나타낼 수 있음을 보았다.

γ가 z_0가 빠진 근방에서 z_0을 싸고 도는 닫힌단순 경로일 때, 고유부의 계수

b_n은 적분

$$b_n = \frac{1}{2\pi i}\int_\gamma \frac{f(z)}{(z-z_0)^{-n+1}}dz \quad (n=1,2,\cdots) \tag{9.2}$$

로 나타낼 수 있었다. 앞의 식 (9.2)에서 $n=1$일 때

$$\int_\gamma f(z)\,dz = b_1 2\pi i \tag{9.3}$$

를 얻는다. 이것은 함수 $f(z)$의 로랑의 급수 (9.1)에서 $\frac{1}{z-z_0}$의 계수 b_1이 적분 $\int_\gamma f(z)dz$의 계산에 결정적인 역할을 한다는 것을 의미한다.

정의 9.1 z_0가 $f(z)$의 고립 특이점이고 z_0에서 $f(z)$의 로랑의 급수가 식 (9.1)과 같을 때 $\frac{1}{z-z_0}$의 계수 b_1을 z_0에서 $f(z)$의 유수(residue)라 하고

$$\text{Res}\,(f,z_0) = b_1 \tag{9.4}$$

로 나타낸다. ♦

[예 1] 함수 $g(z)=\frac{1}{z^2}$는 $z=0$를 고립 특이점으로 갖고, 그 자체로 $z_0=0$에서의 로랑의 급수이지만, 항 $\frac{1}{z}$를 포함하지 않으므로

$$\text{Res}(\frac{1}{z^2},0) = 0$$

이다. 그러므로

$$\int_{|z|=1} \frac{1}{z^2}dz = 2\pi i\,\text{Res}\,(\frac{1}{z^2},0) = 0$$

이다. 이는 적분 $\int_{|z|=1}\frac{f(z)}{z^2}dz$의 계산에 $f(z) = 1$이라 놓고 코시의 적분공식을 적용하여 얻은 결과

$$\int_{|z|=1} \frac{1}{z^2}dz = 2\pi i f'(0) = 0$$

와 일치한다. □

[예제 9.1] $f(z)=z\cos\frac{1}{z}$의 유수 Res $(f,0)$를 찾고, 적분 $\int_{|z|=1} z\cos\frac{1}{z}\,dz$를 계산하여라.

(풀이) 정함수 $\cos z$는 테일러 급수 $\cos z = 1 - \frac{z^2}{2!} + \frac{z^4}{4!} - \cdots$ 로 나타낼 수 있으므로

$$z \cos \frac{1}{z} = z - \frac{1}{2!z} + \frac{1}{4!z^3} - \cdots$$

이다. 그러므로 $\text{Res}\,(f, 0) = -\frac{1}{2}$이고,

$$\int_{|z|=1} z \cos \frac{1}{z}\, dz = 2\pi i \text{Res}\,(f, 0) = 2\pi i \left(-\frac{1}{2}\right) = -\pi i$$

이다. □

정리 9.1 [유수정리(Residue Theorem)] γ를 양의 방향을 갖는 단순닫힌 경로라고 하자. 만약 $f(z)$가 γ 안쪽의 유한개의 고립 특이점 $z_1, z_2, \cdots, z_n$을 제외한 γ의 안쪽과 위에서 해석적이면

$$\int_\gamma f(z) dz = 2\pi i \sum_{j=1}^{n} \text{Res}\,(f, z_j) \tag{9.5}$$

이다. ♦

(증명) 아래 그림 9.1과 같이 각각의 j $(j = 1, 2, \cdots, n)$에 대해 z_j를 중심으로 하는 양의 방향을 갖는 원 γ_j을 택하자. $z_1, z_2, \cdots, z_n$이 고립된 특이점이므로 각각의 원의 반지름을 충분히 작게 택하면 각각의 원들이 서로 만나지 않고 γ의 안쪽에 놓이게 할 수 있다.

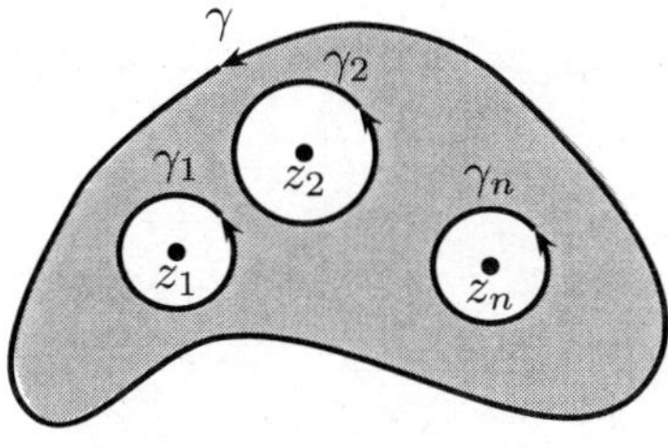

그림 9.1

각각의 j $(j = 1, 2, \cdots, n)$에 대해

$$\int_{\gamma_j} f(z)\, dz = 2\pi i \text{Res}(f, z_j) \tag{9.6}$$

이고, 다중연결 영역에서의 코시의 정리에 의해

$$\int_\gamma f(z)\,dz - \sum_{j=1}^{n}\int_{\gamma_j} f(z)\,dz = 0 \tag{9.7}$$

이다. 위 두 식 (9.6), (9.7)로부터

$$\int_\gamma f(z)\,dz = \sum_{j=1}^{n}\int_{\gamma_j} f(z)\,dz = 2\pi i\sum_{j=1}^{n}\mathrm{Res}(f, z_j) \tag{9.8}$$

을 얻는다. □

유수정리에 따라 이제 단순연결 영역 안의 유한개의 고립 특이점을 제외한 나머지 점에서 해석적인 함수의 적분은 고립 특이점에서의 유수를 알면 쉽게 계산할 수 있다.

[예제 9.2] 적분 $\int_{|z|=2}\frac{1}{z^2+1}\,dz$를 계산하여라.

(풀이) $f(z)=\frac{1}{z^2+1}$라 하면

$$f(z) = \frac{1}{z^2+1} = \frac{1}{2i}\left(\frac{1}{z-i} - \frac{1}{z+i}\right)$$

이다. $f(z)$는 $z = \pm i$에서 고립 특이점을 갖고 두 특이점은 모두 원 $|z| = 2$의 안쪽에 있으므로

$$\int_{|z|=2} f(z)\,dz = 2\pi i\,[\mathrm{Res}(f,-i) + \mathrm{Res}(f,i)] \tag{9.9}$$

이다. 그런데

$$\begin{aligned}\frac{1}{z^2+1} = \frac{1}{2i}\left(\frac{1}{z-i} - \frac{1}{z+i}\right) &:= \frac{1}{2i}\frac{1}{z-i} + g_1(z)\\ &:= -\frac{1}{2i}\frac{1}{z+i} + g_2(z)\end{aligned}$$

으로 생각할 수 있다. 여기서 $g_1(z), g_2(z)$는각각 $f(z)$의 $z=i, z=-i$에서 로랑급수의 해석부를 나타낸다. 그러므로

$$\mathrm{Res}(f,i) = \frac{1}{2i},\quad \mathrm{Res}(f,-i) = -\frac{1}{2i}$$

이고

$$\int_{|z|=2} f(z)\,dz = 2\pi i\,[\mathrm{Res}(f,i) + \mathrm{Res}(f,-i)] = 0$$

이다. □

9.2 유수의 계산

유수정리(정리 9.1)에서 본 것처럼 함수 $f(z)$의 유수는 이 함수의 적분과 매우 밀접한 관계에 있고, 함수 $f(z)$의 유수를 계산할 수 있으면 함수 $f(z)$의 적분을 간단하게 계산할 수 있다. 그러나 유수의 계산을 위해 로랑급수를 찾는 것은 쉽지 않은 일이다. 물론

$$e^{\frac{1}{z}} = 1 + \frac{1}{z} + \frac{1}{2!z^2} + \cdots$$

와 같이 로랑의 급수를 알고 있는 경우에는

$$\mathrm{Res}(e^{\frac{1}{z}}, 0) = 1$$

을 쉽게 얻을 수 있지만 함수의 형태에 따라서는 그렇지 않을 수도 있다. 여기서는 로랑의 급수를 찾지 않고 유수를 알아낼 수 있는 방법에 대해 알아본다.

9.2.1 영점

$f(z)$가 정의역 안의 한 점 z_0에서 $f(z_0) = 0$이면 z_0을 $f(z)$의 **영점**(zero point)이라고 한다. $f(z)$가 z_0에서 해석적이면 z_0에서 모든 차수의 미분 $f^{(n)}(z)$가 존재한다. 만약 $f(z_0) = 0$일 때 $f^{(m)}(z_0) \neq 0$이고, $f^{(k)}(z_0) = 0$ $(k = 0, 1, \cdots, m-1)$인 자연수 m이 존재하면 z_0를 $f(z)$의 m차 **영점**(zero of order m)이라고 한다.

[예 2] $f(z) = z\sin z$는 정함수이고,

$$f'(z) = \sin z + z\cos z, \quad f''(z) = 2\cos z - z\sin z,$$
$$f(0) = f'(0) = 0, \quad f''(0) \neq 0$$

이므로, $z = 0$은 $f(z)$의 2차 영점이다. □

정리 9.2 $f(z)$가 z_0에서 해석적이라 하자. z_0가 $f(z)$의 m차 영점이기 위한 필요충분조건은

$$f(z) = (z - z_0)^m g(z), \quad g(z_0) \neq 0 \tag{9.10}$$

인 z_0에서 해석적인 함수 $g(z)$가 존재하는 것이다. ♦

(증명) 먼저 $f(z) = (z - z_0)^m g(z)$라고 가정하자. $g(z)$가 z_0에서 해석적이므로 z_0 근방에서 테일러 급수

$$g(z) = g(z_0) + g'(z_0)(z - z_0) + \frac{g''(z_0)}{2!}(z - z_0)^2 + \cdots \tag{9.11}$$

으로 나타낼 수 있다. 그러므로

$$\begin{aligned} f(z) =& (z - z_0)^m g(z) \\ =& g(z_0)(z - z_0)^m + g'(z_0)(z - z_0)^{m+1} + \frac{g''(z_0)}{2!}(z - z_0)^{m+2} + \cdots \end{aligned}$$

이고, 이것은 z_0근방에서의 $f(z)$의 테일러 급수이고 $g(z_0) \neq 0$이므로

$$f(z_0) = f'(z_0) = \cdots = f^{(m-1)}(z_0) = 0, \quad f^{(m)}(z_0) = \frac{g(z_0)}{m!} \neq 0 \tag{9.12}$$

이다. 따라서 z_0는 $f(z)$의 m차 영점이다.

이제 반대로 $f(z)$가 z_0에서 m차 영점을 갖는다고 가정하자. $f(z)$가 z_0에서 해석적이므로 z_0의 적절한 근방에서 $f(z)$를 테일러 급수로 나타낼 수 있고, $f(z_0) = f'(z_0) = f''(z_0) = \cdots = f^{(m-1)}(z_0) = 0$이므로

$$\begin{aligned} f(z) =& \frac{f^{(m)}(z_0)}{m!}(z - z_0)^m + \frac{f^{(m+1)}(z_0)}{(m+1)!}(z - z_0)^{m+1} + \cdots \\ =& (z - z_0)^m \left(\frac{f^{(m)}(z_0)}{m!} + \frac{f^{(m+1)}(z_0)}{(m+1)!}(z - z_0) + \cdots \right), \quad f^{(m)}(z_0) \neq 0 \end{aligned}$$

와 같이 쓸 수 있다. 급수

$$\frac{f^{(m)}(z_0)}{m!} + \frac{f^{(m+1)}(z_0)}{(m+1)!}(z - z_0) + \cdots$$

는 z_0근방에서 수렴하므로 z_0에서 해석적이다. 그러므로

$$g(z) := \frac{f^{(m)}(z_0)}{m!} + \frac{f^{(m+1)}(z_0)}{(m+1)!}(z - z_0) + \cdots$$

라 놓으면

$$g(z_0) = \frac{f^{(m)}(z_0)}{m!} \neq 0$$

이므로 정리를 만족한다. □

[예제 9.3] 점 $z = \pi$가 함수 $f(z) = (z - \pi)^2 \sin z$의 3차 영점임을 보여라.

(풀이) $\sin z$는 정함수이므로 $z = \pi$에서 테일러 급수

$$\sin z = -(z - \pi) + \frac{(z - \pi)^3}{3!} - \frac{(z - \pi)^5}{5!} + \cdots$$

로 나타낼 수 있으므로

$$\begin{aligned}(z - \pi)^2 \sin z &= (z - \pi)^2 \left(-(z - \pi) + \frac{(z - \pi)^3}{3!} - \frac{(z - \pi)^5}{5!} + \cdots \right) \\ &= (z - \pi)^3 \left(-1 + \frac{(z - \pi)^2}{3!} - \frac{(z - \pi)^4}{5!} + \cdots \right)\end{aligned}$$

이다. 여기서

$$g(z) = -1 + \frac{(z - \pi)^2}{3!} - \frac{(z - \pi)^4}{5!} + \cdots$$

라 하면

$$f(z) = (z - \pi)^3 g(z), \quad g(\pi) \neq 0$$

이므로 $z = \pi$는 $f(z) = (z - \pi)^2 \sin z$의 3차 영점이다. □

9.2.2 극점에서 유수의 계산

앞에서 말한 것처럼 복소함수의 적분에서 유수의 계산은 매우 의미있는 일이다. 그러나 유수의 계산을 위해 매번 로랑의 급수를 구하는 것은 번거로운 일이다. 여기서는 그 점에서의 유수를 구하는 방법에 대해 알아 본다.

정리 9.3 z_0가 $f(z)$의 고립 특이점이라고 하자. z_0가 $f(z)$의 m차 극점이기 위한

필요충분조건은

$$f(z) = \frac{h(z)}{(z-z_0)^m}, \quad h(z_0) \neq 0 \tag{9.13}$$

인 z_0에서 해석적인 함수 $h(z)$가 존재하는 것이다. 이 때 z_0에서 $f(z)$의 유수는

$$\text{Res}(f, z_0) = \frac{h^{(m-1)}(z_0)}{(m-1)!} \tag{9.14}$$

이다. ♦

(증명) $|z - z_0| < \epsilon$에서

$$f(z) = \frac{h(z)}{(z-z_0)^m}, \quad h(z_0) \neq 0$$

라고 하자. $h(z)$가 z_0의 적절한 ϵ-근방에서 해석적이므로 테일러 급수

$$h(z) = h(z_0) + h'(z_0)(z-z_0) + \frac{h''(z_0)}{2!}(z-z_0)^2 + \cdots$$

로 나타낼 수 있으므로 $0 < |z - z_0| < \epsilon$에서

$$\begin{aligned} f(z) = \frac{h(z)}{(z-z_0)^m} &= \frac{h(z_0)}{(z-z_0)^m} + \frac{h'(z_0)}{(z-z_0)^{m-1}} + \frac{h''(z_0)}{2!(z-z_0)^{m-2}} + \cdots \\ &+ \frac{h^{(m-1)}(z_0)}{(m-1)!(z-z_0)} + \frac{h^{(m)}(z_0)}{m!} + \cdots \end{aligned} \tag{9.15}$$

이다. $h(z_0) \neq 0$이므로 z_0는 $f(z)$의 m차 극점이다.

반대로 z_0가 $f(z)$의 m차 극점이라고 가정하면 따름정리 8.4에 의해 z_0근방에서 로랑의 급수는

$$f(z) = \frac{b_m}{(z-z_0)^m} + \cdots + \frac{b_1}{z-z_0} + \sum_{n=0}^{\infty} a_n(z-z_0)^n \; (b_m \neq 0)$$

의 형태를 갖는다. z_0 근방에서

$$h(z) := \begin{cases} (z-z_0)^m f(z), & z \neq z_0 \\ b_m, & z = z_0 \end{cases}$$

로 정의된 함수 $h(z)$는 급수

$$h(z) = b_m + b_{m-1}(z-z_0) + \cdots + b_1(z-z_0)^{m-1} + \sum_{n=0}^{\infty} a_n(z-z_0)^{m+n}$$

으로 나타낼 수 있다. 따라서 $h(z)$는 z_0에서 해석적이고, $b_m \neq 0$이므로 식 (9.13)를 만족한다.

마지막으로 식 (9.15)로부터 z_0에서 $f(z)$의 유수는

$$\mathrm{Res}(f, z_0) = \frac{h^{(m-1)}(z_0)}{(m-1)!} \tag{9.16}$$

임을 알 수 있다. □

[예제 9.4] $f(z) = \frac{z^3+2z}{(z-i)^3}$일 때 적분 $\int_{|z|=2} f(z)dz$를 계산하여라.

(풀이) $z = i$는 $f(z)$의 고립특이점이고 $h(z) := z^3 + 2z$는 정함수이고 $h(i) \neq 0$이므로 $z = i$는 $f(z)$의 3차 극점이고 유수는

$$\mathrm{Res}(f, i) = \frac{h''(i)}{2!} = 3i$$

이다. 그러므로

$$\int_{|z|=2} f(z)dz = 2\pi i \,\mathrm{Res}(f, i) = -6\pi$$

이다. □

정리 9.4 두 함수 $p(z)$, $q(z)$가 z_0에서 해석적이라 하자. $p(z_0) \neq 0$이고 z_0가 $q(z)$의 m차 영점이면, z_0는 $f(z) = \dfrac{p(z)}{q(z)}$의 m차 극점이다.

(증명) z_0는 $\frac{p(z)}{q(z)}$의 고립특이점이고, 해석함수 $q(z)$가 z_0에서 m차 영점을 가지므로 정리 9.2에 의해 z_0에서 해석적인 함수 $g(z)$가 존재하여

$$q(z) = (z - z_0)^m g(z), \quad g(z_0) \neq 0$$

로 쓸 수 있다. 그러므로

$$\frac{p(z)}{q(z)} = \frac{\frac{p(z)}{g(z)}}{(z - z_0)^m} \tag{9.17}$$

와 같이 쓸 수 있다. $g(z)$는 z_0에서 0이 아니므로 $\frac{p(z)}{g(z)}$는 z_0에서 해석적이고 $p(z_0) \neq 0$이므로 $\frac{p(z_0)}{g(z_0)} \neq 0$이다. 따라서 정리 9.3에 의해 z_0는 $f(z) = \frac{p(z)}{q(z)}$의 m차 극점이다.
□

정리 9.4에서 $q(z)$가 z_0에서 1차 영점을 가지면 z_0는 $\frac{p(z)}{q(z)}$의 단순 극점이며, 정리 9.3의 식 (9.14)에 의해

$$\mathrm{Res}\left(\frac{p}{q}, z_0\right) = \frac{p(z_0)}{g(z_0)} \tag{9.18}$$

이다. 여기서 $g(z)$는 z_0 근방에서 $q(z) = (z - z_0)g(z)$를 만족하는 함수이다. 또

$$q'(z) = g(z) + (z - z_0)g'(z), \quad q'(z_0) = g(z_0) \neq 0$$

이므로 z_0 근방에서 $\frac{p(z)}{q(z)}$의 유수는

$$\mathrm{Res}\left(\frac{p}{q}, z_0\right) = \frac{p(z_0)}{q'(z_0)} \tag{9.19}$$

와 같이 구할 수 있다.

[예제 9.5] 함수의 $f(z) = \cot z$일 때 적분 $\int_{|z|=5} f(z)dz$를 계산하여라.

(풀이) $f(z) = \cot z = \frac{\cos z}{\sin z}$는 $\sin z = 0$인 점 $z = n\pi$ $(n \in \mathbb{Z})$에서 1차의 영점을 갖는다. $\sin z$의 영점 $z = n\pi$는 $\cot z$의 고립 특이점이다. 또

$$\cos n\pi = (-1)^n \neq 0$$

이므로 $z = n\pi$는 $\cot z$의 단순극점이고,

$$\mathrm{Res}(\cot z, n\pi) = \frac{\cos z}{(\sin z)'}\Big|_{z=n\pi} = 1 \quad (n \in \mathbb{Z}) \tag{9.20}$$

이다. 그러므로

$$\int_{|z|=5} f(z)dz = 2\pi i[\mathrm{Res}(f, -\pi) + \mathrm{Res}(f, 0) + \mathrm{Res}(f, \pi)] = 6\pi i$$

이다. □

9.2.3 다른 특이점에서 유수의 계산

제거가능한 특이점에서의 유수는 0이다. 제거가능한 특이점을 뺀 근방에서의 로랑급수는 고유부를 포함하지 않기 때문이다.

[예 3] $f(z) = \frac{z^2}{\sin^2 z}$은 $z = 0$에서 고립 특이점을 갖고 분자와 분모는 모두 0을 2차 영점으로 가지므로 $z = 0$는 $f(z)$의 제거가능한 특이점이고

$$\text{Res}(f, 0) = 0$$

이다. □

[예제 9.6] 적분 $\int_{|z|=1} \frac{\sin z}{z} dz$를 계산하여라.

(풀이) $f(z) = \frac{\sin z}{z}$는 $z = 0$에서 제거가능한 특이점을 가지므로 $Res(f, 0) = 0$이다. 그러므로

$$\int_{|z|=1} \frac{\sin z}{z} dz = 0$$

이다. □

극점의 경우와는 달리 본질적 특이점에서 유수를 구하는 정해진 방법은 없다. 주어진 함수에 따라 적절한 방법을 찾아야 한다. 알려진 테일러 급수 또는 로랑의 급수를 활용하는 것이 일반적인 방법이다.

[예 4] $f(z) = e^{z+\frac{1}{z}}$는 0에서 본질적 특이점을 갖는다.

$$\begin{aligned} f(z) &= e^{z+\frac{1}{z}} = e^z e^{\frac{1}{z}} \\ &= \left(1 + z + \frac{z^2}{2!} + \frac{z^3}{3!} + \cdots\right)\left(1 + \frac{1}{z} + \frac{1}{2!z^2} + \frac{1}{3!z^3} + \cdots\right) \end{aligned}$$

이므로, $\frac{1}{z}$의 계수인 유수는 무한급수

$$\text{Res}(f, 0) = 1 + \frac{1}{2!} + \frac{1}{2!3!} + \frac{1}{3!4!} + \cdots$$

로 주어진다. □

[예제 9.7] 적분 $\int_{|z|=1} z^2 \sin \frac{1}{z} dz$를 계산하여라.

(풀이) $f(z) = z^2 \sin \frac{1}{z}$는 $z = 0$ 근방에서 로랑의 급수

$$f(z) = z - \frac{1}{3!z} + \frac{1}{5!z^3} - \frac{1}{7!z^5} + \cdots$$

로 쓸 수 있으므로 $z = 0$에서 본질적 특이점을 갖고 $\mathrm{Res}(f, 0) = -\frac{1}{6}$이다. 그러므로

$$\int_{|z|=1} z^2 \sin \frac{1}{z}\, dz = -\frac{1}{3}\pi i$$

이다. □

9.3 유수정리의 응용

실수에서 계산하기 어려운 적분의 계산은 종종 복소함수로 확장하면 계산이 가능해지는 경우가 있다. 이 때 유수정리가 이용된다. 이 절에서는 유수정리를 이용한 몇 가지 전형적인 형태의 적분 방법에 대해 알아본다.

연속인 실함수 $f(x)$의 무한 구간 $[0, \infty)$에서의 이상적분은

$$\int_0^\infty f(x)dx = \lim_{R \to \infty} \int_0^R f(x)dx \tag{9.21}$$

로 정의하고 오른쪽 변의 극한이 존재하면 수렴한다고 한다. 또 무한구간 $(-\infty, \infty)$에서 연속인 실함수 $f(x)$의 이상적분은

$$\int_{-\infty}^\infty f(x)dx = \lim_{R_1 \to \infty} \int_{-R_1}^0 f(x)dx + \lim_{R_2 \to \infty} \int_0^{R_2} f(x)dx \tag{9.22}$$

로 정의하고 오른쪽 변의 두 극한이 모두 존재하면 수렴한다고 한다.

적분 (9.22)에서 R_1과 R_2의 증가 속도를 같게 극한을 취하여 얻은 적분을

$$PV \int_{-\infty}^\infty f(x)dx = \lim_{R \to \infty} \int_{-R}^R f(x)dx \tag{9.23}$$

와 같이 나타내고 이 적분이 수렴할 경우 그 값을 적분 $\int_{-\infty}^\infty f(x)dx$의 **코시 고유값**(Cauchy principal value)이라고 한다.[1]

[1] $\int_{-\infty}^\infty f(x)dx$가 수렴하면

$$\int_{-\infty}^\infty f(x)dx = PV \int_{-\infty}^\infty f(x)dx$$

9.3.1 이상 적분

실함수의 이상적분

$$\int_0^\infty \frac{1}{x^6+1}\,dx \tag{9.24}$$

의 계산은 미적분학의 방법으로는 쉽지 않다. 이와 같은 형태의 적분은 피적분 함수를 복소함수로 확장하여 유수정리를 이용하면 그 값을 찾을 수 있다.

정리 9.5 $f(z)$가 유한개의 고립 특이점을 제외한 복소평면에서 해석적이고, 실수축 위에는 특이점이 없다고 하자. 만약 $|z| > r$인 모든 z에서

$$|f(z)| \le \frac{M}{|z|^\alpha} \quad (\alpha > 1)$$

인 M이 존재하면,

$$PV\int_{-\infty}^{\infty} f(x)dx = 2\pi i \sum \text{Res}\,(f, z_j^*) \tag{9.25}$$

또는

$$PV\int_{-\infty}^{\infty} f(x)dx = -2\pi i \sum \text{Res}\,(f, z_{j*}) \tag{9.26}$$

이다. 여기서 z_j^*와 z_{j*}는 각각 실수축의 위쪽에 있는 $f(z)$의 고립 특이점과 아래쪽에 있는 고립 특이점을 나타낸다. ♦

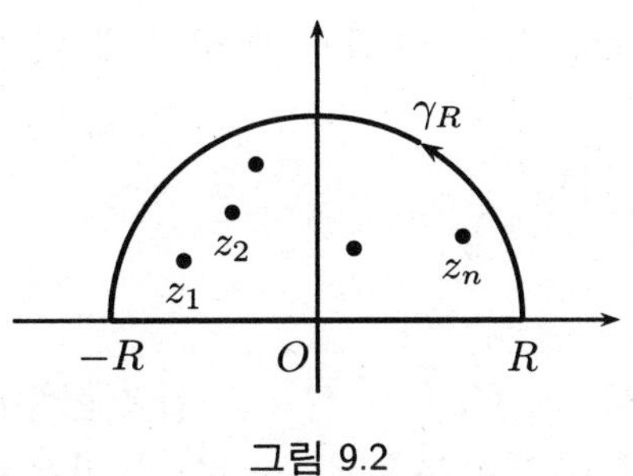

그림 9.2

(증명) 그림 9.2와 같이 γ_R를 원점을 중심으로 하고 반지름이 R인 원의 실수축 윗부분과 실수축에 의해 결정되는 양의 방향을 갖는 단순닫힌 경로라고 하자. R

이다. 그러나 $f(x) = x$에서 알 수 있는 것처럼 $PV\int_{-\infty}^{\infty} f(x)dx$가 수렴한다고 해도 $\int_{-\infty}^{\infty} f(x)dx$는 수렴하지 않을 수 있다.

을 충분히 크게 선택하여 $R > r$이고, γ_R이 실수축 윗부분에 있는 모든 고립특이점들을 포함하게 할 수 있다. 그러므로 유수정리에 의해

$$\int_{\gamma_R} f(z)dz = 2\pi i \sum \text{Res}\,(f, z_j^*) \tag{9.27}$$

이다. 그런데

$$\int_{\gamma_R} f(z)dz = \int_{-R}^{R} f(x)dx + \int_0^\pi f(Re^{i\theta})iRe^{i\theta}d\theta \tag{9.28}$$

이고 식 (9.27), (9.28)은 $R > r$인 모든 R에 대해 성립하므로 정리의 증명을 위해서는

$$\lim_{R\to\infty} \int_0^\pi f(Re^{i\theta})iRe^{i\theta}d\theta = 0$$

임을 보이면 된다.

주어진 조건으로부터

$$\left|\int_0^\pi f(Re^{i\theta})iRe^{i\theta}d\theta\right| \le \int_0^\pi |f(Re^{i\theta})|R\,d\theta \le \frac{M}{R^\alpha}\pi R = \frac{\pi M}{R^{\alpha-1}}$$

을 얻을 수 있고 $\alpha > 1$이므로

$$\lim_{R\to\infty} \int_0^\pi f(Re^{i\theta})iRe^{i\theta}d\theta = 0$$

이다.

식 (9.26)은 실수축 아래 쪽의 반원과 실수축에 의해 결정되는 단순닫힌 경로를 따라 적분하여 얻을 수 있다. 이 때 경로가 실수 축의 양의 방향에서 음의 방향을 향함에 유의해야 한다. □

$p(x)$, $q(x)$가 다항식일 때 $f(x) = \frac{p(x)}{q(x)}$를 **유리함수**(rational function)이라고 한다. 때때로 유리함수의 이상적분은 식 (9.24)의 경우와 같이 미적분학의 방법으로는 계산이 어렵거나 불가능한 경우가 있다. $p(x)$, $q(x)$가 서로 다른 영점을 갖고 $q(x)$가 실수축 위에서는 영점을 갖지 않으며 $\deg q \ge \deg p + 2$일 때 적분

$$\int_{-\infty}^{\infty} \frac{p(x)}{q(x)}dx$$

의 계산은 위의 정리 9.5를 이용할 수 있다.

[예제 9.8] $\displaystyle\int_{-\infty}^{\infty} \frac{dx}{x^2+1}$을 계산하여라.

(풀이) $f(z) = \dfrac{1}{z^2+1}$라 하면 $f(z)$는 $z = \pm i$에서 단순 극점을 갖고

$$\text{Res}\,(f, i) = \frac{1}{2i}, \quad \text{Res}\,(f, -i) = -\frac{1}{2i}$$

이다. 또 충분히 큰 $|z|$에 대해

$$|f(z)| = \left|\frac{1}{z^2+1}\right| \le \frac{2}{|z|^2}$$

이므로 정리 9.5에 의해

$$PV\int_{-\infty}^{\infty} \frac{dx}{x^2+1} = 2\pi i\,\text{Res}\,(f, i) = 2\pi i\frac{1}{2i} = \pi$$

또는

$$PV\int_{-\infty}^{\infty} \frac{dx}{x^2+1} = -2\pi i\,\text{Res}\,(f, -i) = -2\pi i(-\frac{1}{2i}) = \pi$$

이다. □

[예제 9.9] $\displaystyle\int_{0}^{\infty} \frac{dx}{x^6+1}$을 계산하여라.

(풀이) $f(z) = \dfrac{1}{z^6+1}$라 하면 $f(z)$는 모두 6개의 단순 극점을 갖고 이들 중 어느 하나도 실수축 위에 있지 않으며 실수축의 위쪽에 있는 단순 극점은

$$z_1 = e^{\frac{\pi i}{6}},\ z_2 = i,\ z_3 = e^{\frac{5\pi i}{6}}$$

이고, 이들 점에서의 유수는

$$\text{Res}\,(f, e^{\frac{\pi i}{6}}) = -\frac{1}{6}e^{\frac{\pi i}{6}},\ \text{Res}\,(f, i) = -\frac{i}{6},\ \text{Res}\,(f, e^{\frac{5\pi i}{6}}) = -\frac{1}{6}e^{\frac{5\pi i}{6}}$$

이므로 정리 9.5에 의해

$$\begin{aligned} PV\int_{-\infty}^{\infty} \frac{dx}{x^6+1} &= 2\pi i\sum_{j=1}^{3} \text{Res}\,(f, z_j) = -2\pi i\frac{1}{6}\left(e^{\frac{\pi i}{6}} + i + e^{\frac{5\pi i}{6}}\right) \\ &= -\,2\pi i\,\frac{i}{3} = \frac{2\pi}{3} \end{aligned}$$

이다. 그런데 $f(x) = \frac{1}{x^6+1}$ 이 우함수이므로

$$\int_0^\infty \frac{dx}{x^6+1} = \frac{1}{2}\left(PV\int_{-\infty}^\infty \frac{dx}{x^6+1}\right) = \frac{\pi}{3}$$

이다. □

9.3.2 적분 $\int_{-\infty}^\infty f(x)\sin ax\,dx,\ \int_{-\infty}^\infty f(x)\cos ax\,dx$ 의 계산

유수정리를 이용하면 푸리에 해석(Fourier Analysis)에서 자주 볼 수 있는 적분

$$\int_{-\infty}^\infty f(x)\sin ax\,dx,\quad \int_{-\infty}^\infty f(x)\cos ax\,dx$$

를 계산할 수 있다.

보조정리 9.6 [조단의 부등식(Jordan's Inequality)]

$$\int_0^\pi e^{-R\sin\theta}\,d\theta < \frac{\pi}{R} \qquad (R>0) \tag{9.29}$$

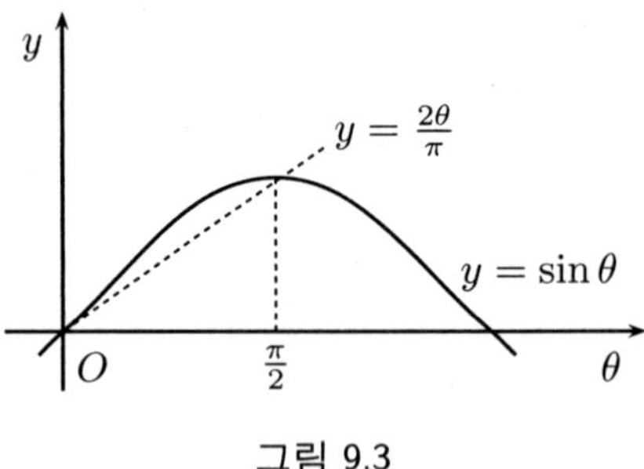

그림 9.3

(증명) 그림 9.3에서 보는 것처럼 구간 $0 \le \theta \le \frac{\pi}{2}$에서 $\sin\theta \ge \frac{2\theta}{\pi}$이므로

$$e^{-R\sin\theta} \le e^{-\frac{2R\theta}{\pi}} \quad (0 \le \theta \le \frac{\pi}{2})$$

이다. 따라서

$$\int_0^{\frac{\pi}{2}} e^{-R\sin\theta}\,d\theta \le \int_0^{\frac{\pi}{2}} e^{-\frac{2R\theta}{\pi}}\,d\theta = \frac{\pi}{2R}(1-e^{-R}) < \frac{\pi}{2R} \quad (R>0)$$

이다. 그러므로 $\sin\theta$의 $\theta = \frac{\pi}{2}$를 중심으로한 대칭성에 의해

$$\int_0^{\pi} e^{-R\sin\theta}\, d\theta < \frac{\pi}{R} \tag{9.30}$$

이다. □

정리 9.7 $f(z)$를 원 $|z| = R_0$의 바깥쪽 상반평면과 실수축에서 해석적인 함수, C_R을 반원 $z = Re^{i\theta}$ $(0 \le \theta \le \pi,\ R > R_0)$이라 하자. 만약 C_R 위의 모든 점 z에서

$$|f(z)| \le M_R \text{ 이고 } \lim_{R\to\infty} M_R = 0$$

인 M_R이 존재하면, 모든 양의 실수 a에 대해

$$\lim_{R\to\infty} \int_{C_R} e^{iaz} f(z) dz = 0 \tag{9.31}$$

이다. ♦

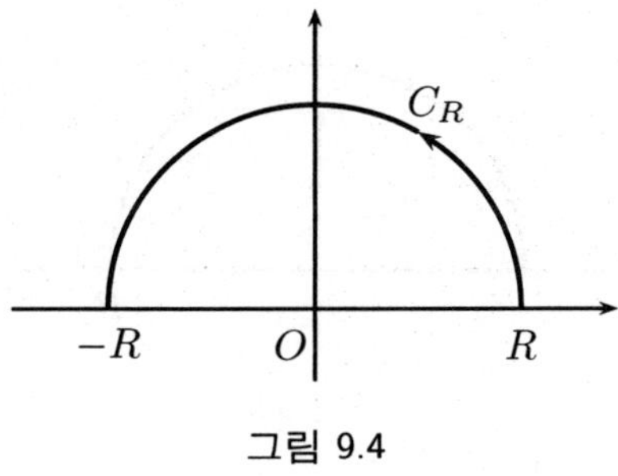

그림 9.4

(증명) $|f(Re^{i\theta})| \le M_R$, $|e^{iaRe^{i\theta}}| = e^{-aR\sin\theta}$이므로 조단의 부등식 (9.29)를 이용

하여 부등식

$$\begin{aligned}\left|\int_{C_R} e^{iaz} f(z)dz\right| &= \left|\int_0^\pi e^{iaRe^{i\theta}} f(Re^{i\theta})iRe^{i\theta}\, d\theta\right| \\ &\le \int_0^\pi \left|e^{iaRe^{i\theta}} f(Re^{i\theta})iRe^{i\theta}\right|\, d\theta \\ &\le RM_R \int_0^\pi e^{-aR\sin\theta}\, d\theta \le 2RM_R \int_0^{\frac{\pi}{2}} e^{\frac{-2aR\theta}{\pi}}\, d\theta \\ &= -2RM_R \frac{\pi}{2aR}(e^{-aR}-1) < \frac{\pi}{a}M_R\end{aligned}$$

을 얻는다. 그런데 $\lim_{R\to\infty} M_R = 0$이므로 정리는 사실이다. □

정리 9.8 $f(z)$가 유한개의 극점을 뺀 나머지 복소평면에서 해석적이고 어떤 극점도 실수축 위에 있지 않으며, 실수축 위의 점에서 실수값을 갖는($f(x) \in \mathbb{R}$) 함수라 하자. 만일 $|z| > R$인 모든 z에 대해

$$|f(z)| \le \frac{M}{|z|^\alpha} \quad (\alpha > 0) \tag{9.32}$$

인 R, M이 존재하면

$$PV\int_{-\infty}^{\infty} e^{iax} f(x)dx = 2\pi i \sum \text{Res}\,(e^{iaz} f(z), z_j^*) \quad a > 0 \tag{9.33}$$

이다. 여기서 z_j^*는 실수축의 위쪽에 있는 $f(z)$의 극점이다. ♦

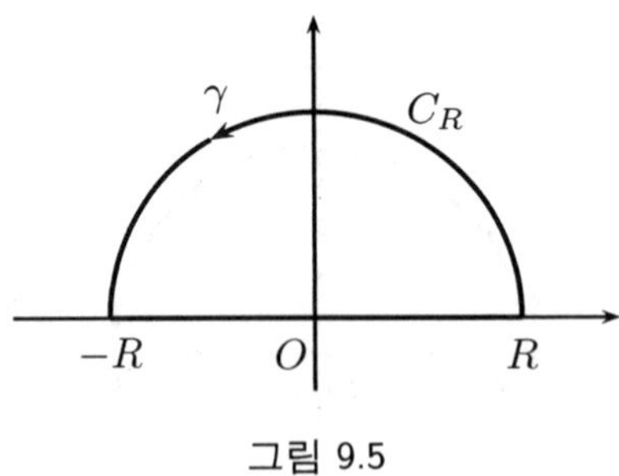

그림 9.5

(증명) $f(z)$가 유한개의 극점을 뺀 나머지에서 해석적이므로 $f(z)$가 $|z| > R_0$에서 해석적이 되도록 하는 $R_0 > 0$을 찾을 수 있다. 정리 9.7에서와 같이 C_R을 반원

$z = Re^{i\theta}$ $(0 \le \theta \le \pi,\ R > R_0)$, γ_R을 C_R과 실수축에 의해 결정되는 양의 방향을 갖는 단순닫힌 경로라 하면

$$\begin{aligned}\int_{\gamma_R} e^{iaz} f(z)dz &= \int_{-R}^{R} e^{iax} f(x)dx + \int_{C_R} e^{iaz} f(z)dz \\ &= 2\pi i \sum \text{Res}\,(e^{iaz} f(z), z_j^*) \end{aligned} \tag{9.34}$$

이다. 그런데 C_R 위의 모든 점에서

$$|f(z)| \le \frac{M}{|z|^\alpha} = \frac{M}{R^\alpha} \quad (\alpha > 0)$$

이고

$$\lim_{R\to\infty} \frac{M}{R^\alpha} = 0$$

이므로 정리 9.7에 의해

$$\lim_{R\to\infty} \int_{C_R} e^{iaz} f(z)dz = 0$$

이다. 그러므로 식 (9.34)에서 $R \to \infty$하면 정리가 증명된다. □

앞의 식 (9.34)에서

$$\begin{aligned}\int_{-\infty}^{\infty} e^{iax} f(x)\,dx &= \int_{-\infty}^{\infty} f(x)\cos ax\,dx + i\int_{-\infty}^{\infty} f(x)\sin ax\,dx \\ &= 2\pi i \sum \text{Res}\,(e^{iaz} f(z), z_j^*) \end{aligned} \tag{9.35}$$

이고, $f(x) \in \mathbb{R}$이므로 다음의 두 식을 얻는다:

$$\begin{aligned}\int_{-\infty}^{\infty} f(x)\cos ax\,dx &= \text{Re}\left(2\pi i \sum \text{Res}\,(e^{iaz} f(z), z_j^*)\right), \\ \int_{-\infty}^{\infty} f(x)\sin ax\,dx &= \text{Im}\left(2\pi i \sum \text{Res}\,(e^{iaz} f(z), z_j^*)\right). \end{aligned} \tag{9.36}$$

[예제 9.10] 적분 $\displaystyle\int_{-\infty}^{\infty} \frac{\cos 3x}{x^2+1}\,dx$를 계산하여라.

(풀이) $f(z) = \frac{1}{z^2+1}$이라 놓으면 $f(z)$는 $z = \pm i$에서 단순 극점을 갖고 충분히 큰 $|z|$에 대해

$$|f(z)| \le \frac{2}{|z|^2}$$

이므로 정리 9.8를 적용할 수 있다. $e^{3iz}f(z)$는 상반평면 위의 점 $z = i$에서 단순 극점을 가지며

$$\text{Res}(e^{3iz}f(z), i) = \frac{e^{-3}}{2i}$$

이므로

$$\begin{aligned}\int_{-\infty}^{\infty} \frac{\cos 3x}{x^2+1}\, dx =& \text{Re} \int_{-\infty}^{\infty} \frac{e^{i3z}}{z^2+1}\, dz = \text{Re}\left[2\pi i \text{Res}\left(e^{3iz}f(z), i\right)\right] \\ =& \frac{\pi}{e^3}\end{aligned}$$

이다. □

9.3.3 분기점을 포함하는 적분

실수 구간에서의 적분에서 실함수를 복소함수로 확장한 함수가 실수축에 고립특이점을 갖는 경우 정리 9.8를 이용할 수 없다. 그러나 특수한 경우에는 경로를 적절히 선택하여 적분을 계산할 수 있다. 다음은 실수축에 하나의 고립특이점을 갖는 경우의 적분이다.

[예제 9.11] $\displaystyle\int_0^{\infty} \frac{\sin x}{x}\, dx = \frac{\pi}{2}$임을 보여라.

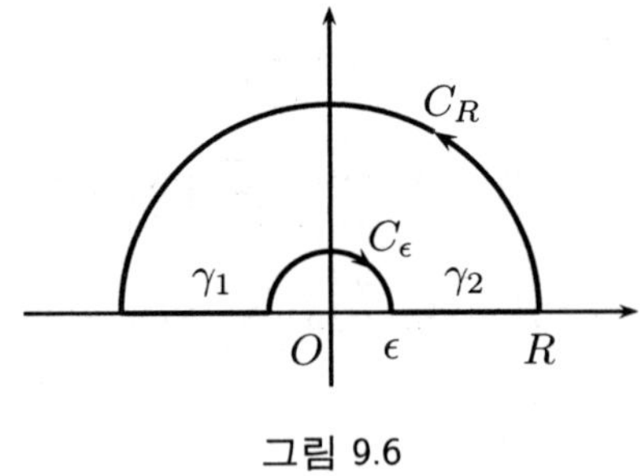

그림 9.6

(풀이) 그림 9.6에서와 같이

$$\gamma := C_R + \gamma_1 + C_\epsilon + \gamma_2$$

라고 하고

$$f(z) = \frac{e^{iz}}{z}$$

라 놓자. $f(z)$는 γ의 위와 안쪽에서 해석적이므로 코시의 정리에 의해

$$\begin{aligned}\int_\gamma f(z)\,dz =& \int_{C_R} \frac{e^{iz}}{z}\,dz + \int_{\gamma_1} \frac{e^{iz}}{z}\,dz + \int_{C_\epsilon} \frac{e^{iz}}{z}\,dz + \int_{\gamma_2} \frac{e^{iz}}{z}\,dz \\ =& 0\end{aligned}$$

이므로

$$\int_{\gamma_1} \frac{e^{iz}}{z}\,dz + \int_{\gamma_2} \frac{e^{iz}}{z}\,dz = -\int_{C_R} \frac{e^{iz}}{z}\,dz - \int_{C_\epsilon} \frac{e^{iz}}{z}\,dz \tag{9.37}$$

이다. 그런데 γ_2와 $-\gamma_1$은 각각

$$\gamma_2 : z = re^{i0} = r, \quad -\gamma_1 : re^{i\pi} = -r \quad (\epsilon \le r \le R)$$

로 나타낼 수 있으므로

$$\begin{aligned}\int_{\gamma_1} \frac{e^{iz}}{z}\,dz + \int_{\gamma_2} \frac{e^{iz}}{z}\,dz =& \int_{\gamma_2} \frac{e^{iz}}{z}\,dz - \int_{-\gamma_1} \frac{e^{iz}}{z}\,dz \\ =& \int_\epsilon^R \frac{e^{ir}}{r}\,dr - \int_\epsilon^R \frac{e^{-ir}}{r}\,dr \\ =& 2i \int_\epsilon^R \frac{e^{ir} - e^{-ir}}{2ir} \\ =& 2i \int_\epsilon^R \frac{\sin r}{r}\,dr\end{aligned} \tag{9.38}$$

이다. 따라서 식 (9.37), (9.38)에 의해

$$2i \int_\epsilon^R \frac{\sin r}{r}\,dr = -\int_{C_R} \frac{e^{iz}}{z}\,dz - \int_{C_\epsilon} \frac{e^{iz}}{z}\,dz \tag{9.39}$$

이다. 그런데 조단의 부등식(보조정리 9.6)에 의해

$$\begin{aligned}\left|\int_{C_R} \frac{e^{iz}}{z}\,dz\right| =& \left|\int_0^\pi \frac{e^{iRe^{i\theta}}}{Re^{i\theta}} iRe^{i\theta}\,d\theta\right| \le \int_0^\pi |e^{iRe^{i\theta}}|d\theta \\ =& \int_0^\pi e^{-R\sin\theta} d\theta = 2\int_0^{\frac{\pi}{2}} e^{-R\sin\theta} d\theta \\ <& \frac{\pi}{R}\end{aligned}$$

이므로

$$\lim_{R\to\infty} \int_{C_R} \frac{e^{iz}}{z}\,dz = 0 \tag{9.40}$$

이다. 한편 $z=0$ 근방에서

$$\begin{aligned}\frac{e^{iz}}{z} =& \frac{1}{z}\left(1+iz+\frac{(iz)^2}{2!}+\frac{(iz)^3}{3!}+\cdots\right)\\ =& \frac{1}{z}+i+\frac{i^2}{2!}z++\frac{i^3}{3!}z^2+\cdots\end{aligned} \tag{9.41}$$

이다. $g(z)=i+\frac{i^2}{2!}z++\frac{i^3}{3!}z^2+\cdots$라 하면 $g(z)$는 $z=0$에서 해석적으로 $\epsilon>0$을 충분히 작게 택하면 $|z|\le\epsilon$인 모든 z에 대해 $|g(z)|\le M$인 M이 존재한다. 그러므로

$$\left|\int_{C_\epsilon} g(z)\,dz\right| \le \int_{C_\epsilon} |g(z)|\,|dz| \le \pi M\epsilon \tag{9.42}$$

이고, 또

$$\int_{C_\epsilon} \frac{1}{z}\,dz = -\int_0^\pi \frac{1}{\epsilon\, e^{i\theta}}\, i\epsilon\, e^{i\theta} d\theta = -\pi i \tag{9.43}$$

이므로 식 (9.41-43)으로부터

$$\lim_{\epsilon\to 0}\int_{C_\epsilon} \frac{e^{iz}}{z}\,dz = -\pi i \tag{9.44}$$

를 얻는다.

따라서 식 (9.39), (9.40), (9.44)로부터

$$\int_0^\infty \frac{\sin x}{x}\,dx = \frac{\pi}{2}$$

이다. □

9.3.4 적분 $\int_0^\infty \sin x^2\,dx,\ \int_0^\infty \cos x^2\,dx$ 의 계산

미적분학에서 공부한 방법으로 적분

$$\int_0^\infty \sin x^2\,dx,\ \int_0^\infty \cos x^2\,dx$$

를 계산하는 것은 어렵다. 물론 유수정리를 이용하여 적분을 계산하는 것도 쉬운 일은 아니지만 결과를 찾을 수 있는 가능한 방법이다.

보조정리 9.9

$$\int_0^\infty e^{-x^2}\,dx = \frac{\sqrt{\pi}}{2} \tag{9.45}$$

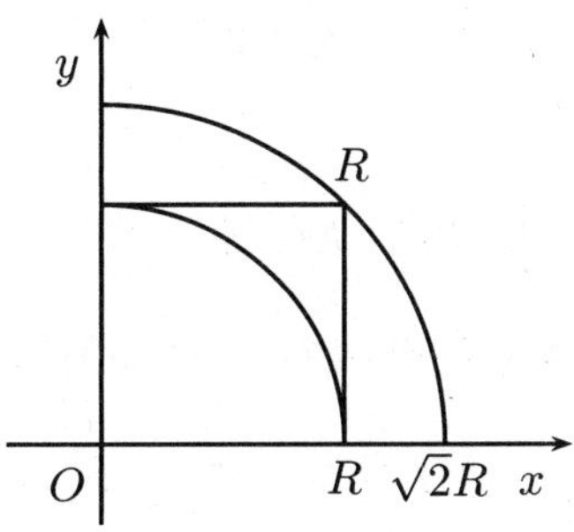

그림 9.7

(증명) $R > 0, I := \int_0^R e^{-x^2}\,dx$이라 하면,

$$I^2 = \left(\int_0^R e^{-x^2}\,dx\right)\left(\int_0^R e^{-x^2}\,dx\right) = \int_0^R \int_0^R e^{-(x^2+y^2)}\,dx\,dy$$

로 쓸 수 있다. 그런데 그림 9.7에서 보는 것처럼

$$\int_0^{\frac{\pi}{2}} \int_0^R e^{-r^2} r\,dr\,d\theta \le \int_0^R \int_0^R e^{-(x^2+y^2)}\,dx\,dy \le \int_0^{\frac{\pi}{2}} \int_0^{\sqrt{2}R} e^{-r^2} r\,dr\,d\theta,$$

또는

$$\frac{\pi}{4}(1-e^{-R^2}) \le \left(\int_0^R e^{-x^2}\,dx\right)^2 \le \frac{\pi}{4}(1-e^{-2R^2}) \tag{9.46}$$

이다. 위 부등식 (9.46)에서 R을 ∞로 보내면,

$$\left(\int_0^\infty e^{-x^2}\,dx\right)^2 = \frac{\pi}{4}$$

를 얻는다. □

위의 보조정리를 이용하면 $\int_0^\infty \sin x^2\,dx$와 비슷한 유형의 적분을 계산할 수 있다.

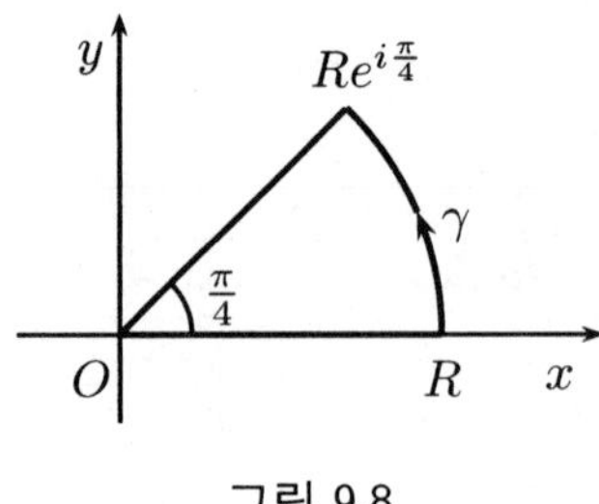

그림 9.8

[예제 9.12] $\int_0^\infty \cos x^2\,dx = \frac{\sqrt{2\pi}}{4}$ 임을 보여라.

(풀이) $f(z) = e^{iz^2}$, γ를 그림 9.8에 주어진 경로라고 하자. $f(z)$는 정함수이므로

$$\begin{aligned}\int_\gamma e^{iz^2}\,dz &= \int_0^R e^{ix^2}\,dx + \int_0^{\frac{\pi}{4}} e^{iR^2e^{i2\theta}} iRe^{i\theta}\,d\theta + \int_R^0 e^{i(te^{\frac{\pi}{4}i})^2} e^{\frac{\pi}{4}i}dt \\ &= \int_0^R e^{ix^2}\,dx + \int_0^{\frac{\pi}{4}} e^{iR^2e^{i2\theta}} iRe^{i\theta}\,d\theta - e^{\frac{\pi}{4}i}\int_0^R e^{-t^2}dt \\ &=0\end{aligned}$$

이고, 조단의 부등식에 의해

$$\begin{aligned}\left|\int_0^{\frac{\pi}{4}} e^{iR^2e^{i2\theta}} iRe^{i\theta}\,d\theta\right| &\le \int_0^{\frac{\pi}{4}} \left|e^{iR^2e^{i2\theta}} iRe^{i\theta}\right|\,d\theta \\ &= \int_0^{\frac{\pi}{4}} e^{-R^2\sin 2\theta} R\,d\theta = \frac{R}{2}\int_0^{\frac{\pi}{2}} e^{-R^2\sin\theta}\,d\theta \\ &< \frac{R}{2}\frac{\pi}{2R^2} = \frac{\pi}{4R} \end{aligned} \tag{9.47}$$

이므로,

$$\lim_{R\to\infty}\int_0^{\frac{\pi}{4}} e^{iR^2e^{i2\theta}} iRe^{i\theta}\,d\theta = 0$$

이다. 따라서

$$\int_0^R e^{ix^2}\,dx = -e^{\frac{\pi}{4}i}\int_0^R e^{-t^2}dt$$

이고, 보조정리 9.9에 의해

$$\begin{aligned}\int_0^\infty e^{ix^2}\,dx = \int_0^\infty \cos x^2\,dx + i\int_0^\infty \sin x^2\,dx &= e^{\frac{\pi}{4}i}\int_0^\infty e^{-t^2}dt \\ &= \frac{1}{\sqrt{2}}(1+i)\frac{\sqrt{\pi}}{2} = \frac{\sqrt{2\pi}}{4}(1+i)\end{aligned}$$

을 얻는다. 그러므로

$$\int_0^\infty \cos x^2\,dx = \int_0^\infty \sin x^2\,dx = \frac{\sqrt{2\pi}}{4}$$

이다. □

9.3.5 유리 삼각함수의 정적분

$\cos\theta$, $\sin\theta$를 포함하는 함수 $R(\cos\theta, \sin\theta)$의 정적분

$$\int_0^{2\pi} R(\cos\theta, \sin\theta)d\theta \tag{9.48}$$

에서 변수 θ는 0에서 2π까지 변하는 것으로 원점을 중심으로 하는 원 γ를 따라 반시계 방향으로 움직이는 점 z의 편각으로 생각할 수 있다. 여기서 γ의 반지름을 1로 택하면 γ는

$$\gamma : z(\theta) = e^{i\theta},\ \ 0 \le \theta \le 2\pi \tag{9.49}$$

로 나타낼 수 있다. 그런데

$$\frac{dz}{d\theta} = ie^{i\theta} = iz \tag{9.50}$$

이고,

$$\sin\theta = \frac{e^{i\theta} - e^{-i\theta}}{2i},\quad \cos\theta = \frac{e^{i\theta} + e^{-i\theta}}{2}$$

이므로

$$\sin\theta = \frac{z - z^{-1}}{2i},\quad \cos\theta = \frac{z + z^{-1}}{2},\quad d\theta = \frac{dz}{iz} \tag{9.51}$$

이다.

정리 9.10 $R(\cos\theta, \sin\theta)$가 $\cos\theta$, $\sin\theta$의 함수이면,

$$\int_0^{2\pi} R(\cos\theta, \sin\theta)\,d\theta = 2\pi i \sum \mathrm{Res}\,(f, z_j)$$

이다. 여기서

$$f(z) = \frac{R\left(\frac{z-z^{-1}}{2i}, \frac{z+z^{-1}}{2}\right)}{iz} \tag{9.52}$$

이고 z_j는 단위원 안에 있는 $f(z)$의 고립 특이점이며, $f(z)$는 단위원 위에서 특이점을 갖지 않는다. ♦

(증명) γ를 원점을 중심으로 하고 반지름이 1인 양의 방향을 갖는 원이라고 하자. $f(z)$가 γ 위에서 해석적이므로

$$\int_\gamma f(z)\,dz = 2\pi i \sum \text{Res}\,(f, z_j)$$

이다. 그런데 z가 γ를 따라 움직이므로 $z = e^{i\theta}$를 대입하면 식 (9.51), (9.52)에 의해

$$\begin{aligned}\int_\gamma f(z)\,dz &= \int_0^{2\pi} f(e^{i\theta}) ie^{i\theta}\,d\theta \\ &= \int_0^{2\pi} R\left(\frac{e^{i\theta}+e^{-i\theta}}{2}, \frac{e^{i\theta}-e^{-i\theta}}{2i}\right)\frac{ie^{i\theta}}{ie^{i\theta}}\,d\theta \\ &= \int_0^{2\pi} R(\cos\theta, \sin\theta)\,d\theta\end{aligned}$$

을 얻는다. □

[예 5] 두 수 $a, b\ (a > |b|)$가 실수일 때 적분

$$\int_0^{2\pi} R(\sin\theta, \cos\theta)\,d\theta = \int_0^{2\pi} \frac{1}{a + b\cos\theta}\,d\theta$$

를 계산하기 위해 $z = e^{i\theta}$로 놓으면 식 (9.51)에 의해

$$\begin{aligned}\int_0^{2\pi} \frac{1}{a+b\cos\theta}\,d\theta &= \int_\gamma \frac{1}{a + \frac{b(z+z^{-1})}{2}}\frac{dz}{iz} \\ &= \frac{2}{bi}\int_\gamma \frac{1}{z^2 + \frac{2a}{b}z + 1}\,dz\end{aligned}$$

를 얻는다. 그런데

$$f(z) := \frac{1}{z^2 + \frac{2a}{b}z + 1}$$

는 두 개의 단순 극점

$$z_1 = \frac{-a + \sqrt{a^2 - b^2}}{b}, \quad z_2 = \frac{-a - \sqrt{a^2 - b^2}}{b}$$

를 갖는다. $|z_1| < 1$, $|z_2| > 1$이므로

$$\int_0^{2\pi} \frac{1}{a+b\cos\theta}\,d\theta = \frac{2}{bi}\,2\pi i\,\mathrm{Res}(f, z_1)$$

이다. 또 z_1에서 $f(z)$의 유수는

$$\lim_{z\to z_1}(z-z_1)f(z) = \frac{b}{2\sqrt{a^2-b^2}}$$

이므로

$$\int_0^{2\pi} \frac{1}{a+b\cos\theta}\,d\theta = \frac{2}{bi}\,2\pi i\,\mathrm{Res}(f, z_1) = \frac{2\pi}{\sqrt{a^2-b^2}}$$

이다. □

[예제 9.13] 다음 적분 $\int_0^{2\pi} \frac{2}{2+\sin\theta}\,d\theta$를 계산하여라.

(풀이) $z = e^{i\theta}$라 놓으면

$$\sin\theta = \frac{z-z^{-1}}{2i}, \quad dz = iz\,d\theta$$

이므로

$$\int_0^{2\pi} \frac{2}{2+\sin\theta}\,d\theta = \int_\gamma \frac{4}{z^2+4iz-1}\,dz$$

이다. γ는 양의 방향을 갖는 원 $|z| = 1$이다. 여기서

$$f(z) = \frac{4}{z^2+4iz-1}$$

라 하면 $f(z)$는 점

$$z_1 = (-2+\sqrt{3})i, \quad z_2 = (-2-\sqrt{3})i$$

에서 단순극점을 갖는다. 그런데 $|z_1| < 1$, $|z_2| > 1$이고,

$$\mathrm{Res}(f, z_1) = \lim_{z\to z_1}(z-z_1)f(z) = \frac{2}{\sqrt{3}\,i}$$

이므로 유수정리에 의해

$$\int_0^{2\pi} \frac{2}{2+\sin\theta}\,d\theta = \int_\gamma \frac{4}{z^2+4iz-1}\,dz = 2\pi i\mathrm{Res}(f, z_1) = \frac{4\pi}{\sqrt{3}}$$

이다. □

9.3.6 분기절단에서의 적분

유수정리는 일가함수에 대해서만 적용할 수 있다. 다가함수의 적분에 유수정리를 적용하기 위해서는 적절한 분기절단을 택하여 피적분함수가 일가함수가 되도록 조절하여야 한다.

[예제 9.14] $0 < \alpha < 1$일 때 적분 $\int_0^\infty \frac{x^{\alpha-1}}{1+x}\,dx$를 계산하여라.

(풀이) $z \neq 0$일 때 $0 < \arg z < 2\pi$에서 $f(z) = \frac{z^{\alpha-1}}{1+z}$라 하면 $f(z)$는 $z = -1 = e^{\pi i}$에서 단순 극점을 갖고

$$\mathrm{R}es(f,-1) = \lim_{z\to-1}(z+1)f(z) = e^{\pi i(\alpha-1)} = -e^{\alpha\pi i}$$

이다. 단순닫힌 경로 γ를 $f(z)$의 분기절단을 포함하지 않도록 그림 9.9와 같이 택하면 유수정리에 의해

$$\begin{aligned}\int_\gamma \frac{z^{\alpha-1}}{1+z}\,dz &= \int_{\gamma_1} \frac{z^{\alpha-1}}{1+z}\,dz + \int_{C_R} \frac{z^{\alpha-1}}{1+z}\,dz + \int_{\gamma_2} \frac{z^{\alpha-1}}{1+z}\,dz + \int_{C_\epsilon} \frac{z^{\alpha-1}}{1+z}\,dz \\ &= -2\pi i e^{\alpha\pi i} \end{aligned} \tag{9.53}$$

이다.

위의 적분은 $z = -1$이 γ의 안쪽에 있다는 사실에 의존할 뿐 δ, ϵ, R의 선택에는 독립적이다. 그러므로 먼저 위의 적분식에서

$$\int_{\gamma_1} \frac{z^{\alpha-1}}{1+z}\,dz = \int_\epsilon^R \frac{(x+i\delta)^{\alpha-1}}{1+(x+i\delta)}\,dx$$

이므로

$$\lim_{\delta\to0}\int_{\gamma_1} \frac{z^{\alpha-1}}{1+z}\,dz = \int_\epsilon^R \frac{x^{\alpha-1}}{1+x}\,dx \tag{9.54}$$

이다. 이제 z가 원점을 중심으로 C_R을 따라 한바퀴 돌아 γ_2에 있게 되면 편각이 2π만큼 증가하게 된다. 그러므로

$$\int_{\gamma_2} \frac{z^{\alpha-1}}{1+z}\,dz = \int_R^\epsilon \frac{(xe^{2\pi i}-i\delta)^{\alpha-1}}{1+(xe^{2\pi i}-i\delta)}\,dx$$

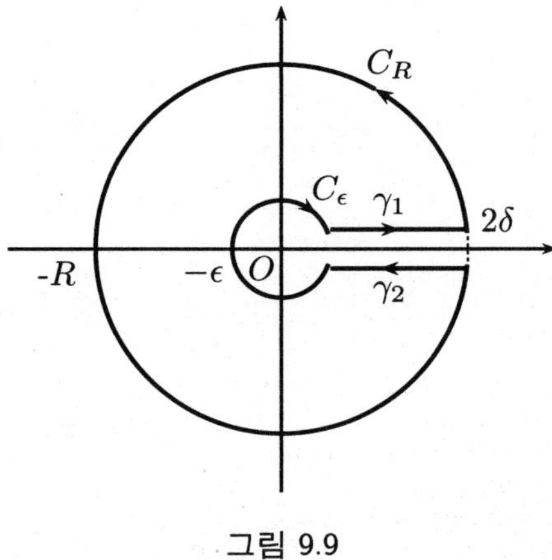

그림 9.9

이므로

$$\begin{aligned}\lim_{\delta\to 0}\int_{\gamma_2}\frac{z^{\alpha-1}}{1+z}\,dz &= \int_R^{\epsilon}\frac{(xe^{2\pi i})^{\alpha-1}}{1+x}\,dx = (e^{2\pi i})^{\alpha-1}\int_R^{\epsilon}\frac{x^{\alpha-1}}{1+x}\,dx \\ &= -\,e^{2\pi i\alpha}\int_{\epsilon}^{R}\frac{x^{\alpha-1}}{1+x}\,dx \end{aligned} \tag{9.55}$$

이다. 그러므로 식 (9.54), (9.55)로부터

$$\lim_{\delta\to 0}\left(\int_{\gamma_1}\frac{z^{\alpha-1}}{1+z}\,dz + \int_{\gamma_2}\frac{z^{\alpha-1}}{1+z}\,dz\right) = (1-2^{2\pi i\alpha})\int_{\epsilon}^{R}\frac{x^{\alpha-1}}{1+x}\,dx \tag{9.56}$$

를 얻을 수 있다.

한편

$$\left|\int_{C_R}\frac{z^{\alpha-1}}{1+z}\,dz\right| \le \int_0^{2\pi}\left|\frac{(Re^{i\theta})^{\alpha-1}iRe^{i\theta}}{1+Re^{i\theta}}\right|d\theta \le \int_0^{2\pi}\frac{R^{\alpha}}{R-1}d\theta = \frac{2\pi R^{\alpha}}{R-1},$$

$$\left|\int_{C_\epsilon}\frac{z^{\alpha-1}}{1+z}\,dz\right| \le \int_0^{2\pi}\left|\frac{(\epsilon e^{i\theta})^{\alpha-1}i\epsilon e^{i\theta}}{1+\epsilon e^{i\theta}}\right|d\theta \le \frac{2\pi\epsilon^{\alpha}}{1-\epsilon}$$

이다. $0<\alpha<1$이므로

$$\lim_{R\to\infty}\int_{C_R}\frac{z^{\alpha-1}}{1+z}\,dz = 0,\quad \lim_{\epsilon\to 0}\int_{C_\epsilon}\frac{z^{\alpha-1}}{1+z}\,dz = 0 \tag{9.57}$$

이다. 식 (9.53), (9.56), (9.57)로부터 $\delta\to 0,\ R\to\infty,\ \epsilon\to 0$일 때

$$\lim_{\delta,R,\epsilon\to 0}\int_{\gamma}\frac{z^{\alpha-1}}{1+z}\,dz = (1-e^{2\pi i\alpha})\int_0^{\infty}\frac{x^{\alpha-1}}{1+x}\,dx = -2\pi i e^{\alpha\pi i}$$

이다. 그러므로

$$\int_0^\infty \frac{x^{\alpha-1}}{1+x}\,dx = \frac{2\pi i e^{\alpha\pi i}}{e^{2\pi i\alpha}-1} = \frac{2\pi i}{e^{\pi i\alpha}-e^{-\pi i\alpha}} = \frac{\pi}{\sin\pi\alpha}$$

이다. □

9.4 문제해결

1. $z=0$가 $f(z)=\csc z$의 단순 극점임을 보여라.

2. $z=0$가 $f(z)=1-\cos z$의 2차 영점임을 보여라.

3. $f(z)$가 z_0에서 해석적이고, $f(z_0)=0,\ f'(z_0)\neq 0$라고 하자.
   (1) z_0가 $g(z)=\frac{1}{[f(z)]^2}$의 2차 극점임을 보여라.
   (2) $\mathrm{Res}(g,z_0)=-\frac{f''(z_0)}{[f'(z_0)]^2}$임을 보여라.

4. 유수정리로부터 코시의 적분공식을 유도하여라.

5. $f(z)=\frac{z+1}{z^2+9}$의 고립 특이점을 찾고 각 고립 특이점에서 유수를 계산하여라.

6. 주어진 극점에서 다음 함수의 유수를 계산하여라.
   (1) $\left(\frac{\cos z-1}{z}\right)^2 \quad (z=0)$ (2) $\frac{e^z-1}{\sin z} \quad (z=0)$
   (3) $\frac{z+2}{z^2-2z} \quad (z=0)$ (4) $\frac{e^z}{(z^2-1)^2} \quad (z=1)$

7. 다음 함수의 극점에서 유수를 계산하여라.
   (1) $\frac{2z+1}{z^2-z-2}$ (2) $\frac{\sin z}{z^2}$
   (3) $\frac{\cosh z}{z^3}$ (4) $\cot z$

8. 다음 적분을 계산하여라.
   (1) $\int_{|z|=1}\frac{1}{e^z-1}\,dz$ (2) $\int_{|z|=1}\sin\frac{1}{z}\,dz$

(3) $\displaystyle\int_{|z|=5} \frac{1}{z^3(z+4)}\,dz$ (4) $\displaystyle\int_{|z-1|=2} \frac{1}{z^3-1}\,dz$

9. 주어진 γ에 대해 적분 $\int_\gamma \frac{1}{(1-z)^3}\,dz$를 계산하여라.

   (1) $\gamma : |z| = \frac{1}{2}$ (2) $\gamma : |z+1| = \frac{1}{2}$

   (3) $\gamma : |z| = 2$ (4) $\gamma : |z-1| = \frac{1}{2}$

10. $f(z) = \frac{1}{z(z-3)}$일 때 다음 적분을 구하여라.

    (1) $\int_{|z|=1} f(z)\,dz$ (2) $\int_{|z-3|=1} f(z)\,dz$ (3) $\int_{|z|=4} f(z)\,dz$

11. $f(z) = \frac{z^2-2z+3}{z-2}$일 때 유수 $\text{Res}\,(f, 2)$와 적분 $\int_{|z-2|=1} f(z)\,dz$ 을 구하여라

12. 다음 적분을 계산하여라.

    (1) $\displaystyle\int_{-\infty}^{\infty} \frac{1}{x^2-2x+4}\,dx$ (2) $\displaystyle\int_0^{\infty} \frac{1}{x^4+1}\,dx$

    (3) $\displaystyle\int_0^{\infty} \frac{\cos ax}{x^4+1}\,dx \ \ (a>0)$ (4) $\displaystyle\int_0^{\infty} \frac{x\sin x}{1+x^2}\,dz$

13. 다음이 성립함을 보여라.

    (1) $\displaystyle\int_0^{\infty} \frac{1}{(x^2+1)^2}\,dx = \frac{\pi}{4}$ (2) $\displaystyle\int_0^{\infty} \frac{x^2}{x^6+1}\,dx = \frac{\pi}{6}$

    (3) $\displaystyle\int_0^{\infty} \frac{x^2}{(x^2+1)(x^2+4)}\,dx = \frac{\pi}{6}$ (4) $\displaystyle\int_0^{\infty} \frac{x^2}{(x^2+9)(x^2+4)^2}\,dx = \frac{\pi}{200}$

14. $f(z)$가 $0 < |z - x_0| < R$에서 해석적이고 $x_0 \in \mathbb{R}$가 $f(z)$의 단순극이라고 하자. γ가 $z(\theta) = x_0 + re^{-i\theta}$ $(0 \le \theta \le \pi)$일 때

$$\int_\gamma f(z)dz = -\pi i\,\text{Res}(f(z), x_0), \ \ (0 < r < R)$$

    임을 보여라.

15. 아래 그림 9.10에 주어진 경로($R > 1$)를 이용하여

$$\int_0^{\infty} \frac{dx}{x^3+1} = \frac{2\pi}{3\sqrt{3}}$$

    임을 보여라.

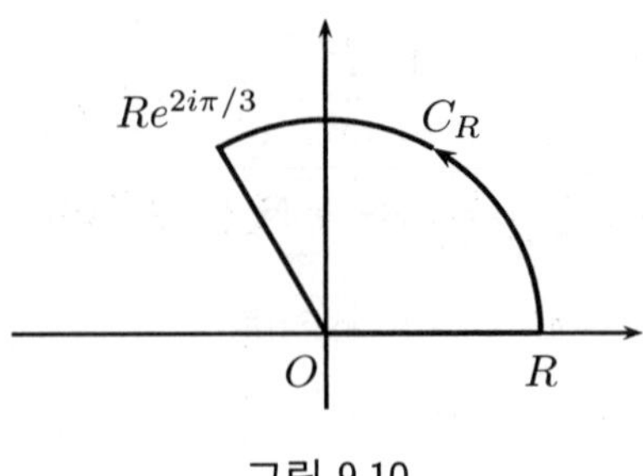

그림 9.10

16. 다음 적분을 계산하여라.

(1) $\displaystyle\int_0^{2\pi} \frac{1}{2-\sin\theta}\,d\theta$ (2) $\displaystyle\int_0^{2\pi} \frac{1}{2\cos\theta+3}\,d\theta$

17. 다음이 성립함을 보여라.

(1) $\displaystyle\int_0^{\infty} \frac{x\sin 2x}{x^2+3}\,dx = \frac{\pi}{2}e^{-2\sqrt{3}}$ (2) $\displaystyle\int_0^{\infty} \frac{\cos ax}{x^2+1}\,dx = \frac{\pi}{2}e^{-a} \quad (a>0)$

(3) $\displaystyle\int_{-\infty}^{\infty} \frac{\cos x}{(x^2+a^2)(x^2+b^2)}\,dx = \frac{\pi}{a^2-b^2}\left(\frac{e^{-b}}{b}-\frac{e^{-a}}{a}\right) \quad (a>b>0)$

(4) $\displaystyle\int_{-\infty}^{\infty} \frac{x\sin ax}{x^4+4}\,dx = \frac{\pi}{2}e^{-a}\sin a \quad (a>0)$

18. 다음이 성립함을 보여라.

(1) $\displaystyle\int_{-\pi}^{\pi} \frac{1}{1+\sin^2\theta}\,d\theta = \sqrt{2}\pi$ (2) $\displaystyle\int_0^{2\pi} \frac{\cos^2 3\theta}{5-4\cos 2\theta}\,d\theta = \frac{3\pi}{8}$

19. 다음이 성립함을 보여라.

$$\int_0^{\pi} \sin^{2n}\theta\,d\theta = \frac{(2n)!}{2^{2n}(n!)^2}\pi \quad (n\in\mathbb{N})$$

20. 다음이 성립함을 보여라.

$$\int_0^{\infty} \frac{dx}{\sqrt{x}\,(x^2+1)} = \frac{\pi}{\sqrt{2}}$$

(참고: $|z|>0,\ -\frac{\pi}{2}<\arg z<\frac{3\pi}{2}$에서 $f(z)=\frac{z^{-1/2}}{z^2+1}=\frac{e^{(-1/2)\log z}}{z^2+1}$라 하고 적절한 적분 경로를 선택하여라.)

제 10 장

편각원리

함수 $f(z)$가 양의 방향을 갖는 단순닫힌경로 γ 위에서 해석적이고 $f(z) \neq 0$이면 w평면의 경로 $\Gamma = f(\gamma)$는 원점을 지나지 않는 닫힌경로이지만 단순경로일 필요는 없다. 만일 $f(z)$가 γ의 안쪽에서 해석적이라면 적분

$$\int_{\gamma} \frac{f'(z)}{f(z)}\, dz$$

는 z가 γ를 따라 움직일 때 나타나는 $f(z)$의 편각의 변화를 나타낸다. 이것을 편각원리라고 한다.

편각원리는 특정한 영역에서 해석적인 함수 $f(z)$의 영점의 수를 헤아릴 수 있게 한다. 대수학의 기본정리는 $p(z)$가 다항함수일 때 복소평면 전체에서 방정식 $p(z) = 0$의 해의 개수가 $p(z)$의 차수와 같음을 말하지만 해의 위치에 대한 정보를 주는 것은 아니다. 편각원리를 이용하여 설명할 수 있는 루셰의 정리는 특정 영역에서 방정식 $f(z) = 0$의 해의 존재여부와 그 개수를 알 수 있게 해준다.

10.1 영점과 극점의 수

상수함수가 아닌 함수 $f(z)$가 z_0에서 해석적이고 $f(z_0) = 0$이라고 하자. 따름정리 7.25에 의해 $0 < |z - z_0| < \epsilon$에서 $f(z) \neq 0$인 $\epsilon > 0$이 존재한다. z_0를 $f(z)$의 k차 영점이라고 하면

$$f(z) = (z - z_0)^k \phi(z), \quad \phi(z_0) \neq 0 \tag{10.1}$$

로 나타낼 수 있다. 여기서 $\phi(z)$는 z_0에서 해석적인 함수이다. $\phi(z)$는 연속함수이므로 $\gamma : |z - z_0| = \delta$와 그 안쪽에서 $\phi(z) \neq 0$인 $\delta > 0$을 찾을 수 있다. 위 식 (10.1)로부터

$$\begin{aligned}\frac{f'(z)}{f(z)} =& \frac{k(z-z_0)^{k-1}\phi(z) + (z-z_0)^k\phi'(z)}{(z-z_0)^k\phi(z)} \\ =& \frac{k}{z-z_0} + \frac{\phi'(z)}{\phi(z)}\end{aligned} \tag{10.2}$$

이고, $\frac{\phi'(z)}{\phi(z)}$는 γ와 그 안쪽에서 해석적이므로

$$\int_\gamma \frac{f'(z)}{f(z)}\,dz = \int_\gamma \frac{k}{z-z_0}\,dz + \int_\gamma \frac{\phi'(z)}{\phi(z)}\,dz = 2\pi i k, \tag{10.3}$$

즉

$$\frac{1}{2\pi i}\int_\gamma \frac{f'(z)}{f(z)}\,dz = k$$

로 적분 $\frac{1}{2\pi i}\int_\gamma \frac{f'(z)}{f(z)}\,dz$의 값은 $f(z)$의 z_0에서의 영점의 차수와 일치한다.

함수 $f(z)$가 단순닫힌경로 γ와 그 안쪽에서 해석적이고 γ의 위에서는 영점을 갖지 않는다고 하자. $f(z)$가 상수함수가 아니라면 정리 7.26에 의해 γ의 안쪽에서 많아야 유한개의 영점을 갖는다. $f(z)$가 γ의 내부의 점 $z_1, z_2, \cdots, z_n$에서 각각 $\alpha_1, \alpha_2, \cdots, \alpha_n$차의 영점을 갖는다면

$$f(z) = (z-z_1)^{\alpha_1}(z-z_2)^{\alpha_2}\cdots(z-z_n)^{\alpha_n}\phi(z) \tag{10.4}$$

로 쓸 수 있다. 여기서 함수 $\phi(z)$는 γ와 그 안쪽에서 해석적이고 γ와 그 안쪽에서 영점을 갖지않는 함수이다. 위 식 (10.4)로부터

$$\frac{f'(z)}{f(z)} = \sum_{j=1}^{n}\frac{\alpha_j}{z-z_j} + \frac{\phi'(z)}{\phi(z)} \tag{10.5}$$

을 얻을 수 있다. $\frac{\phi'(z)}{\phi(z)}$는 γ의 위와 안쪽에서 해석적이므로 위의 식 (10.5)의 양변을 적분하면

$$\begin{aligned}\frac{1}{2\pi i}\int_\gamma \frac{f'(z)}{f(z)}\,dz &= \frac{1}{2\pi i}\int_\gamma \left(\sum_{j=1}^{n}\frac{\alpha_j}{z-z_j}\right)\,dz + \frac{1}{2\pi i}\int_\gamma \frac{\phi'(z)}{\phi(z)}\,dz \\ &= \sum_{j=1}^{n}\left(\frac{1}{2\pi i}\int_\gamma \frac{\alpha_j}{z-z_j}\,dz\right)\end{aligned} \tag{10.6}$$

를 얻는다.

각각의 영점 $z_j\ (j = 1, 2, \cdots, n)$에 대해 $\gamma_j : |z - z_j| = \delta_j$가 γ의 안쪽에 놓이고, γ_j와 그 안쪽에 z_j 이외의 영점이 포함되지 않도록 γ_j를 찾을 수 있다. 그러므로

$$\frac{1}{2\pi i}\int_\gamma \frac{\alpha_j}{z - z_j}\,dz = \frac{1}{2\pi i}\int_{\gamma_j} \frac{\alpha_j}{z - z_j}\,dz = \alpha_j \tag{10.7}$$

이다. 따라서

$$\frac{1}{2\pi i}\int_\gamma \frac{f'(z)}{f(z)}\,dz = \sum_{j=1}^{n} \alpha_j \tag{10.8}$$

이다. 즉, 적분 $\frac{1}{2\pi i}\int_\gamma \frac{f'(z)}{f(z)}\,dz$는 단순닫힌경로 γ의 안쪽에 들어있는 $f(z)$의 중복을 고려한 영점의 수를 나타낸다.

극점의 경우도 영점의 경우와 비슷한 방법으로 다음과 같이 기술 할 수 있다. $f(z)$가 단순닫힌경로 γ의 안쪽의 극점 $z_1, z_2, \cdots, z_m$을 제외한 γ와 그 안쪽에서 해석적인 함수이고 영점을 갖지 않는다고 하자. 각 극점의 차수가 차례로 $\beta_1, \beta_2, \cdots, \beta_m$이라 하면

$$f(z) = \frac{h(z)}{(z - z_1)^{\beta_1}(z - z_2)^{\beta_2}\cdots(z - z_m)^{\beta_m}} \tag{10.9}$$

인 γ 위와 그 안쪽에서 해석적이며 영점을 갖지않는 함수 $h(z)$가 존재한다. 위 식 (10.9)로부터

$$\frac{f'(z)}{f(z)} = -\sum_{j=1}^{m} \frac{\beta_j}{z - z_j} + \frac{h'(z)}{h(z)} \tag{10.10}$$

을 얻고, 식 (10.10)의 양변을 적분하면 적분 (10.7)의 계산에서와 같은 논리로

$$\begin{aligned}
\frac{1}{2\pi i}\int_\gamma \frac{f'(z)}{f(z)}\,dz &= -\frac{1}{2\pi i}\int_\gamma \left(\sum_{j=1}^{m} \frac{\beta_j}{z - z_j}\right) dz + \frac{1}{2\pi i}\int_\gamma \frac{h'(z)}{h(z)}\,dz \\
&= -\sum_{j=1}^{n} \left(\frac{1}{2\pi i}\int_\gamma \frac{\beta_j}{z - z_j}\,dz\right) \\
&= -\sum_{j=1}^{n} \beta_j
\end{aligned} \tag{10.11}$$

이다. 그러므로 적분 $-\frac{1}{2\pi i}\int_\gamma \frac{f'(z)}{f(z)}\,dz$는 γ의 안쪽에 있는 $f(z)$의 중복을 고려한 극점의 수를 나타낸다.

앞의 두 경우를 묶어서 다음의 정리를 얻을 수 있다.

정리 10.1 γ를 양의 방향을 갖는 단순닫힌경로라고 하자. $f(z)$가 γ의 안쪽에 있는 극점을 뺀 γ와 그 안쪽에서 해석적이고, γ 위에서 영점을 갖지 않으면

$$\frac{1}{2\pi i}\int_\gamma \frac{f'(z)}{f(z)}\,dz = N_f - P_f \tag{10.12}$$

이다. 여기서 N_f, P_f는 각각 중복을 고려하여 센 γ의 안쪽에 있는 $f(z)$의 영점과 극점의 수이다. ♦

10.2 편각 원리

10.2.1 편각 원리

$f(z)$가 단순닫힌 경로 γ의 위와 안쪽에서 해석적이고 γ 위의 모든 점 z에서 $f(z) \neq 0$이라고 하자. 로그함수의 분기함수를 고정하고

$$\log f(z) = \text{Log}\,|f(z)| + i\arg f(z) \tag{10.13}$$

로 놓으면, γ가 닫힌 경로이므로 γ의 시작점과 끝점이 일치하여 $\text{Log}\,|f(z)|\big]_\gamma = 0$이다. 그러므로

$$\begin{aligned}\int_\gamma \frac{f'(z)}{f(z)}\,dz = &\int_\gamma \frac{d}{dz}\left(\log f(z)\right)\,dz\\ =&\text{Log}\,|f(z)|\big]_\gamma + i\arg f(z)\big]_\gamma\\ =&i\arg f(z)\big]_\gamma\end{aligned} \tag{10.14}$$

이다. 따라서 적분 $\int_\gamma \frac{f'(z)}{f(z)}\,dz$는 z가 γ를 따라 움직일 때 나타나는 $f(z)$의 편각의 변화를 측정한 것이다.

γ의 $f(z)$에 의한 상 $f(\gamma)$는 γ가 닫힌 경로이므로, w평면의 닫힌 경로로 나타난다. w평면의 닫힌 경로를 $\Gamma = f(\gamma)$라고 하면 Γ는 단순 경로가 아닐 수도 있다. 만일 $f(z)$가 γ의 안쪽에서 영점을 갖지 않으면 그림 10.1과 같이 Γ는 w평면의 원점을 에워싸지 않는다. 다시 말해 $f(z)$가 γ의 안쪽에서 영점을 갖지 않으면 z가 γ

를 따라 움직여도 $\arg f(z)$에는 실질적인 변화가 없는 것이다. 즉, 이 경우

$$\int_\gamma \frac{f'(z)}{f(z)}\,dz = i\arg f(z)\big]_\gamma = 0$$

이다.

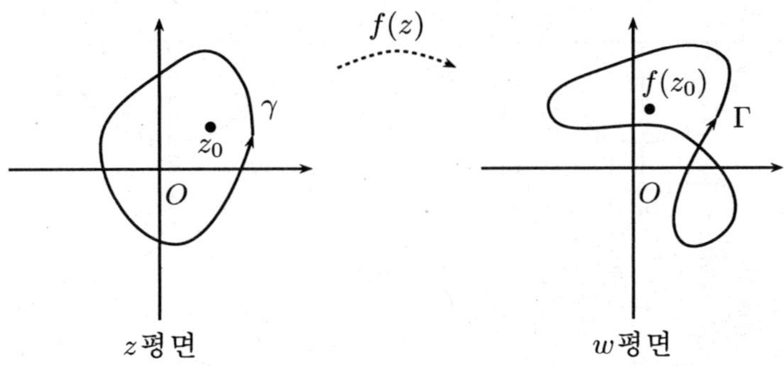

그림 10.1

그러나 $f(z)$가 γ의 안쪽에서 영점을 갖는다면 Γ는 w평면의 원점을 에워싸며 움직일 것이다. Γ가 원점을 한 바퀴 더 돌때 마다 $f(z)$의 편각은 2π만큼씩 증가한다.

z가 γ를 따라 움직일 때 나타나는 $f(z)$의 편각의 변화를 $\Delta_\gamma \arg f(z)$로 표시한다. 즉,

$$\int_\gamma \frac{f'(z)}{f(z)}\,dz = i\Delta_\gamma \arg f(z) \tag{10.15}$$

이다.

[예 1] γ를 z평면의 원점를 에워싸는 단순닫힌 경로 $z(t) = e^{it}$ $(0 \le t \le 2\pi)$, $f(z) = z^2$라고 하자. Γ를 γ의 $f(z)$에 의한 w평면의 상이라고 하면 Γ는 w평면의 원점을 안쪽에 둔 닫힌 경로이다. 또 $f(z) = z^2$이므로 Γ는 w평면의 원점을 두번 감싸돌게 될 것이다. 즉 z가 γ를 따라 움직일 때 $f(z)$의 편각은 4π만큼 증가하게 된다. 이는

$$\begin{aligned}\int_\gamma \frac{f'(z)}{f(z)}\,dz &= \int_\gamma \frac{2z}{z^2}\,dz = \int_\gamma \frac{2}{z}\,dz \\ &= \int_0^{2\pi} \frac{2}{e^{it}}\,ie^{it}\,dt = 4\pi i\end{aligned}$$

이므로 $f(z)$의 편각의 변화 $\Delta_\gamma \arg f(z) = 4\pi$와 일치한다.[1] □

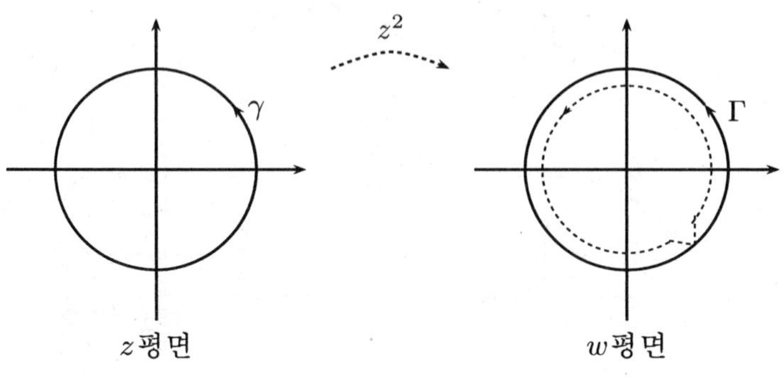

그림 10.2

앞의 정리 10.1과 식 (10.15)로부터 다음의 정리를 얻는다.

정리 10.2 [편각원리(Argument Principle)] γ를 양의 방향을 갖는 단순닫힌경로라 하자. $f(z)$가 γ에서 해석적이며 영점을 갖지 않고, γ의 안쪽에서 유리형함수이면,

$$\frac{1}{2\pi}\Delta_\gamma \arg f(z) = N_f - P_f \tag{10.16}$$

이다. ♦

10.2.2 열린사상 정리

편각원리로부터 다음 두 보조정리를 얻을 수 있다.

보조정리 10.3 γ가 단순닫힌경로이고 두 함수 $f(z)$, $g(z)$가 γ와 그 안쪽에서 해석적이며, γ 위에서 영점을 갖지 않으면

$$\Delta_\gamma \arg f(z)g(z) = \Delta_\gamma \arg f(z) + \Delta_\gamma \arg g(z) \tag{10.17}$$

[1]그림 10.2의 w평면에서 점선은 Γ가 원점을 중심으로 하고 반지름이 1인 원을 두번 그림을 의미한다.

이다. ◆

(증명) $f(z)$, $g(z)$의 γ 안쪽에 들어있는 영점의 수를 각각 N_f, N_g라 하면 편각원리에 의해

$$\frac{1}{2\pi}\Delta_\gamma \arg f(z) = N_f, \quad \frac{1}{2\pi}\Delta_\gamma \arg g(z) = N_g \tag{10.18}$$

이다. γ 안쪽에서 $f(z)g(z)$는 중복을 고려하여 모두 $N_f + N_g$개의 영점을 가지므로

$$\frac{1}{2\pi}\Delta_\gamma \arg f(z)g(z) = N_f + N_g \tag{10.19}$$

이다. 그러므로

$$\Delta_\gamma \arg f(z)g(z) = \Delta_\gamma \arg f(z) + \Delta_\gamma \arg g(z) \tag{10.20}$$

이다. □

보조정리 10.4 γ가 단순닫힌 경로이고 $f(z)$가 γ와 그 안쪽에서 해석적이며, γ위에서 $|f(z)| < 1$이면

$$\Delta_\gamma \arg[1 + f(z)] = 0 \tag{10.21}$$

이다. ◆

(증명) $w = 1+f(z)$라 놓으면 γ의 $1+f(z)$에 의한 상 Γ는 w평면에서 원 $|w-1| = 1$의 안쪽에 놓이게 된다.(그림 10.3) 다시 말해 w평면의 원점이 Γ의 안쪽에 있지 않으므로 $1 + f(z)$는 γ의 안쪽에서 영점을 갖지 않는다. 그러므로 편각원리에 의해

$$\Delta_\gamma \arg[1 + f(z)] = 0 \tag{10.22}$$

이다. □

앞의 두 보조정리로부터 다음의 정리를 얻을 수 있다. 루셰의 정리는 해석함수가 주어진 영역 안에서 갖는 영점의 수를 헤아릴 수 있게 해준다.

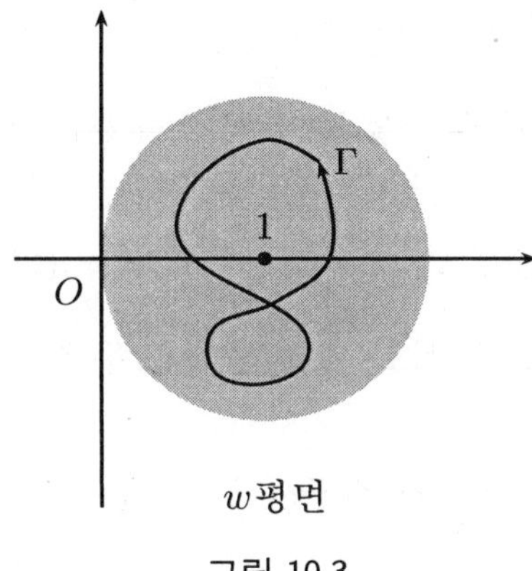

그림 10.3

정리 10.5 [루셰의 정리(Rouche's Theorem)] $f(z)$, $g(z)$를 단순닫힌경로 γ의 위와 안쪽에서 해석적인 함수라고 하자. 만약 γ의 모든 점 z에서

$$|g(z)| < |f(z)|$$

이면, γ의 안쪽에서 $f(z)$와 $f(z) + g(z)$는 중복을 고려할 때 같은 수의 영점을 갖는다. ♦

(증명) 경로 γ 위에서 $|g(z)| < |f(z)|$이므로 $f(z)$와 $f(z)+g(z)$는 γ 위에서 영점을 갖지 않으며, $\left|\frac{g(z)}{f(z)}\right| < 1$이므로 보조정리 10.4에 의해

$$\Delta_\gamma \arg\left(1 + \frac{g(z)}{f(z)}\right) = 0$$

이다. 또 보조정리 10.3에 의해

$$\begin{aligned}\Delta_\gamma \arg(f(z) + g(z)) &= \Delta_\gamma \arg f(z)\left(1 + \frac{g(z)}{f(z)}\right)\\ &= \Delta_\gamma \arg f(z) + \Delta_\gamma \arg\left(1 + \frac{g(z)}{f(z)}\right)\\ &= \Delta_\gamma \arg f(z)\end{aligned}$$

이다. 즉, $f(z)$가 γ의 안쪽에서 n개의 영점을 갖는다면

$$n = \frac{1}{2\pi}\Delta_\gamma \arg f(z) = \frac{1}{2\pi}\Delta_\gamma \arg(f(z) + g(z))$$

이므로 $f(z)+g(z)$도 γ의 안쪽에서 n개의 영점을 갖는다. □

루셰의 정리에서 조건 $|g(z)|<|f(z)|$를 $|g(z)|\le|f(z)|$로 완화시키면 정리가 성립하지 않는다. 예를 들어 $g(z)=-f(z)$인 경우 $|g(z)|\le|f(z)|$이지만 $f(z)$의 영점의 수와 관계없이 $f(z)+g(z)\equiv 0$이다.

[예제 10.1] $z^5-6z^2+z-2=0$의 해 가운데 $|z|=1$의 안쪽에 있는 것은 몇 개인가?

(풀이) $f(z)=-6z^2$, $g(z)=z^5+z-2$라 하면, $|z|=1$인 모든 점에서

$$|f(z)|=|-6z^2|=6,\quad |g(z)|\le|z^5|+|z|+2=4$$

이고, $f(z)=-6z^2=0$가 $|z|=1$의 안쪽에서 두 개의 해를 가지므로

$$f(z)+g(z)=z^5-6z^2+z-2=0$$

도 $|z|=1$의 안쪽에서 두 개의 해를 갖는다. □

[예제 10.2] $a>e$일 때 원 $|z|=1$의 안쪽에서 방정식 $e^z=az^n$가 n개의 해를 가짐을 보여라.

(풀이) $f(z)=-az^n$, $g(z)=e^z$라 하면 $f(z)=0$은 $|z|=1$의 안쪽에서 n개의 해를 갖는다. 그런데 $|z|=1$일 때

$$|f(z)|=a>e\ge|g(z)|$$

이므로 루셰의 정리에 의해 $f(z)+g(z)=e^z-az^n=0$도 $|z|=1$의 안쪽에서 n개의 해를 갖는다. □

정리 10.6 [허위츠의 정리(Hurwitz's Theorem)] $\{f_n\}$을 단순닫힌 경로 γ의 위와 안쪽에서 f로 균등수렴하는 해석적인 함수열이라고 하자. 만일 $f(z)$가 γ 위에서

영점을 갖지 않는다면, 충분히 큰 n에 대해 $f_n(z)$와 $f(z)$는 γ의 안쪽에서 같은 수의 영점을 갖는다.

(증명) 정리 7.18에 의해 $f(z)$는 γ의 위와 안쪽에서 해석적이다. 또 γ 위에서 $f(z) \neq 0$이므로 γ 위의 모든 점에서 $|f(z)| \geq m$인 양수 m이 존재한다. 또 $\{f_n\}$이 f로 균등수렴하므로 $n > N$이면 γ 위의 모든 점에서 부등식

$$|f_n(z) - f(z)| < m \leq |f(z)|$$

를 만족하는 자연수 N이 존재한다. 따라서 $n > N$이면 루셰의 정리에 의해 $f(z)$와

$$f_n(z) = f(z) + (f_n(z) - f(z))$$

는 γ의 안쪽에서 같은 수의 영점을 갖는다. □

허위츠의 정리는 함수 $f_n(z)$가 상수함수 0으로 수렴하는 경우는 성립하지 않는다. 예를 들어 $f_n(z) = \frac{e^z}{n}$은 닫힌 단위원판에서 0으로 균등수렴하지만 $f_n(z)$은 닫힌 단위원판 위의 어떤 점에서도 0이 아니다.

정리 10.7 [열린사상정리(Open Mapping Theorem)] 상수가 아닌 해석함수는 열린 집합을 열린 집합으로 사상한다. ♦

(증명) 집합 V를 f의 정의역에 속한 열린집합, $W = f(V)$라고 하자. 정리의 증명을 위해서는 임의 점 $w_0 \in W$가 W의 내점임을 보여야 한다.

$z_0 \in V$, $f(z_0) = w_0$라고 하자. $|z - z_0| < \delta$가 열린집합 V에 속하고 $f(z) - w_0$가 원 $|z - z_0| = \delta$에서 영점을 갖지 않도록 $\delta > 0$을 선택할 수 있다.

$$m := \min_{|z-z_0|=\delta} |f(z) - w_0|$$

라 하자.

집합 $|w - w_0| < m$이 W에 속함을 보이면, 즉 $N(w_0, m) \subset W$임을 보이면 된다. w_1을 $|w_1 - w_0| < m$인 점이라 하면, 원 $|z - z_0| = \delta$ 위에서

$$|w_0 - w_1| < m \leq |f(z) - f(z_0)| = |f(z) - w_0|$$

이다. 그러므로 루셰의 정리에 의해

$$f(z) - w_1 = [f(z) - w_0] + (w_0 - w_1)$$

과 $f(z) - w_0$는 집합 $|z - z_0| < \delta$ 안에서 같은 수의 영점을 갖는다.

그런데 $f(z_0) = w_0$이므로 $f(z) = w_1$은 $|z - z_0| < \delta$ 안에서 적어도 하나의 해를 갖는다. 즉, $w_1 = f(z) \in W$이다. w_1을 집합 $|w - w_0| < m$에서 임의로 선택하였으므로 $f(z)$에 의한 $|z - z_0| < \delta$의 상은 집합 $|w - w_0| < m$을 포함한다. 이것은 $w_0 = f(z_0)$가 W의 내점임을 의미한다. 따라서 W는 열린집합이고, $f(z)$는 열린사상이다. □

앞의 2장에서 연속함수는 연결집합을 연결집합에 사상한다는 것을 알았다. 영역(domain)은 연결된 열린집합이다. 열린사상정리로부터 다음의 따름정리를 얻을 수 있다.

따름정리 10.8 상수가 아닌 해석함수는 영역을 영역으로 사상한다. ♦

열린사상정리를 이용하여 최대절댓값 정리를 설명할 수도 있다. $f(z)$가 영역 D에서 상수가 아닌 해석적인 함수이고 $z_0 \in D$에서 $|f(z)|$가 최댓값을 갖는다고 하자. $|z - z_0| < \delta$를 D에 속한 열린원판이라 하면 이 열린원판의 $f(z)$에 의한 상은 w평면의 $|w - f(z_0)| < m$을 포함한다. 여기서 m은 정리 10.7의 증명에서와 같이

$$m = \min_{|z - z_0| = \delta} |f(z) - w_0|$$

이다. 그러므로 $f(z_0) = Re^{i\theta_0}$라 하면 $0 < \epsilon < m$일 때 $f(\hat{z}) = (R + \epsilon)e^{i\theta_0}$인 $\hat{z}$이 $|z - z_0| < \delta$ 안에 존재한다. 다시 말해

$$|f(z_0)| = R < R + \epsilon = |f(\hat{z})|$$

이므로 z_0는 $|f(z)|$의 최댓값이 될 수 없다.

10.3 문제해결

1. γ가 양의 방향을 갖는 원 $|z| = 1$일 때 다음 함수 $f(z)$의 $\Delta_\gamma \arg f(z)$를 구하여라.

   (1) $f(z) = z^2 + 2$ (2) $f(z) = z^2$

   (3) $f(z) = \frac{1}{z^3}$ (4) $f(z) = \frac{\sin z}{z^2}$

2. 다음 다항식이 $|z| < 1$에서 갖는 영점의 개수를 찾아라.

   (1) $2z^4 - 2z^3 + 2z^2 - 2z + 9$ (2) $z^7 - 4z^3 + z + 1$

3. 환영역 $1 < |z| < 2$에 있는 $z^5 + 6z^3 + 2z + 10$의 영점의 수를 구하여라.

4. 방정식 $z^3 - 4z^2 - z - 4 = 0$가 $|z| < r$에서 단 두 개의 해를 갖는 r의 범위를 구하여라.

5. $f(z)$가 $|z| \leq 1$에서 해석적이고 $|z| = 1$에서 $|f(z)| < 1$이면 $f(z)$는 $|z| < 1$에서 단 하나의 부동점을[2] 가짐을 보여라.

6. 편각원리를 이용하여 대수학의 기본정리를 증명하여라.

7. $p(z)$가 n차 다항식일 때 $p(z)$는 복소평면 $\mathbb{C}$를 $\mathbb{C}$에 사상하는 전사함수임을 보여라.

8. $p(z)$가 n차 다항식이고 γ가 원점을 중심으로 하는 반지름이 충분히 큰 원일 때 적분
$$\int_\gamma \frac{p'(z)}{p(z)}\,dz$$
   를 계산하여라.

9. $p(z)$가 다항식이고 γ가 원점을 중심으로 하는 반지름이 충분히 큰 원일 때 적분
$$\int_\gamma \frac{zp'(z)}{p(z)}\,dz$$
   의 의미를 설명하여라. ($\deg p(z) = n$, $p(z) = 0$의 해를 $a_1, a_2, \cdots, a_n$이라 가정하고 적분을 계산하여라.)

[2] $f(z_0) = z_0$인 점 z_0를 $f(z)$의 **부동점**(fixed point)이라고 한다.

10. 해석적인 함수 $f(z)$가 단순닫힌 경로 γ의 안쪽에서 n개의 영점을 가지면 $f'(z)$는 γ의 안쪽에서 $n-1$개의 영점을 갖는가?

11. $a > 1$, $f(z) = z + e^{-z}$일 때 $f(z) = a\ (a \in \mathbb{C})$는 $\mathrm{Re}\, z > 0$인 영역에서 단 하나의 해를 가짐을 보여라.

12. $g_n(z) = \displaystyle\sum_{j=0}^{n} \frac{z^j}{j!}$라 할 때 충분히 큰 n에 대해 $g_n(z)$는 $|z| < R\ (R > 0)$에서 영점을 갖지 않음을 보여라.

13. $f : A \to B$가 전단사함수이고, $w \in B$, γ를 z_0를 중심으로 하는 A안에 놓인 작은 원이라고 하자.

(1) $f(z_0)$에 충분히 가까이 있는 점 w에 대해 다음 식이 성립함을 보여라.

$$f^{(-1)}(w) = \frac{1}{2\pi i} \int_\gamma \frac{f'(z)z}{f(z) - w}\, dz$$

(2) 적분 $\displaystyle\frac{1}{2\pi i} \int_\gamma \frac{f'(z)}{f(z) - w}\, dz$의 의미를 설명하여라.

제 11 장

선형분수변환

복소함수는 z평면의 점을 w평면으로 사상한다. 이 장에서는 z평면의 기하학적 대상이 기본적인 복소함수에 의해 w평면의 어떤 형태로 사상되는가에 대해 알아본다.

선형분수변환은 z평면의 직선과 원을 w평면의 직선 또는 원으로 사상한다. 복소평면에 무한대를 추가한 공간

$$\hat{\mathbb{C}} = \mathbb{C} \cup \{\infty\}$$

를 **확장된 복소평면**(extended complex plane)이라고 한다. 선형분수변환의 성질을 통해 확장된 복소평면에서 직선과 원은 매우 유사한 것으로 간주할 수 있음을 보게 될 것이다.

11.1 기본적인 변환

11.1.1 선형함수

$b \in \mathbb{C}$가 상수일 때 함수

$$w = f(z) = z + b$$

는 z평면에 있는 집합을 벡터 b 만큼 이동시켜 w평면의 집합으로 사상한다. 이 때 w평면에 사상된 집합은 z평면에 있는 집합과 모양과 크기가 같다. 이 함수 $f(z)$

를 **평행이동변환**(trnaslation)이라고 한다.

$\alpha \in \mathbb{R}$가 상수이고 $a = |a|(\cos\alpha + i\sin\alpha)$일 때 함수

$$w = f(z) = az = |a|e^{i\alpha}z$$

는 z평면에 있는 한 점을 w평면의 한 점으로 사상한다. $|a| = 1$일 때 함수 $f(z) = az$는 z평면 위의 점을 원점을 중심으로 반시계 방향으로 $\operatorname{Arg} a = \alpha$만큼 회전시킨다. 그러므로 $f(z) = az$는 z평면 위의 집합을 크기와 형태를 변화시키지 않고, 원점에서의 거리를 유지한 채 w평면에 사상한다. $f(z) = az$ $(|a| = 1)$를 **회전변환**(rotation)이라고 한다.

$a > 0$ $(a \neq 1)$일 때[1] 함수 $f(z) = az$는 z평면의 0이 아닌 점을 편각의 변화없이 원점으로부터의 거리를 a배 만큼 멀게 하거나 가깝게 변화시킨다. 이 때 $f(z) = az$를 **확대변환**(magnification)이라고 한다.[2]

$a = |a|e^{i\alpha}$ $(0 < |a|,\ |a| \neq 1)$일 때

$$f(z) = az = |a|e^{i\alpha}z = |a|(e^{i\alpha}z)$$

이므로 $f(z) = az$는 회전변환 $w = e^{i\alpha}z$, 확대변환 $s = |a|w$를 결합한 변환이다.

$a,\ b \in \mathbb{C}$가 상수일 때 함수

$$f(z) = az + b$$

를 **선형함수**(linear function)라고 한다.[3] 선형함수 $f(z) = az + b$는 z평면의 한 점 $z \neq 0$을 $\operatorname{Arg} a$만큼 반시계 방향으로 회전시키고, $|a|$만큼 확대(또는 축소)한 후, b만큼 평행이동시키는 변환이다. 평행이동변환, 회전변환, 확대변환은 모두 선형함수이다. 선형함수는 회전변환, 확대변환, 평행이동변환의 합성함수로 나타낼 수 있다.

[예 1] 선형함수

$$f(z) = (1 + i)z + (1 - i)$$

[1] $a > 0$는 a가 실수임을 뜻한다.

[2] $0 < a < 1$일 때 $f(z) = az$는 오히려 원점으로부터의 거리를 더 가깝게 변환한다. 이런 의미에서 $0 < a < 1$일 때 $f(z) = az$를 **축소변환**(contraction)이라고 구분하기도 한다.

[3] 미적분학에서 선형함수는 1차 다항함수 $az + b$를 말하지만 선형대수 등에서 선형함수는 선형변환을 말한다. $az + b$는 선형변환이 아니다.

에서 $\operatorname{Arg}(1+i)=\frac{\pi}{4}$이므로 회전변환 $f_1(z)=e^{i\frac{\pi}{4}}z$, $|1+i|=\sqrt{2}$이므로 확대변환 $f_2(z)=\sqrt{2}z$와 평행이동 변환 $f_3(z)=z+(1-i)$의 합성함수

$$f(z)=f_3(f_2(f_1(z)))$$

로 나타낼 수 있다. 그림 11.1은 한 직사각형의 선형함수 $f(z)=(1+i)z+(1-i)$에 의한 사상을 보여준다. □

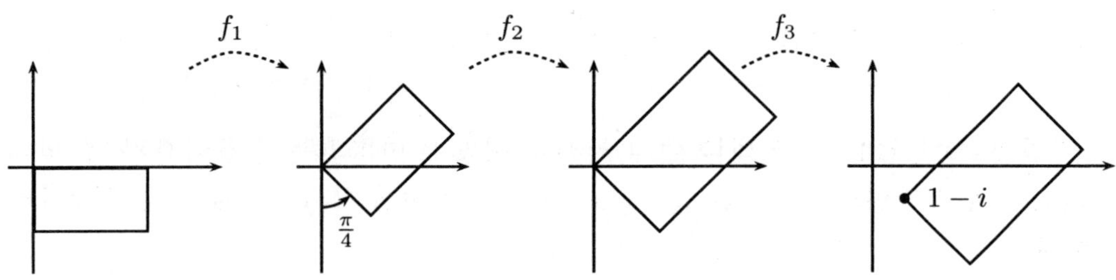

그림 11.1 선형함수

11.1.2 반전변환

$w=\dfrac{1}{z}$이라 하면

$$|w|=\frac{1}{|z|},\quad \operatorname{Arg} w=\operatorname{Arg}\frac{1}{z}=-\operatorname{Arg} z \tag{11.1}$$

이므로 함수 $f(z)=\frac{1}{z}$은 그림 11.2에서 보는 것처럼 점 z를 실수축에 대칭인 점 $\bar{z}$로 이동시킨 다음, 편각의 변화 없이 원 $|z|=1$ 안쪽의 점을 원 밖으로, 원 바깥쪽의 점은 원 안쪽으로 보낸다. $f(z)=\frac{1}{z}$을 **반전변환**(inversion) 또는 **반사변환**(reflection)이라고 한다.

반전변환

$$f(z)=\frac{1}{z},\ z\neq 0$$

는

$$\lim_{z\to 0} f(z)=\infty,\quad \lim_{z\to\infty} f(z)=0$$

이므로 $f(0)=\infty$, $f(\infty)=0$로 정의하면 $f(z)$가 확장된 복소평면에서 연속인 함수가 되도록 할 수 있다.

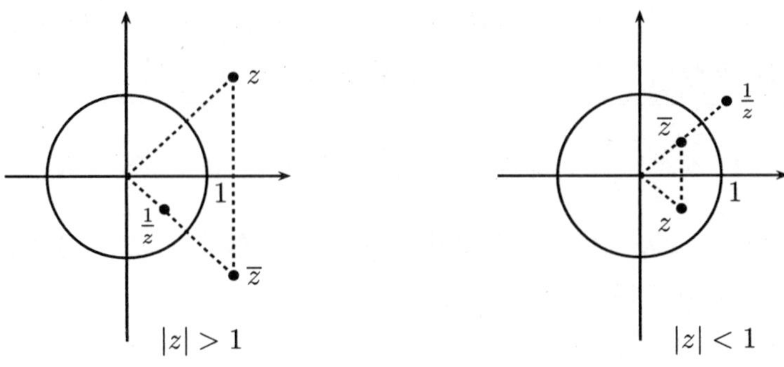

그림 11.2 반전변환 $\frac{1}{z}$

반전변환 $f(z) = \frac{1}{z}$에 의해 원과 직선은 어떻게 변환되는지 알아보자. 점 $w = u+iv$를 복소평면의 0이 아닌 점 $z = x+iy$의 반전변환 $f(z) = \frac{1}{z}$에 의한 사상이라 하면

$$w = u + iv = \frac{1}{z} = \frac{\overline{z}}{z\overline{z}} = \frac{x - iy}{x^2 + y^2}$$

로부터

$$u = \frac{x}{x^2 + y^2}, \quad v = -\frac{y}{x^2 + y^2} \tag{11.2}$$

를 얻고, 또

$$z = x + iy = \frac{1}{w} = \frac{\overline{w}}{w\overline{w}} = \frac{u - iv}{u^2 + v^2}$$

로부터

$$x = \frac{u}{u^2 + v^2}, \quad y = -\frac{v}{u^2 + v^2} \tag{11.3}$$

를 얻을 수 있다. 위 식 (11.2) 또는 (11.3)에서

$$x^2 + y^2 = \frac{1}{u^2 + v^2} \tag{11.4}$$

임을 알 수 있다.

a, b, c, d가 실수일 때

$$b^2 + c^2 > 4ad \tag{11.5}$$

이면[4] 방정식

$$a(x^2+y^2)+bx+cy+d=0 \tag{11.6}$$

은 $a\neq 0$이면 원을, $a=0$이면 직선을 나타낸다.

x, y가 식 (11.6)을 만족하면 위의 식 (11.3), (11.4)를 (11.6)에 대입한 후 정리하면

$$d(u^2+v^2)+bu-cv+a=0 \tag{11.7}$$

을 얻는다. 식 (11.7)은 $d\neq 0$이면 원을, $d=0$이면 직선을 나타낸다.

두 식 (11.6), (11.7)로부터 z평면의 직선과 원의 w평면으로의 반전변환의 결과를 다음과 같이 정리할 수 있다:

(1) 원점을 지나지 않는 원($a\neq 0,\ d\neq 0$)을 원점을 지나지 않는 원으로 보낸다.

(2) 원점을 지나는 원($a\neq 0,\ d=0$)을 원점을 지나지 않는 직선으로 보낸다.

(3) 원점을 지나지 않는 직선($a=0,\ d\neq 0$)을 원점을 지나는 원으로 보낸다.

(4) 원점을 지나는 직선($a=0,\ d=0$)을 원점을 지나는 직선으로 보낸다.

[예 2] 앞의 식 (11.6), (11.7)에 의해 직선 $x=\alpha,\ \alpha\neq 0$는 반전변환 $f(z)=\frac{1}{z}$에 의해 원

$$\left(u-\frac{1}{2\alpha}\right)^2+v^2=\left(\frac{1}{2\alpha}\right)^2 \tag{11.8}$$

에 사상된다.[5] 원 (11.8)은 u축 위에 중심을 갖고, v축을 한 접선으로 갖는다. 직선 $x=\alpha$ 위의 점 (α,y)는 식 (11.2)에 의해 w평면의 점

$$(u,v)=\left(\frac{\alpha}{\alpha^2+y^2},\frac{-y}{\alpha^2+y^2}\right)$$

에 대응된다.

---

[4] $a=0$일 때 $b^2+c^2=0$이면 식 (11.6)의 상수 a, b, c, d는 모두 0이다. $a\neq 0$일 때 식 (11.6)은

$$\left(x+\frac{b}{2a}\right)^2+\left(y+\frac{c}{2a}\right)^2=\left(\frac{\sqrt{b^2+c^2-4ad}}{2a}\right)^2$$

로 나타낼 수 있으므로 조건 (11.5)는 필요한 것이다.

[5] 직선 $x=\alpha$는 식 (11.6)에서 $a=c=0, b=1, d=-\alpha$인 경우에 해당한다.

만약 $\alpha > 0$이면 원 (11.8)은 v축의 오른 쪽에 놓인다. 또 점 (α, y)는 직선을 따라 위쪽으로 움직이면 그 이미지는 시계방향으로 원을 따라 움직인다. 그러므로 그림 11.3에서 보는 것처럼 반전변환 $f(z) = \frac{1}{z}$는 반평면 $x \geq \alpha$ $(\alpha > 0)$를 원판

$$\left(u - \frac{1}{2\alpha}\right)^2 + v^2 \leq \left(\frac{1}{2\alpha}\right)^2 \tag{11.9}$$

으로 사상한다. □

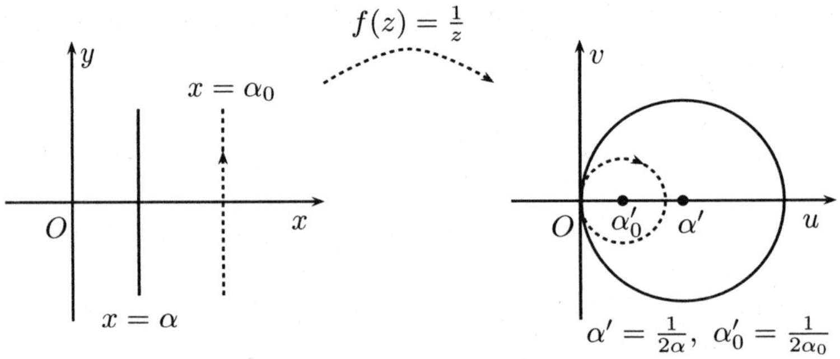

그림 11.3

[예제 11.1] 직선 $l:\ 2x - 4y - 1 = 0$의 반전변환 결과를 찾아라.

(풀이) 직선 l은 원점을 지나지 않으므로 반전변환에 의해 원점을 지나는 원으로 변환된다. 구체적으로 직선 l은 식 (11.6)에서

$$a = 0,\ b = 2,\ c = -4,\ d = -1$$

인 경우이므로 반점변환의 결과인 식 (11.7)을 적용하면

$$\begin{aligned} &-(u^2 + v^2) + 2u + 4v = 0, \\ &u^2 + v^2 - 2u - 4v = (u+1)^2 + (v+2)^2 - 5 = 0 \end{aligned} \tag{11.10}$$

으로 변환된다. 식 (11.10)은 점 $(-1, -2)$을 중심으로 하고 반지름이 $\sqrt{5}$인 원으로 원점을 지난다. □

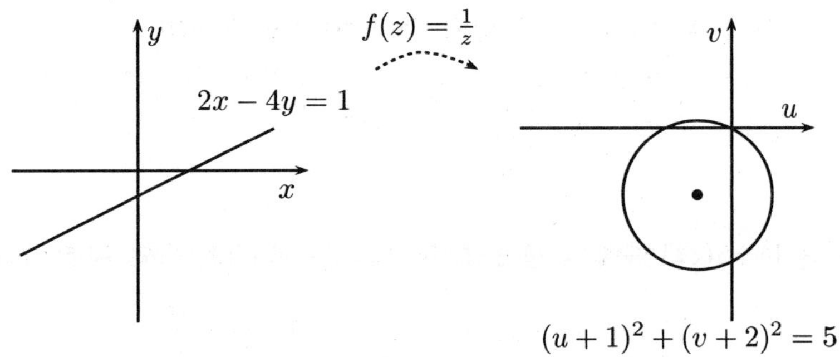

그림 11.4 반전변환

11.2 선형분수변환

11.2.1 선형분수변환

$a,\ b,\ c,\ d \in \mathbb{C}$가 상수일 때 함수

$$T(z) := w = \frac{az+b}{cz+d},\ \ ad - bc \neq 0 \tag{11.11}$$

를 **선형분수변환**(linear fractional transformation), 또는 **뫼비우스변환**(Möbius transformation)이라고 한다.

식 (11.11)에서 $c = 0$이면 $ad \neq 0$이므로 $T(z) = \frac{a}{d}z + \frac{b}{d}$는 선형함수이고, $a = d = 0,\ b = c$이면 $T(z) = \frac{1}{z}$는 반전변환이다. $c \neq 0$이면 식 (11.11)은

$$T(z) = \frac{a}{c} + \left(\frac{bc - ad}{c}\right)\frac{1}{cz+d} \tag{11.12}$$

이다. 이것은 선형분수변환이 선형함수 $cz + d$, 반전변환 $\frac{1}{z}$, 회전 및 확대변환 $\left(b - \frac{ad}{c}\right)z$, 평행이동 $z + \frac{a}{c}$를 순서대로 적용한 것으로 이해할 수 있음을 보여준다. 앞에서 본 것처럼 평행이동, 회전변환, 확대변환은 모두 z평면의 직선과 원을 각각 w평면의 직선과 원으로 대응시킨다. 반면에 반전변환은 z평면의 원과 직선을 w평면의 원 또는 직선으로 대응시키는 변환이다. 이 사실로부터 다음의 정리를 얻는다.

정리 11.1 선형분수변환은 원과 직선을 원 또는 직선으로 사상한다. ♦

[예제 11.2] 아래의 변환 T에 의한 영역 D의 상을 구하여라.

$$T(z) = \frac{1}{iz+2}, \quad D = \{z : \operatorname{Im} z < 1\}$$

(풀이) D는 실수축과 나란하고 점 $z = i$를 지나는 직선의 아래 부분이다.

$$T_1(z) = iz, \;\; T_2(z) = z + 2, \;\; T_3(z) = \frac{1}{z}$$

라 하면

$$T(z) = T_3(T_2(T_1(z)))$$

이다. l을 직선 $z = i$라 하면

$$l_1 := T_1(l) = \{z : \operatorname{Re} z = -1\}, \;\; D_1 := T_1(D) = \{z : \operatorname{Re} z > -1\},$$
$$l_2 := T_2(l_1) = \{z : \operatorname{Re} z = 1\}, \;\; D_2 := T_2(D_1) = \{z : \operatorname{Re} z > 1\}$$

이다. 앞의 11.1.2절의 예 2에서 본 것처럼 $T_3(z) = \frac{1}{z}$는 직선 l_2를 $z = \frac{1}{2}$중심으로 하고 반지름이 $\frac{1}{2}$인 원으로 사상하고 영역 D_2를 그 원의 내부로 사상한다. 따라서 선형분수변환 $T(z)$는 z평면의 영역 D를 w평면의 영역 $\{w : |w - \frac{1}{2}| < \frac{1}{2}\}$로 사상한다. □

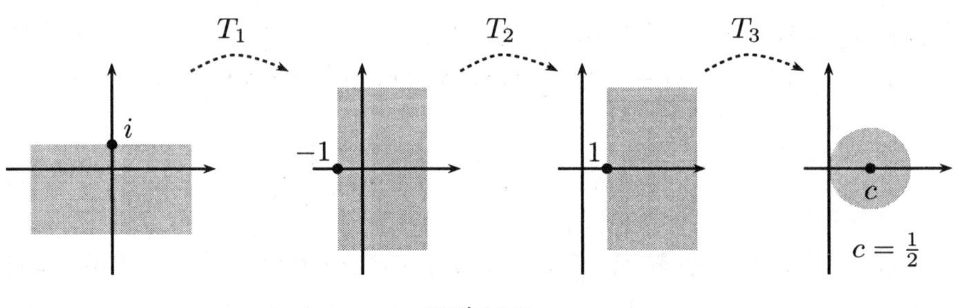

그림 11.5

식 (11.12)에서 보는 것처럼 $ad - bc = 0$이면 선형분수변환이 상수이므로 $ad - bc \neq 0$인 경우만을 고려하기로 한다. 선형분수변환 (11.11)은 복소평면에서 일대일 함수이고, 역함수

$$T^{-1}(w) = z = \frac{-dw + b}{cw - a}, \;\; ad - bc \neq 0 \tag{11.13}$$

을 가지며, 역함수 또한 선형분수변환이다.

선형분수변환

$$w = \frac{az+b}{cz+d} \tag{11.14}$$

는

$$czw - az + dw - b = 0 \tag{11.15}$$

과 같이 쓸 수 있다. 위 식 (11.15)의 계수는 임의의 복소수이므로

$$Azw + Bz + Cw + D = 0, \quad AD - BC \neq 0 \tag{11.16}$$

의 형태를 갖는 것으로 가정할 수 있다. 위의 식 (11.16)의 왼쪽변은 z, w 모두에 대해 선형이기 때문에 **이중선형변환**(bilinear transformation)이라고 한다. 이런 이유에서 선형분수변환을 이중선형변환이라고 부르기도 한다.

선형분수변환

$$T(z) = \frac{az+b}{cz+d}, \quad ad - bc \neq 0$$

는 $c = 0$일 때는

$$T(\infty) = \infty$$

로, $c \neq 0$일 때는

$$T(\infty) = \frac{a}{c}, \quad T\left(-\frac{d}{c}\right) = \infty$$

로 정의하면 확장된 복소평면에서 연속인 함수로 이해할 수 있다. 이렇게 확장된 선형분수변환은 확장된 복소 z평면에서 확장된 복소 w평면으로 사상하는 일대일대응함수이다. 즉, $z_1 \neq z_2$이면 $T(z_1) \neq T(z_2)$이고, 확장된 복소 w평면의 각 점 w에 대해 $T(z) = w$인 점 z가 확장된 복소 z평면 안에 반드시 존재한다.

그러므로 확장된 복소 w평면에서 정의된 역변환

$$T^{-1}(z) = \frac{dz-b}{-cz+a}, \quad ad - bc \neq 0$$

또한 일대일대응함수이고, $c = 0$일 때는

$$T^{-1}(\infty) = \infty$$

로, $c \neq 0$일 때는

$$T^{-1}\left(\frac{a}{c}\right) = \infty, \quad T^{-1}(\infty) = -\frac{d}{c}$$

이다.

11.2.2 선형분수변환과 교차비

앞의 11.2.1절에서 선형분수변환은 직선과 원을 직선 또는 원으로 사상함을 알았다. 그렇다면 정해진 직선 또는 원을 정해진 원 또는 직선으로 사상하는 선형분수변환을 찾을 수 있을까? 평면 위의 서로 다른 세 점은 하나의 직선이나 원을 결정한다. 즉, 세 점이 한 직선 위에 놓여있지 않다면 세 점을 지나는 유일한 원을 찾을 수 있다. 이 절에서는 주어진 직선과 직선 또는 원, 주어진 원과 직선 또는 원에 일대일 대응하는 선형분수변환에 대해 알아본다.

정리 11.2 확장된 복소 z평면에 주어진 서로 다른 세 점 z_1, z_2, z_3와 확장된 복소 w평면의 서로 다른 세 점 w_1, w_2, w_3에 대해 $T(z_j) = w_j$을 만족하는 선형분수변환 $T(z)$가 단 하나 존재한다.

(증명) 먼저 z_1, z_2, z_3와 w_1, w_2, w_3가 모두 복소평면 $\mathbb{C}$의 점이라고 가정하자. 선형분수변환

$$T(z) = \frac{az+b}{cz+d}, \quad ad - bc \neq 0 \tag{11.17}$$

가 z_j를 w_j $(j = 1, 2, 3)$에 대응시킨다면

$$w - w_j = \frac{az+b}{cz+d} - \frac{az_j+b}{cz_j+d} = \frac{(ad-bc)(z-z_j)}{(cz+d)(cz_j+d)} \tag{11.18}$$

이므로

$$\frac{w-w_1}{w-w_3} = \left(\frac{cz_3+d}{cz_1+d}\right)\left(\frac{z-z_1}{z-z_3}\right) \tag{11.19}$$

을 얻는다. 위 식 (11.19)에서 z 대신에 z_2, w 대신에 w_2를 대입하여

$$\frac{w_2-w_3}{w_2-w_1} = \left(\frac{cz_1+d}{cz_3+d}\right)\left(\frac{z_2-z_3}{z_2-z_1}\right) \tag{11.20}$$

을 얻고, 위 두 식 (11.19), (11.20)을 곱하여

$$\frac{(w-w_1)(w_2-w_3)}{(w-w_3)(w_2-w_1)} = \frac{(z-z_1)(z_2-z_3)}{(z-z_3)(z_2-z_1)} \tag{11.21}$$

을 얻는다. 식 (11.21)은 점 z_1, z_2, z_3를 차례로 점 w_1, w_2, w_3에 대응시킨다.

위의 점들 가운데 ∞을 포함하는 경우에는 그 점을 ∞로 보내는 극한을 취하여 원하는 결과를 얻을 수 있다. 예를 들어 $z_1 = \infty$인 경우

$$\frac{(w-w_1)(w_2-w_3)}{(w-w_3)(w_2-w_1)} = \lim_{z_1\to\infty}\frac{(z-z_1)(z_2-z_3)}{(z-z_3)(z_2-z_1)} = \frac{z_2-z_3}{z-z_3} \tag{11.22}$$

이다.

또한 위의 식 (11.21)은 전개하여

$$Azw + Bz + Cw + D = 0$$

의 형태로 정리할 수 있다. 그러므로 식 (11.21)은 선형분수변환이다. 위 식에서 $AD - BC = 0$이면 식 (11.21)은 상수가 되므로 세 점 z_j를 서로 다른 세 점 w_j에 대응시킬 수 없으므로 $AD - BC \neq 0$이다. 위 선형분수변환이 유일함을 보이는 것은 연습문제로 남긴다. □

위의 식 (11.21)의 오른쪽 변을 기호

$$[z, z_1, z_2, z_3] := \frac{(z - z_1)(z_2 - z_3)}{(z - z_3)(z_2 - z_1)} \tag{11.23}$$

로 나타낸다. 기호 $[z, z_1, z_2, z_3]$를 **교차비**(cross ratio)라고 한다. 교차비를 이용하여 식 (11.21)은

$$[w, w_1, w_2, w_3] = [z, z_1, z_2, z_3] \tag{11.24}$$

로 나타낼 수 있다.

[예제 11.3] 세 점 $1,\ i, -1$을 차례로 $2, -2,\ i$로 옮기는 선형분수변환을 찾아라.

(풀이) 식 (11.21)로부터

$$\frac{(w-2)(-2-i)}{(w-i)(-2-2)} = \frac{(z-1)(i+1)}{(z+1)(i-1)}$$

을 풀면 선형분수변환은

$$w = \frac{(2+2i)z + (10-6i)}{-(7+3i)z + (1+5i)} \tag{11.25}$$

을 얻는다. z평면 위의 세 점 $1,\ i, -1$과 w평면 위의 세 점 $2, -2,\ i$은 모두 각 평면에서 동일한 직선 위에 있지 않으므로 식 (11.25)는 z평면 위의 세 점 $1,\ i, -1$을 지나는 원을 w평면 위의 세 점 $2, -2,\ i$를 지나는 원으로 대응시키는 선형분수변환이다. □

[예제 11.4] 세 점 $2,\ \infty,\ i$를 차례로 $1,\ i, -1$로 대응하는 선형분수변환을 찾아라.

(풀이) 식 (11.21)에서 $z_2 = \infty$인 경우이므로 선형분수변환은

$$\frac{(w-1)(i+1)}{(w+1)(i-1)} = \frac{z-2}{z-i}$$

로부터

$$w = \frac{2iz + 3(i-i)}{2z + (1-i)}$$

이다. 이 선형분수변환은 세 점 $2,\ \infty,\ i$를 지나는 직선을 세 점 $1,\ i, -1$을 지나는 원에 대응시키는 변환이다. □

[예제 11.5] 두 점 $1,\ i$를 지나는 직선을 세 점 $0, -i,\ 2$를 지나는 원에 대응 시키는 선형분수변환을 찾아라.

(풀이) 두 점 $1,\ i$를 지나는 직선은 확장된 복소평면의 세 점 $1,\ i,\ \infty$을 지나는 직선과 같다. 선형분수변환

$$[w,\ 0, -i,\ 2] = [z,\ 1,\ i,\ \infty]$$

는 세 점 $1,\ i,\ \infty$을 지나는 직선을 세 점 $0, -i,\ 2$을 지나는 원에 대응 시킨다. 이 선형분수변환은 식 (11.21)에 의해

$$\frac{w(-i-2)}{(w-2)(-i)} = \frac{z-1}{i-1}$$

이고 이를 정리하면

$$w = \frac{2iz - 2i}{-iz + (2i-3)}$$

이다. □

z평면 위의 서로 다른 세 점을 w평면 위의 서로 다른 세 점으로 대응 시키는 이중선형변환은 선형분수변환의 상수계수를 찾아서 결정할 수도 있다. $a \neq 0$ 이면 선형분수변환은

$$w = \frac{az+b}{cz+d} = \frac{z + \frac{b}{a}}{\frac{c}{a}z + \frac{d}{a}} := \frac{z+A}{Bz+C} \tag{11.26}$$

와 같이 쓸 수 있다. 따라서 세 방정식

$$w_j = \frac{z_j + A}{Bz_j + C} \quad (j = 1, 2, 3)$$

을 풀어서 상수 A, B, C를 구하여 선형분수변환을 찾을 수 있다. $a = 0$, $c = 0$인 경우 선형분수변환은 상수함수이므로, 두 상수 가운데 하나는 0이 아니어야 한다. $c \neq 0$인 경우도 유사한 방법으로 선형분수변환을 찾을 수 있다.

[예제 11.6] 세 점 $i, -i,$ 1을 차례로 0, 1, ∞에 대응하는 선형분수변환을 찾아라.

(풀이) 식 (11.26)에 $z = i, -i, 1$과 $w = 0,\ 1,\ \infty$를 차례로 대입하면 확장된 복소평면에서

$$\frac{i + A}{iB + C} = 0, \quad \frac{-i + A}{-iB + C} = 1, \quad \frac{1 + A}{B + C} = \infty$$

이다. 세 식에서 차례로

$$A = -i, \quad -2i = -iB + C, \ \ B = -C$$

를 얻을 수 있고, 이로부터 $B = \frac{2i}{1+i} = -C$임을 알 수 있다. 그러므로 원하는 선형분수변환은

$$w = -\frac{(1 - i)(z - i)}{2(z - 1)}$$

이다. □

11.2.3 상반평면의 변환

이 절에서는 상반평면 $\operatorname{Im} z > 0$을 열린 단위원판 $|w| < 1$에 사상하는 전사인 선형분수변환에 대해 알아보기로 한다. 이런 성질을 가진 변환은 실수축 $\operatorname{Im} z = 0$을 단위원 $|w| = 1$에 전사하는 함수이다.

선형분수변환

$$w = T(z) = \frac{az + b}{cz + d}, \ \ ad - bc \neq 0 \tag{11.27}$$

를 실수축 $\operatorname{Im} z = 0$을 단위원 $|w| = 1$에 사상하는 함수라고 하자. 먼저 직선 $\operatorname{Im} z = 0$ 위의 세 점 $z = 0$, $z = 1$, $z = \infty$를 선택하여 선형분수변환 $w = T(z)$

가 이들 세 점을 단위원 $|w| = 1$에 사상하기 위해 필요한 조건을 알아보자. 변환 (11.27)에서 $z = 0$일 때 $|w| = 1$이 되기 위해서는

$$|b| = |d| \neq 0 \tag{11.28}$$

이어야 한다. 또 11.2.1절에서 $z = \infty$일 때 $w = a/c$임을 알았다. 그러므로 $|w| = 1$이면

$$|a| = |c| \neq 0 \tag{11.29}$$

이다. a, c가 모두 0이 아니므로 식 (11.27)은

$$w = T(z) = \frac{a}{c}\,\frac{z + b/a}{z + d/c} \tag{11.30}$$

로 쓸 수 있고,

$$\left|\frac{a}{c}\right| = 1, \quad \left|\frac{b}{a}\right| = \left|\frac{d}{c}\right| \neq 0 \tag{11.31}$$

이므로 식 (11.28-30)에 의해

$$w = T(z) = e^{i\alpha}\left(\frac{z - z_0}{z - z_1}\right), \quad |z_0| = |z_1| \neq 0 \tag{11.32}$$

로 고쳐쓸 수 있다. 여기서 α는 실수이고, z_0, z_1은 0이 아닌 복소수이다.

이제 마지막으로 $z = 1$일 때 $|w| = 1$이므로

$$|1 - z_1| = |1 - z_0| \ \text{또는}\ (1 - z_1)(1 - \overline{z_1}) = (1 - z_0)(1 - \overline{z_0})$$

이다. 그런데 $|z_0| = |z_1|$이므로 $z_1\overline{z_1} = z_0\overline{z_0}$이다. 이는

$$z_1 + \overline{z_1} = z_0 + \overline{z_0},$$

또는 $\operatorname{Re} z_1 = \operatorname{Re} z_0$를 의미하므로

$$z_1 = z_0 \ \text{또는}\ z_1 = \overline{z_0}$$

이다. 그런데 $z_1 = z_0$이면 식 (11.32)는 상수함수이므로 $z_1 = \overline{z_0}$이어야 한다.

변환

$$w = T(z) = e^{i\alpha}\left(\frac{z - z_0}{z - \overline{z_0}}\right), \quad |z_0| \neq 0$$

은 z_0을 w평면의 원점 $w = 0$에 대응시키므로 z_0가 상반평면의 점이면 선형분수 변환

$$w = T(z) = e^{i\alpha}\left(\frac{z - z_0}{z - \overline{z_0}}\right), \quad \mathrm{Im}\, z_0 > 0 \tag{11.33}$$

는 상반평면 $\mathrm{Im}\, z > 0$을 열린단위원판 $|w| < 1$에 사상하는 전사인 선형분수변환이다.

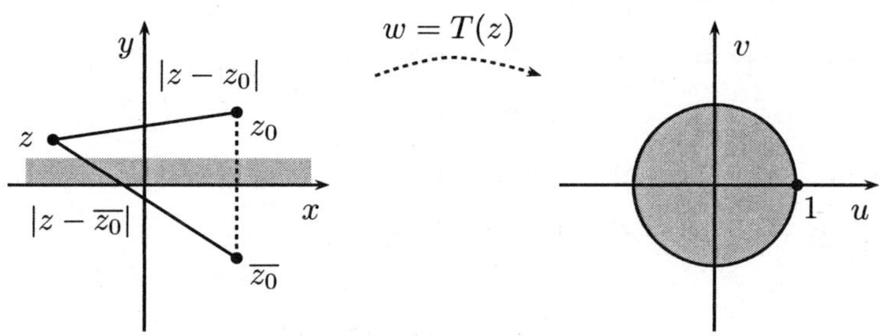

그림 11.6

사실 식 (11.33)의 형태를 갖는 모든 변환은 상반평면 $\mathrm{Im}\, z > 0$을 열린단위원판 $|w| < 1$에 사상하는 전사인 선형분수변환으로 실수축 $\mathrm{Im}\, z = 0$을 단위원 $|w| = 1$에 전사하는 함수이다. 식 (11.33)의 양변에 절댓값을 취하면

$$|w| = \frac{|z - z_0|}{|z - \overline{z_0}|}, \quad \mathrm{Im}\, z_0 > 0 \tag{11.34}$$

이다. 그림 11.6에서 보는 것처럼 z가 실수축의 위쪽에 있는 점이면 $|z - z_0| < |z - \overline{z_0}|$이므로 $|w| < 1$이고, z가 실수축의 아래쪽에 있는 점이면 $|z - z_0| > |z - \overline{z_0}|$이므로 $|w| > 1$이다. 또 z가 실수축에 있는 점이면 $|z - z_0| = |z - \overline{z_0}|$이므로 $|w| = 1$이다. 선형분수변환은 확장된 복소평면을 확장된 복소평면에 일대일대응하는 사상이므로 식 (11.33)은 상반평면 $\mathrm{Im}\, z > 0$을 열린단위원판 $|w| < 1$에 사상하고, 상반평면의 경계 $\mathrm{Im}\, z = 0$을 열린단위원판의 경계 $|w| = 1$에 전사하는 함수이다.

[예 3] 선형분수변환 $w = \frac{i-z}{i+z}$는 식 (11.33)의 형태

$$w = \frac{i - z}{i + z} = -\frac{z - i}{z + i} = e^{\pi i}\frac{z - i}{z - \overline{i}}$$

로 고쳐쓸 수 있으므로 상반평면을 열린 단위원판에 사상하는 선형분수변환이다. □

11.2.4 단위원판의 변환

이 절에서는 단위원판을 다시 단위원판으로 사상하는 선형분수변환에 대해 알아본다. 회전변환 $T(z) = e^{\alpha i}z$는 단위원판을 단위원판으로 사상한다. 그러나 회전변환보다 일반적인 형태의 변환을 생각할 수 있다

앞의 11.2.3절에서 선형분수변환

$$w = e^{i\alpha}\left(\frac{z - z_0}{z - \overline{z_0}}\right), \quad \mathrm{Im}\, z_0 > 0 \tag{11.35}$$

는 상반평면 $\mathrm{Im}\, z > 0$을 열린 단위원판 $|w| < 1$에 사상하는 일대일대응인 선형분수변환임을 보았다. 따라서 (11.35)의 역변환인

$$w = \frac{z\overline{z_0} - e^{i\alpha}z_0}{z - e^{i\alpha}}, \quad \mathrm{Im}\, z_0 > 0 \tag{11.36}$$

는 단위원판을 상반평면에 사상하는 선형분수변환이다.

$T_1(z)$, $T_2(z)$가 선형분수변환이면 $T_1(T_2(z))$도 선형분수변환이다.(문제해결 11.8 참고) 그러므로 $T_1(z)$를 상반평면을 열린 단위원판으로, $T_2(z)$를 열린 단위원판을 상반평면으로 사상하는 선형분수변환이라면 $T_1(T_2(z))$는 열린 단위원판을 다시 열린 단위원판으로 사상하는 선형분수변환이다.

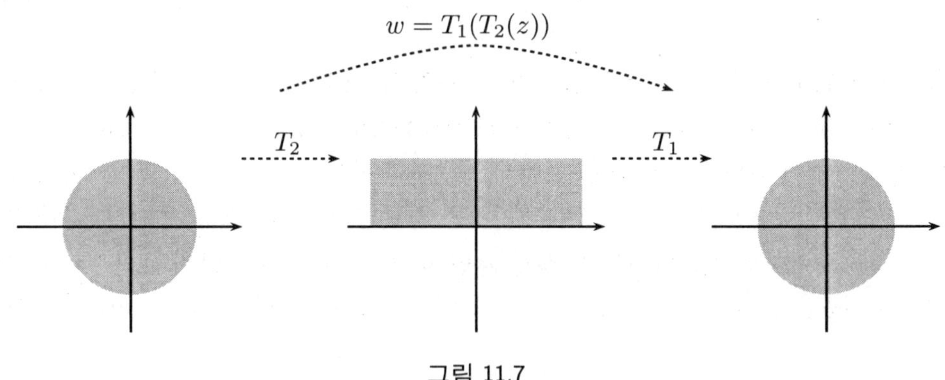

그림 11.7

위의 식 (11.36)에서 $z_0 = i, \alpha = \pi$인 경우

$$w = \frac{z\bar{i} - e^{i\pi}i}{z - e^{i\pi}} = -i\frac{z-1}{z+1} \tag{11.37}$$

는 단위원의 내부를 상반평면에 사상한다.

이제 w_Δ를 단위원의 내부를 단위원의 내부로 사상하는 선형분수변환이라면 w_Δ는 상반평면을 단위원의 내부로 사상하는 선형분수변환 w와 식(11.37)의 합성변환

$$w_\Delta(z) = w\left(-i\frac{z-1}{z+1}\right) \tag{11.38}$$

로 나타낼 수 있다. 그런데 w는 식 (11.35)의 형태이어야 하므로 식 (11.38)은

$$w_\Delta(z) = e^{i\alpha}\frac{(z_0+i)z+(z_0-i)}{(\overline{z_0}+i)z+(\overline{z_0}-i)}, \quad \operatorname{Im} z_0 > 0 \tag{11.39}$$

로 쓸 수 있다. 여기서 $a = z_0 + i,\ b = z_0 - i$라 하면

$$\begin{aligned} w_\Delta(z) =& e^{i\alpha}\frac{az+b}{\overline{b}z+\overline{a}}, \quad |b| < |a| \\ =& e^{i\alpha}\frac{z+(b/a)}{(\overline{b}/a)z+(\overline{a}/a)} = e^{i\alpha}\frac{a}{\overline{a}}\frac{z+(b/a)}{(\overline{b}/\overline{a})z+1} \quad (\beta := -b/a) \\ =& -e^{i\alpha}\frac{a}{\overline{a}}\frac{z-\beta}{\overline{\beta}z-1} \quad (A := -e^{i\alpha}(a/\overline{a})) \\ =& A\frac{z-\beta}{\overline{\beta}z-1}, \quad |A| = 1,\ |\beta| < 1 \end{aligned}$$

을 얻을 수 있다. 그러므로 선형분수변환

$$w_\Delta(z) = A\frac{z-\beta}{\overline{\beta}z-1}, \quad |A| = 1,\ |\beta| < 1 \tag{11.40}$$

는 단위원의 내부를 다시 단위원의 내부로 사상하는 변환이다.

만일 식 (11.40)에서 $|\beta| > 1$이면 $|z_0 + i| = |a| < |b| = |z_0 - i|$이므로 $w_\Delta(z)$는 단위원의 내부를 단위원의 외부로 사상하는 선형분수변환이다.

11.3 다른 변환들

선형분수변환 이외의 다른 함수들도 z평면의 한 영역을 w평면의 영역으로 변환한다. 그러나 선형분수변환과 달리 일대일대응이 아닐 수도 있지만, 필요에 따라서는 다른 변환을 생각할 수도 있다. 여기서는 기본적인 변환 $w = z^2$, $w = e^z$에 대해서 설명하기로 한다. 다른 함수에 의한 변환도 비슷한 방법으로 변환의 성질을 알아낼 수 있다.

11.3.1 변환 $w = z^2$

먼저 변환 $w = z^2$에 대해 생각해 보자. $w = u + iv$라고 하면

$$w = u + iv = (x^2 - y^2) + i(2xy)$$

이므로 $w = z^2$은 점 $a + ia$를 점 $2a^2i$에 대응시킨다. 그러므로 $w = z^2$는 반직선 $z = x+ix\,(x > 0)$를 반직선 $w = iv\,(v > 0)$로 사상하고, 반직선 $z = x+ix\,(x < 0)$ 또한 반직선 $w = iv\,(v > 0)$에 사상한다. 다시 말해 $w = z^2$는 직선 $z = x + ix$를 반직선 $w = iv\,(v \geq 0)$에 두 번 사상하므로 선형분수변환과는 달리 일대일 함수가 아니다.

일반적으로 변환 $w = z^2$는 점 $z = x + imx$를 점

$$w = (1 - m^2)x^2 + i2mx^2$$

에 대응시키므로 $w = z^2$는 직선 $y = mx$를 반직선

$$v = \left(\frac{2m}{1 - m^2}\right)u, \quad m \neq 1$$

에 두 번 대응시킨다. 여기서 $|m| < 1$이면 $u \geq 0$, $|m| \geq 1$이면 $u \leq 0$이다.

변환 $w = z^2$는 점 $z = re^{i\theta}$를 점 $w = r^2e^{i2\theta}$로 사상하므로 극좌표로 표시된 점 (r, θ)를 $(r^2, 2\theta)$로 사상하므로 변환 $w = z^2$에 의해 점 $z \neq 0$의 편각은 2배, 원점으로부터의 거리는 제곱으로 변환된다.

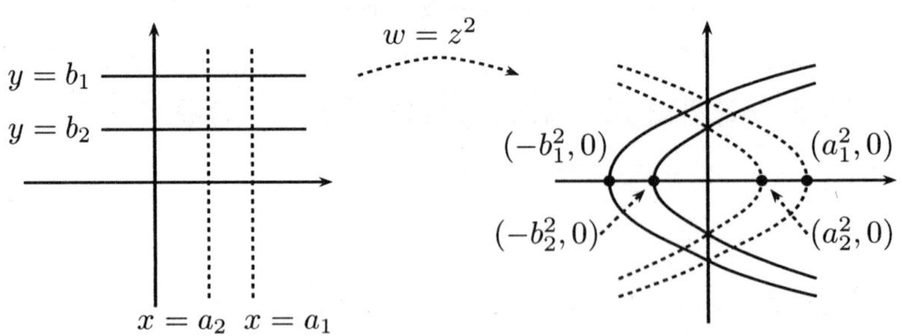

그림 11.8 변환 $w = z^2$

[예 4] 변환 $w = z^2$는 $A = \{z = re^{i\theta} : 0 \leq r \leq 2,\ 0 \leq \theta \leq \frac{\pi}{2}\}$를 $B = \{w = re^{i\theta} : 0 \leq r \leq 4,\ 0 \leq \theta \leq \pi\}$로 사상하는 일대일대응 변환이다. □

$z = x + ib,\ b \neq 0$일 때

$$w = u + iv = (x^2 - b^2) + i(2xb)$$

이므로 변환 $w = z^2$은 직선 $y = b$를 포물선

$$u = \left(\frac{v}{2b}\right)^2 - b^2 = \frac{v^2}{4b^2} - b^2$$

에 사상한다. 같은 방법으로 직선 $x = a,\ a \neq 0$를 포물선

$$u = -\left(\frac{v^2}{4a^2} - a^2\right)$$

으로 사상한다.(그림 11.8 참고)

11.3.2 변환 $w = e^z$

이 절에서는 지수함수 e^z에 의한 수평선과 수직선의 사상에 대해 알아본다. $z = x + iy$일 때 변환

$$w = e^z = e^x e^{iy} := \rho e^{i\phi} \quad (\rho = e^x,\ \phi = y) \tag{11.41}$$

로 나타낼 수 있다. 그러므로 수직선 $x = a$ 위의 한 점 (a, y)는 변환 $w = e^z$에 의해 w평면에서 극좌표로 나타낸 점 $(\rho, \phi) = (e^a, y)$에 사상된다. 따라서 직선 $x = a$를 따라 y가 증가함에 따라 그 상은 그림 11.9에서 보는 것처럼 원점을 중심으로 하고 반지름이 e^a이 원을 따라 반시계방향으로 움직이며 y가 2π 만큼 증가할 때마다 원을 한바퀴 돌게된다.

또 수평선 $y = b$ 위의 한 점 (x, b)는 변환 $w = e^z$에 의해 w평면에서 극좌표로 나타낸 점 $(\rho, \phi) = (e^x, b)$에 사상된다. 편각을 $\phi = b$로 유지한채 x가 증가함에 따라 원점에서 멀어진다. 그러므로 변환 $w = e^z$는 수평선을 원점에서 멀어지는 반직선에 일대일로 대응시키는 변환이다. 변환 $w = e^z$은 수직선의 일부를 원의 한 부분(또는 전체)로, 수평선의 일부를 반직선의 일부로 대응하는 변환이다.

[예제 11.7] $[1, 3] \times [\frac{\pi}{4}, \frac{3\pi}{4}]$의 변환 $w = e^z$에 의한 상을 구하여라.

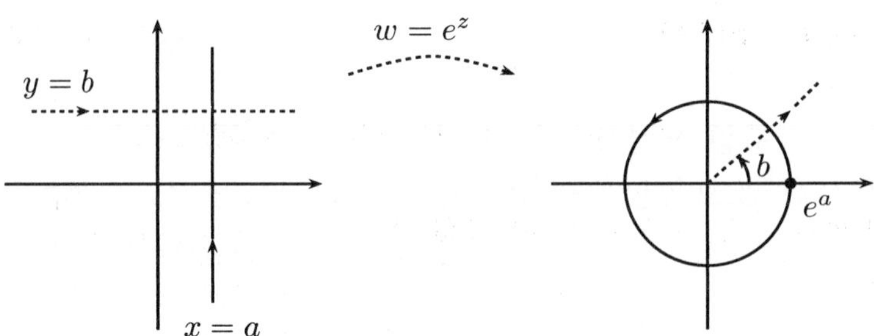

그림 11.9 변환 $w = e^z$

(풀이) 그림 11.10의 선분 AB를 포함하는 직선은 변환 $w = e^z$에 의해 양의 u축과 $\frac{\pi}{4}$의 각을 이루는 반직선에, DC를 포함하는 직선은 변환 양의 u축과 $\frac{3\pi}{4}$의 각을 이루는 반직선에 대응된다.

수직선분 AD는 변환 $w = e^z$에 의해 원호 $\rho = e,\ \frac{\pi}{4} \le \phi \le \frac{3\pi}{4}$에, 수직선분 BC는 원호 $\rho = e^3,\ \frac{\pi}{4} \le \phi \le \frac{3\pi}{4}$에 에 대응된다. 변환 $w = e^z$는 $[1,3] \times [\frac{\pi}{4}, \frac{3\pi}{4}]$를 A', B', C', D'에 의해 결정되는 환형집합의 한 부분으로 사상한다. □

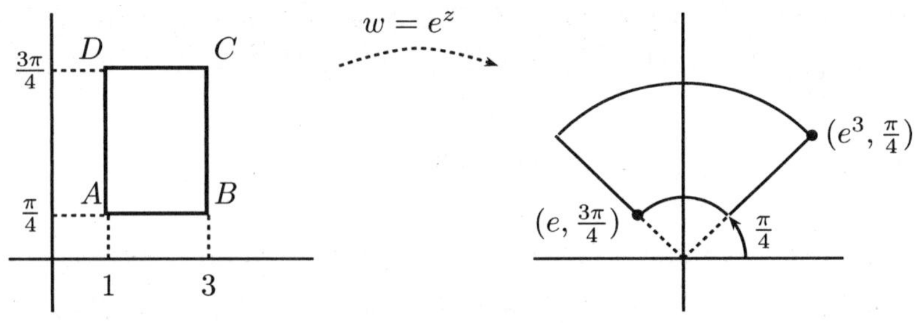

그림 11.10

영역의 형태에 따라서는 적절한 변환을 차례로 적용하여 한 영역에서 다른 영역으로 사상을 찾을 수 있다. 그림 11.11은 사분원을 원으로 사상시키는 과정을 보여준다.

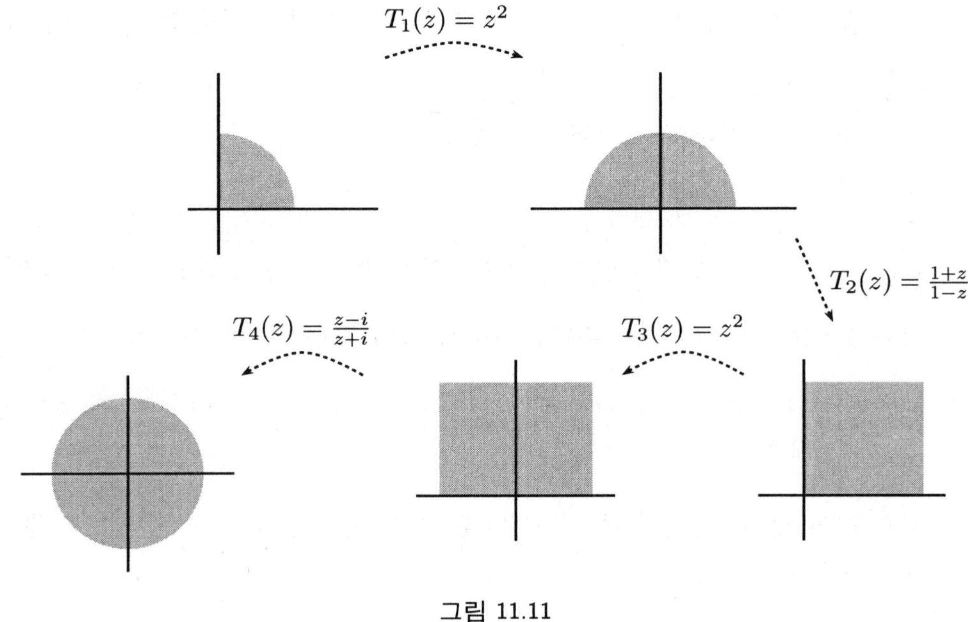

그림 11.11

11.4 문제해결

1. 세 점 i, $1-i$, $1+i$를 꼭짓점으로 하는 삼각형의 다음 선형변환에 의한 상을 찾고 원래 삼각형과 변환된 삼각형의 관계를 설명하여라.

   (1) $w = 3z + 4 - 3i$ (2) $w = iz + 2 - i$ (3) $w = 5e^{\pi i/3}z - 2 + 4i$

2. 반전변환 $w = \frac{1}{z}$에 의한 원 $|z-3| = 5$의 상을 구하여라.

3. 선형분수변환 $w = \dfrac{z-i}{iz-1}$은 $\operatorname{Im} z \geq 0$를 $|w| \leq 1$로 대응함을 보여라.

4. 확장된 z평면에 주어진 세 점을 확장된 w평면의 세 점으로 대응하는 선형분수변환을 찾아라.

   (1) $2, -i,\ 2 \to 1, -i,\ 1$ (2) $-i,\ 0,\ i \to -1,\ i,\ 1$

   (3) $\infty,\ i,\ 0 \to 0,\ i,\ \infty$ (4) $1,\ i,\ 0 \to \infty,\ i,\ 0$

5. 다음 선형분수변환의 부동점을 찾아라.

   (1) $\dfrac{z-1}{z+1}$ (2) $\dfrac{6z-9}{z}$

6. 선형분수변환은 1개 또는 2개가 아니면 무한히 많은 부동점을 가짐을 보여라.

7. 다음 선형분수변환의 역변환을 구하여라.

   (1) $\dfrac{i-z}{z+1}$　　(2) $i\dfrac{1-z}{1+z}$

8. $T_1(z)$, $T_2(z)$가 선형분수변환이면 $T_1(T_2(z))$도 선형분수변환임을 보여라.

9. 집합 $0 \le \operatorname{Re} z \le 2$의 반전변환 $w = \frac{1}{z}$에 의한 상을 구하여라.

10. w가 단위원을 단위원에 대응하는 변환이고, w에 의해 z_1이 w_1에 대응되면 $\dfrac{1}{\bar{z}_1}$은 $\dfrac{1}{\bar{w}_1}$에 대응됨을 보여라.

11. 서로 다른 세 점 z_1, z_2, z_3를 서로 다른 세 점 w_1, w_2, w_3로 사상하는 선형분수변환은 유일함을 보여라.

12. 허수축을 단위원에 대응하는 선형분수변환을 모두 찾아라.

13. 세 점 $1-i$, $1+i, -1+i$를 지나는 원을 $0, 1$을 지나는 직선에 대응 시키는 선형분수변환을 찾아라.

14. 선형분수변환을 이용하여 다음 부등식이 성립함을 증명하여라.

$$\operatorname{Re}\frac{z}{1-z} > -\frac{1}{2} \quad (|z| < 1)$$

15. 변환 $w = z^{1/2}$에 의한 영역 $\{z : \operatorname{Re} z \ge 0,\ \operatorname{Im} z \ge 0\}$의 상을 구하여라.

16. 변환 $w = e^z$에 의한 직선 $ay = x,\ a \neq 0$의 상을 구하여라.

17. 변환 $w = e^z$에 의한 다음 집합의 상을 구하여라.

   (1) $\{z : 0 \le \operatorname{Im} z \le \pi\}$

   (2) $\{z : 0 \le \operatorname{Re} z,\ 0 \le \operatorname{Im} z \le \pi\}$

제 12 장

등각사상과 리만의 사상정리

등각사상이란 각의 크기와 방향을 유지하는 변환을 말한다. z_0가 두 곡선 γ_1, γ_2의 교점이고, 함수 $f(z)$가 z_0에서 해석적이며 $f'(z_0) \neq 0$이면 z_0에서 두 곡선의 교각과 두 곡선의 $f(z)$에 의한 상이 교점 $f(z_0)$에서 이루는 각의 크기와 방향이 같다. 한 영역에서 도함수값으로 0을 갖지 않는 해석함수는 등각사상이다.

복소평면의 두 영역 D_1, D_2에 대해 $f(D_1) = D_2$인 해석함수 $f(z)$를 찾을 수 있을까? 만약 D_1, D_2가 모두 복소평면 전체는 아닌 단순연결영역이라면 가능하다. 더욱이 D_1의 임의의 한 점을 D_2의 특정한 점으로 대응시키는 일대일대응인 해석함수가 존재한다는 것이 리만에 의해 밝혀졌다. 그러나 불행하게도 그 해석함수의 형태를 구체적으로 나타낼 수 있는 것은 아니다.

12.1 등각사상

12.1.1 등각사상

원점을 지나는 직선은 $l(t) = te^{i\alpha}$ $(-\infty < t < \infty)$로 나타낼 수 있다. 여기서 α는 직선 l과 양의 실수축 사이의 각을 반시계방향으로 측정한 값이다. 점 z_0를 지나는 직선은 원점을 지나는 직선을 평행이동한 것이므로 $l(t) = z_0 + te^{i\alpha}$로 나타낼 수 있다.

매끄러운 곡선 γ가 $z = z(t)$ $(a \leq t \leq b)$로 주어지고,[1] 함수 $f(z)$가 γ 위의 모든 점에서 정의되었을 때 γ의 $f(z)$에 의한 상

$$w = f(z(t)) \quad (a \leq t \leq b)$$

를 Γ라 하자.

$z_0 = z(t_0)$를 곡선$z = z(t)$ 위의 점이라 하고, $w(t) = f(z(t))$, $w_0 = f(z_0)$로 놓으면

$$w - w_0 = \frac{f(z) - f(z_0)}{z - z_0}(z - z_0) \tag{12.1}$$

로 쓸 수 있다. 여기서 $f(z) \neq f(z_0)$로 가정하면 편각의 성질에 따라

$$\arg(w - w_0) = \arg\left(\frac{f(z) - f(z_0)}{z - z_0}\right) + \arg(z - z_0) \tag{12.2}$$

이다. 식 (12.2)에서 $\arg(z - z_0)$는 z평면에서 점 z_0와 z를 지나는 직선이 실수축과 이루는 각이고, $\arg(w - w_0)$는 w평면에서 점 w_0와 w를 지나는 직선이 실수축과 이루는 각이다. 그림 12.1에서 보는 것처럼 점 z가 곡선 $z(t)$를 따라 z_0에 가까워지면 $\arg(z - z_0)$는 점 z_0에서 곡선 $z(t)$의 접선이 실수축과 이루는 사잇각 θ에 가까워지고 $\arg(w - w_0)$는 점 $w_0 = f(z_0)$에서 곡선 $f(z(t))$의 접선이 실수축과 이루는 사잇각 ϕ에 가깝게 된다.

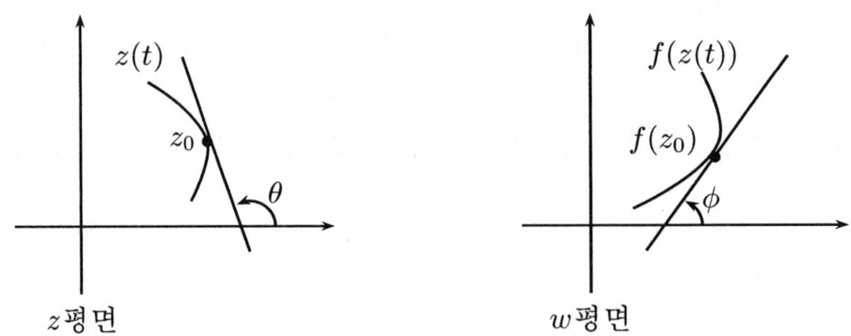

그림 12.1

그러므로 위의 식 (12.2)에서 t를 t_0에 가깝게 하도록 극한을 취하면

$$\phi = \arg f'(z_0) + \theta \tag{12.3}$$

[1]곡선 $z(t)$가 $a \leq t \leq b$에서 미분가능하고 $z'(t) \neq 0$이면 $z(t)$를 매끄러운 곡선이라고 한다.

를 얻는다. 식 (12.3)에서 보는 것처럼 곡선 $z(t)$의 점 z_0에서의 기울기와 곡선 $f(z(t))$의 점 $w_0 = f(z_0)$에서의 기울기의 차는 $\arg f'(z_0)$에 의해 결정된다. 다시 말해 곡선 γ가 점 $z_0 = z(t_0)$ $(a \le t_0 \le b)$을 지나고 $f(z)$가 z_0에서 해석적일 때 $f'(z_0) \neq 0$이면 식 (12.2)로부터

$$\arg w'(t_0) = \arg f'(z(t_0)) + \arg z'(t_0) \tag{12.4}$$

를 얻을 수 있다. 위 식 (12.4)는 $w_0 = f(z_0)$에서 곡선 Γ의 방향과 z_0에서의 γ의 방향과의 관계를 말하고 있다.

두 곡선의 교점에서의 사잇각은 교점에서의 두 곡선의 접선이 이루는 각으로 정의하며, 방향은 한 곡선에서 다른 한 곡선까지 반시계방향으로 측정한 값을 양의 값으로 정한다.

정리 12.1 $f(z)$가 z_0에서 해석적이고, $f'(z_0) \neq 0$라고 하자. γ_1, γ_2가 z평면의 점 z_0를 교점으로 갖는 매끄러운 곡선이고, Γ_1, Γ_2는 각각 $f(z)$에 의한 γ_1, γ_2의 상이라 하면, z_0에서 γ_1으로부터 γ_2까지의 잰 각의 크기와 $f(z_0)$에서 Γ_1으로부터 Γ_2까지의 잰 각의 크기는 같다. ♦

(증명) γ_1, γ_2의 교점 z_0에서 두 접선이 z평면의 실수축과 이루는 각을 각각 θ_1, θ_2라 하면 γ_1에서 γ_2까지 잰 각의 크기는 $\theta_2 - \theta_1$이다.

Γ_1와 Γ_2의 교점 $f(z_0)$에서 Γ_1와 Γ_2의 접선이 w평면의 실수축과 이루는 각을 각각 ϕ_1, ϕ_2라고 하면 식 (12.3)에 의해

$$\phi_1 = \theta_1 + \arg f'(z_0), \ \phi_2 = \theta_2 + \arg f'(z_0)$$

이므로 Γ_1에서 Γ_2까지 잰 각의 크기는

$$\phi_2 - \phi_1 = \big[\theta_2 + \arg f'(z_0)\big] - \big[\theta_1 + \arg f'(z_0)\big] = \theta_2 - \theta_1 \tag{12.5}$$

으로 γ_1에서 γ_2까지 잰 각의 크기와 같다. □

[예제 12.1] 실수축을 γ_1, 허수축을 γ_2라고 할 때, $f(z) = e^z$에 의한 γ_1, γ_2의 상 Γ_1, Γ_2의 교각의 크기를 구하여라.

(풀이) γ_1과 γ_2는 원점에서 만나고 γ_1에서 γ_2방향으로 잰 교각의 크기는 $\frac{\pi}{2}$이다. $f(z)$는 정함수이고 $f'(z) = e^z \neq 0$이므로 정리 12.1에 의해 교점 $f(0) = 1$에서 Γ_1에서 Γ_2방향으로 잰 교각의 크기는 $\frac{\pi}{2}$이다. □

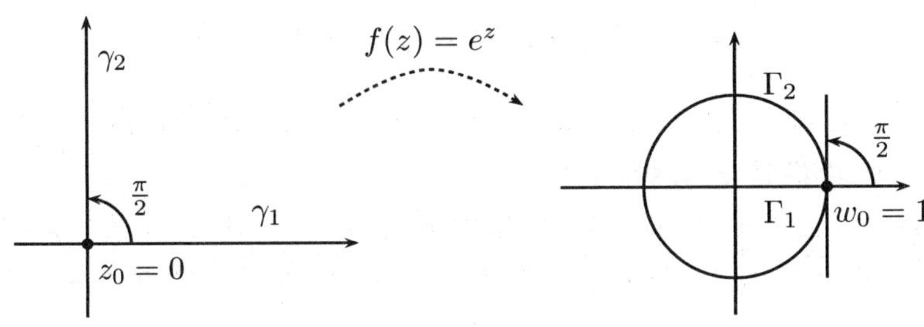

그림 12.2

실제로 두 곡선 γ_1, γ_2는

$$\gamma_1 : z_1(t) = te^{0i} = t, \quad \gamma_2 : z_2(t) = te^{\frac{\pi i}{2}} = it \quad (t \in \mathbb{R})$$

로 나타낼 수 있으므로

$$\Gamma_1 : f(z_1(t)) = e^t, \quad \Gamma_2 : f(z_2(t)) = e^{it} \quad (t \in \mathbb{R})$$

이다. 따라서

$$\Gamma_1 = \{w = u + iv : u > 0, v = 0\} \quad \Gamma_2 = \{w : |w| = 1\}$$

이고, Γ_1과 Γ_2의 교점 $w_0 = f(0) = 1$에서 Γ_2의 접선은 $u = 1$이므로 Γ_1에서 Γ_2의 접선까지의 교각의 크기는 그림 12.2에서 보는 것처럼 $\frac{\pi}{2}$이다.

앞의 정리 12.1에서 두 곡선 γ_1, γ_2의 교점에서 γ_1에서 γ_2방향으로 잰 교각과 두 곡선의 $f(z)$에 의한 상 Γ_1, Γ_2의 대응되는 교점에서 Γ_1으로부터 Γ_2까지의 잰 교각의 크기가 같음을 알았다. 정리 12.1의 $f(z)$와 같이 각의 크기와 방향을 보존하는 함수 $f(z)$를 **등각사상**(conformal mapping)이라고 한다. 정리 12.1은 영역 D에서 $f'(z) \neq 0$인 해석함수는 등각사상임을 보여준다. 정함수 e^z의 도함수는 복소평면에서 영점을 갖지 않으므로 복소평면에서 등각사상이다.

[예 1] $f(z) = \bar{z}$는 양의 실수축을 양의 실수축으로, 양의 허수축을 음의 허수축으로 보낸다. 양의 실수축에서 반시계방향으로 양의 허수축까지 잰 각은 $\frac{\pi}{2}$이지만

양의 실수축으로부터 음의 허수축까지 시계방향으로 잰 각은 $\frac{\pi}{2}$이므로 함수 $f(z)$는 각의 크기는 보존하지만 방향을 보존하지 않으므로 등각사상이 아니다.[2] □

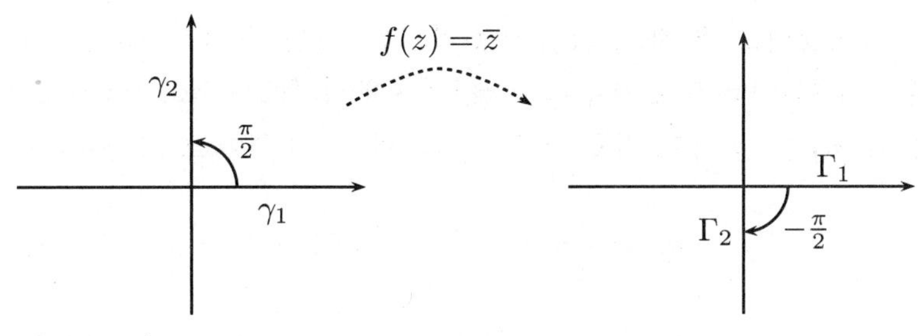

그림 12.3

함수 $f(z)$가 z_0에서 해석적일 때 $f'(z_0) \neq 0$이고 z가 z_0의 근방에 있는 점이면 z평면에서 z와 z_0 사이의 거리와 w평면에서 $f(z)$와 $f(z_0)$ 사이의 거리에는 흥미로운 관계가 있다. $f(z)$가 z_0에서 해석적이므로

$$f'(z_0) = \lim_{z \to z_0} \frac{f(z) - f(z_0)}{z - z_0}$$

이다. 그러므로 z가 z_0에 충분히 가까이 있으면

$$|f(z) - f(z_0)| \approx |f'(z_0)|\,|z - z_0| \tag{12.6}$$

이다. 이는 $f'(z_0)$가 회전의 정도뿐만 아니라 거리의 변화 정도의 예측에서도 중요한 역할을 함을 의미한다.

12.1.2 일대일 함수

실함수와 달리 복소함수 $f(z)$는 영역 D에서 $f'(z) \neq 0$이어도 일대일 함수가 아닐 수 있다. 예를 들어 $f(z) = e^z$는 복소평면의 모든 점에서 $f'(z) \neq 0$이지만 일대일 함수는 아니다. 그러나 복소함수의 경우도 $f'(z_0) \neq 0$인 점 z_0의 적절한 근방에서 일대일이다.

---

[2] $f(z) = \overline{z}$와 같이 방향은 유지하지 않고 각의 크기는 보존하는 함수를 **등편각사상**(isogonal mapping)이라고 한다.

정리 12.2 $f(z)$가 z_0에서 해석적이고 $f'(z_0) \neq 0$이면, $f(z)$는 z_0의 적절한 근방에서 일대일 함수이다. ♦

(증명) $w_0 = f(z_0)$라고 하자. $f'(z_0) \neq 0$이므로 z_0은 $f(z) - w_0$의 1차 영점이다. $f(z)$가 상수함수가 아니므로 $0 < |z - z_0| \leq \epsilon$에서 $f(z) - w_0 \neq 0$인 $\epsilon > 0$을 찾을 수 있다. $f(z) - w_0$는 콤팩트 집합 $|z - z_0| = \epsilon$에서 연속이고 $f(z) - w_0 \neq 0$이므로

$$m := \min_{|z - z_0| = \epsilon} |f(z) - w_0| > 0$$

이다. 따라서 w가 $|w - w_0| < m$인 점일 때 $|z - z_0| = \epsilon$인 모든 z에 대해

(i) $f(z) - w_0 \neq 0, \ \ f(z) - w \neq 0$ [3]

(ii) $|w - w_0| < m \leq |f(z) - w_0|$

이다. 그러므로 로체의 정리에 의해

$$f(z) - w = [f(z) - w_0] + (w_0 - w)$$

와 $f(z) - w_0$는 $|z - z_0| < \epsilon$에서 같은 수의 영점을 갖는다. 그런데 $|z - z_0| < \epsilon$에서 $f(z) - w_0$는 z_0에서만 영점을 갖고 그 영점이 1차 영점이므로 $f(z) - w$는 $|z - z_0| < \epsilon$에서 단 하나의 영점을 갖는다. 즉 $f(z)$는 z_0의 근방 $N(z_0, \epsilon)$에서 일대일인 함수이다. □

실함수 $f(x) = x^3$은 $f'(0) = 0$이지만 일대일 함수이다. 그러나 복소함수의 경우에는 일대일인 영역의 어떤 점에서도 도함수가 0이 될 수 없다. 정리12.1과 아래의 정리 12.3으로부터 해석함수가 일대일함수이면 등각사상임을 알 수 있다.

정리 12.3 $f(z)$가 영역 D에서 정의된 일대일 해석함수이면, D에서 $f'(z) \neq 0$이다. ♦

---

[3] 만약 $f(z) - w = 0$이면

$$|w - w_0| = |w - w_0| + |f(z) - w| \geq |f(z) - w_0| \geq m$$

이다.

(증명) D의 한 점 z_0에서 $f'(z_0) = 0$이라 가정하면

$$f(z) - f(z_0) = \frac{f''(z_0)}{2!}(z - z_0)^2 + \frac{f'''(z_0)}{3!}(z - z_0)^3 + \cdots \tag{12.7}$$

은 $z = z_0$에서 $k(k \geq 2)$차 영점을 갖는다. $f(z)$가 상수함수가 아니므로 따름정리 7.23에 의해 $f(z) - f(z_0)$와 $f'(z)$가 $0 < |z - z_0| \leq r$에서 영점을 갖지 않게 되는 $r > 0$을 찾을 수 있다. 그러므로

$$m := \min_{|z - z_0| = r} |f(z) - f(z_0)| > 0 \tag{12.8}$$

이다. 함수 $g(z)$를

$$g(z) = f(z) - f(z_0) - a \quad (0 < |a| < m) \tag{12.9}$$

로 정의하면 $g(z_0) = -a \neq 0$이고, $0 < |z - z_0| \leq r$에서

$$g'(z) = f'(z) \neq 0$$

이므로 $g(z)$가 $|z - z_0| \leq r$에서 영점을 갖는다면 단순 영점뿐이다.

원 $|z - z_0| = r$에서

$$|f(z) - f(z_0)| \geq m > |a| \tag{12.10}$$

이므로 로체의 정리에 의해 $|z - z_0| < r$에서 $f(z) - f(z_0)$와 $g(z)$는 같은 수의 영점을 갖는다. $f(z) - f(z_0)$는 둘 이상의 영점을 가지므로

$$g(z) = f(z) - f(z_0) - a = 0$$

도 둘 이상의 해를 갖는다. 그런데 $g(z)$가 $|z - z_0| \leq r$에서 단순 영점만을 가지므로 $g(z) = 0$는 $|z - z_0| \leq r$에서 서로 다른 근을 갖는다. 즉, $f(z) = f(z_0) + a$가 $|z - z_0| \leq r$에서 적어도 두 개의 서로 다른 근을 가지므로 $f(z)$가 일대일 함수라는 가정에 모순이다. 그러므로 $f'(z_0) = 0$인 점 z_0 는 존재하지 않는다. □

정리 12.3에서 한 영역에서 일대일인 해석함수는 영역 안의 모든 점 z에서 $f'(z) \neq 0$임을 알았다.

정리 12.4 함수 $f : A \to B$와 $g : B \to C$가 해석적이고 일대일대응인 등각사상이면, $f^{-1} : B \to A$와 $g \circ f : A \to C$는 일대일 등각사상이다. ♦

(증명) 함수 $f : A \to B$가 일대일 대응인 함수이므로 f^{-1}가 존재하고 $f'(z) \neq 0$ 이므로 f^{-1}는 도함수

$$\left(f^{-1}\right)'(w) = \frac{1}{f'(z)}, \quad w = f(z)$$

를 갖는 해석함수이다. $\left(f^{-1}\right)'(w) \neq 0$이므로 정리 12.1에 의해 f^{-1}는 등각사상이다.

f, g가 해석적이고 일대일 대응인 함수이므로 $g \circ f$도 해석적이고 일대일 대응인 함수이다. 또 $g'(z) \neq 0$, $f'(z) \neq 0$,

$$[g(f(z))]' = g'(f(z))f'(z) \neq 0$$

이므로 $g \circ f$은 등각사상이다. □

확장된 복소평면에서 두 직선은 ∞을 교점으로 갖는다. 매끄러운 두 곡선의 ∞에서의 교각은 두 곡선의 변환 $\frac{1}{z}$에 의한 상의 원점에서의 교각으로 정의 한다.

정리 12.5 선형분수변환 $T : \overline{\mathbb{C}} \to \overline{\mathbb{C}}$

$$w = T(z) = \frac{az+b}{cz+d} \quad (ad - bc \neq 0) \tag{12.11}$$

은 $z = \infty$에서 등각사상이다.

(증명) $z = \infty$일 때 $c = 0$, $c \neq 0$인 경우로 나누어 증명하자. $c \neq 0$일 때, $\zeta := \frac{1}{z}$, $S(\frac{1}{z}) := T(z)$로 놓으면

$$S(\zeta) = T(\frac{1}{\zeta}) = \frac{\frac{a}{\zeta}+b}{\frac{c}{\zeta}+d} = \frac{b\zeta+a}{d\zeta+c},$$
$$S'(0) = \frac{bc-ad}{c^2} \neq 0$$

이므로 S는 0에서, T는 ∞에서 등각사상이다.

만일 $c = 0$이면, $w = T(z)$는 선형함수이므로 $z = \infty$를 $w = \infty$에 대응 시킨다.

$$z = \frac{1}{\zeta}, \quad w = \frac{1}{\omega}, \quad S(z) = \frac{1}{T(\frac{1}{z})}$$

로 놓으면,

$$S(\zeta) = \frac{1}{T(\zeta)} = \frac{d}{\frac{a}{\zeta}+b} = \frac{d\zeta}{b\zeta+a},$$
$$S'(0) = \frac{d}{a} \neq 0$$

이다.[4] 그러므로 S는 0에서 $\frac{1}{T}$, T는 ∞에서 등각사상이다. □

12.2 리만의 사상 정리

D_1, D_2가 모두 단순연결 영역일 때 $f(D_1) = D_2$인 해석함수 $f(z)$가 존재할까? 일반적으로는 그렇지 않다. $D_1 = \mathbb{C}$, $D_2 = \{z : |z| < 1\}$일 때 $f(D_1) = D_2$인 해석함수 $f(z)$가 존재한다면 $f(z)$는 정함수이고 모든 $z \in \mathbb{C}$에 대해 $|f(z)| \leq 1$이므로 리우빌의 정리에 의해 $f(z)$는 상수함수이어야 하므로 $f(D_1) = D_2$일 수 없기 때문이다. 그러나 D_1, D_2가 모두 복소평면 전체가 아닌 단순연결 영역이라면 $f(D_1) = D_2$인 해석함수 $f(z)$가 존재한다.

정리 12.6 만일 $\{f_n(z)\}$가 영역 D에서 일대일인 해석함수열이고 $\{f_n(z)\}$가 영역 D의 모든 콤팩트 부분집합에서 상수가 아닌 함수 $f(z)$로 균등수렴한다면 $f(z)$는 D에서 일대일인 해석함수이다. ♦

(증명) $\{f_n(z)\}$가 연속인 함수열이고, $f(z)$로 균등수렴하므로 $f(z)$는 D에서 연속인 함수이다. 또 정리 7.8에 의해 D안에 놓인 임의의 닫힌경로 γ에서

$$\int_\gamma f(z)dz = \lim_{n\to\infty} \int_\gamma f_n(z)dz = 0$$

이므로 모레라의 정리에 의해 $f(z)$는 D에서 해석적인 함수이다.

이제 $f(z)$가 일대일 함수임을 보이자. z_1, z_2를 서로 다른 D의 점이라 하고 $f(z_1) = a = f(z_2)$라고 가정하자. γ_1, γ_2를 각각 D 안에 놓인 z_1, z_2를 중심으로

[4] $ad - bc \neq 0$, $c = 0$이므로 $ad \neq 0$이다.

하며 서로 만나지 않는 원이라 하자. 또한 $f(z)$는 γ_1, γ_2 위에서 $f(z) \neq a$라고 하자. m을 $\gamma_1 \cup \gamma_2$ 위에서 $|f(z) - a|$의 최솟값이라 하면, $m > 0$이므로 콤팩트 집합 $\gamma_1 \cup \gamma_2$ 위에서 부등식 $|f_n(z) - f(z)| < m$이 성립하도록 충분히 큰 자연수 n을 선택할 수 있다. 그러므로 로체의 정리에 의해

$$f_n(z) - a = [f_n(z) - f(z)] + [f(z) - a]$$

는 γ_1, γ_2의 안쪽에서 각각 적어도 하나의 영점을 갖는다. 즉 $f_n(z) = a$는 적어도 두개의 서로 다른 해를 갖는다. 이것은 $f_n(z)$가 D에서 일대일이라는 가정에 모순이다. □

일대일인 함수열이 상수함수로 균등수렴할 수도 있다. 예를 들어 함수열 $\{f_n(z) = \frac{z}{n}\}$은 상수함수 $f(z) = 0$로 균등수렴하는 일대일함수열이다.

보조정리 12.7 $f(z)$가 $D = \{z : |z| < 1\}$에서 일대일인 해석함수이고 $f(D) = D$라 하자. 만일 $f(0) = 0$, $f'(0) > 0$이면 $f(z) = z$이다. ♦

(증명) 슈발쯔의 정리에 의해 $|f(z)| \leq |z|$이다. 다시 f^{-1}에 대해 슈발쯔의 정리를 적용하면 $|f(z)| \geq |z|$이다. 그러므로 $|z| \leq 1$에서 $\left|\frac{f(z)}{z}\right| = 1$이다. 따라서 $f(z) = ze^{i\alpha}$ (α: 실수)이다. 그런데 $f'(0) > 0$이므로 $f(z) = z$이다. □

리만의 사상정리는 복소평면 전체는 아닌 단순연결 영역과 열린 단위원판 사이에 해석적인 전단사 함수가 존재함을 말한다. 그러나 정리의 증명이 그런 함수를 만드는 과정이 아니라 존재함을 보이는 과정이다. 여기서는 존재에 관한 부분의 증명은 생략하고 유일성에 대해서만 증명하기로 한다.

정리 12.8 [리만의 사상정리(Riemann Mapping Theorem)] G ($G \neq \mathbb{C}$)가 단순연결 영역이고, $D = \{z : |z| < 1\}$, $z_0 \in D$라 하면 $f(G) = D$, $f(z_0) = 0$, $f'(z_0) > 0$이며 일대일인 해석함수 $f(z)$가 유일하게 존재한다. ♦

(증명) $g(z)$, $h(z)$를 정리의 조건을 만족하는 함수라고 하자. 그러면 $f = g \circ h^{-1}$

은 단위원의 내부를 다시 단위원의 내부로 보내는 해석함수이고

$$f(0) = g(h^{-1}(0)) = g(z_0) = 0, \ f'(0) = \frac{g'(0)}{h'(0)} > 0$$

이므로 보조정리 12.7에 의해 $f(z) = z$이므로 $g(z) = h(z)$이다. □

D_1, D_2가 모두 단순연결 영역일 때 D_1에서 해석적이며 $f(D_1) = D_2$인 일대일 함수 $f(z)$가 존재한다면, $f^{-1}(w)$ 또한 해석적이고 $f^{-1}(D_2) = D_1$인 일대일 함수이다. 또 $f(z)$가 영역 D에서 일대일이고 해석적인 함수이고, $g(z)$가 $f(D)$에서 일대일이고 해석적인 함수이면 $g(f(z))$도 영역 D에서 일대일이고 해석적인 함수이다.

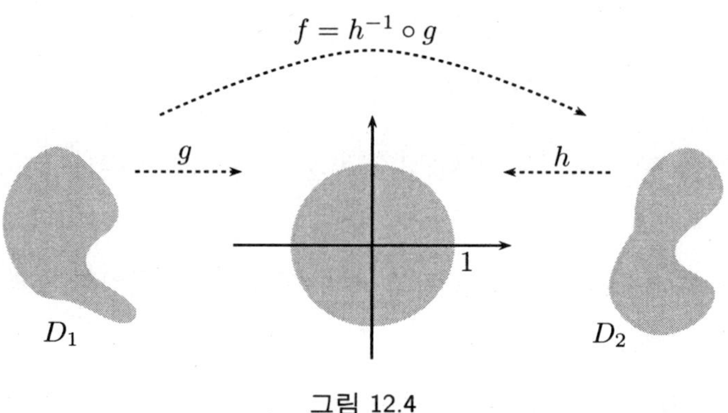

그림 12.4

리만의 사상정리에 의해 D_1, D_2가 복소평면 전체가 아닌 단순연결 영역이면 D_1, D_2에서 해석적이고, 일대일이며,

$$g(D_1) = \{z : |z| < 1\} = h(D_2)$$

인 함수 $g(z)$, $h(z)$가 존재한다. 두 함수

$$g : D_1 \to \{z : |z| < 1\}, \ \ h^{-1} : \{z : |z| < 1\} \to D_2$$

는 모두 해석적인 전단사 함수이므로 함수 $f(z)$를

$$f = h^{-1} \circ g : D_1 \to D_2$$

로 정의하면 $f(z)$는 D_1에서 일대일이고, $f(D_1) = D_2$인 해석함수이다. D_1, D_2가 모두 단순연결 영역이면 $f(D_1) = D_2$인 일대일 해석함수가 존재하며 이 함수 $f(z)$는 등각사상이다. 이 때 두 영역 D_1, D_2를 **공형적으로 동등**(conformally equivalent)하다고 한다.

12.3 문제해결

1. 실수축과 허수축의 $f(z) = \sin z$에 의한 상의 교점 $w = \pi$에서의 교각의 크기를 구하여라.

2. 다음 함수가 등각사상이 되는 점을 찾아라.

   (1) $f(z) = z^3 + z^2$ (2) $f(z) = \frac{z}{1+5z}$

   (3) $f(z) = \overline{z}$ (4) $f(z) = \frac{\sin z}{\cos z}$

3. 영역 D에서 z^2이 일대일 함수이기 위한 필요충분조건이 D가 경계가 원점을 지나는 반평면에 포함되는 것임을 보여라.

4. $f(z)$가 z_0에서 해석적이고 $f'(z_0) \neq 0$이면, $f(\overline{z})$, $\overline{f(z)}$가 z_0에서 등편각 사상임을 보여라.

5. 원 점을 중심으로 하는 원판 가운데 $f(z) = e^z$가 일대일인 최대 원판의 반지름을 구하여라.

6. $f(z)$가 z_0에서 해석적이고 $f'(z_0) \neq 0$이면, $f(U) = V$이고 U에서 일대일인 z_0와 $f(z_0)$의 적절한 근방 U, V가 존재함을 보여라.

7. 복소평면 전체를 상반평면에 사상하는 전단사인 정함수가 존재하지 않음을 보여라.

8. 사각형의 내부와 원의 내부는 공형적으로 동등하지만 사각형을 원에 전사하는 등각사상은 존재하지 않음을 보여라.

제 13 장

조화함수

$u : D(\subset \mathbb{R}^2) \to \mathbb{R}$가 연속함수이고, $u(z)$의 일계, 이계 편도함수가 연속이며 라플라스 방정식

$$\frac{\partial^2 u}{\partial x^2} + \frac{\partial^2 u}{\partial y^2} = 0 \tag{13.1}$$

을 만족하면 u를 **조화함수**(harmonic function)로 정의하였다.

앞의 6장에서 해석함수는 연속인 이차 편도함수를 갖는다는 것을 알았다. 또 해석함수의 실수부와 허수부는 모두 라플라스의 방정식을 만족하므로 해석함수의 실수부와 허수부는 조화함수이다. 이 사실로부터 짐작할 수 있는 것처럼 해석함수와 조화함수는 밀접한 관계에 있다. 이 장에서는 조화함수와 해석함수 사이의 관계를 알아보고, 이를 이용하여 해석함수가 갖는 성질의 일부는 조화함수에서도 성립함을 보인다.

13.1 조화함수

앞의 3장에서 $u(x,y)$가 조화함수일 때 코시-리만의 방정식을 이용하여 $u(x,y)$의 조화켤레 $v(x,y)$를 찾는 방법을 예를 통하여 알아 보았다. 앞의 3장의 방법은 $u(x,y)$가 조화함수일 때 코시-리만의 방정식

$$\frac{\partial u}{\partial x} = \frac{\partial v}{\partial y}, \ \frac{\partial u}{\partial y} = -\frac{\partial v}{\partial x}$$

를 만족하는 함수 $v(x,y)$를 찾는 것이었다. 이 방법이 의미를 갖기 위해서는 적분 $\int \frac{\partial v}{\partial y}\,dy$가 존재해야 한다. 이 절에서는 주어진 조화함수를 실수부로 갖는 해석함수가 존재하기 위한 조건에 대해 알아 보기로 한다. 먼저 해석함수 $f(z) = u(z) + iv(z)$의 도함수는 코시-리만의 방정식을 이용하여

$$f'(z) = \frac{\partial u(z)}{\partial x} - i\frac{\partial u(z)}{\partial y}$$

로 나타낼 수 있었음을 기억하자.

정리 13.1 $u(x,y)$가 단순연결 영역 D에서 정의된 조화함수이면, D에서

$$\mathrm{Re} f(z) = u(x,y)$$

인 해석함수 $f(z)$가 존재한다. ♦

(증명) $g(z) = \frac{\partial u}{\partial x}(z) - i\frac{\partial u}{\partial y}(z)$라고 하면, u가 라플라스 방정식을 만족하므로

$$\frac{\partial}{\partial x}(\mathrm{Re}\, g) - \frac{\partial}{\partial y}(\mathrm{Im}\, g) = \frac{\partial^2 u}{\partial x^2} + \frac{\partial^2 u}{\partial y^2} = 0 \tag{13.2}$$

이고, u의 편도함수들이 연속이므로

$$\frac{\partial}{\partial y}(\mathrm{Re}\, g) + \frac{\partial}{\partial x}(\mathrm{Im}\, g) = \frac{\partial^2 u}{\partial y \partial x} - \frac{\partial^2 u}{\partial x \partial y} = 0 \tag{13.3}$$

이다. 식 (13.2), (13.3)은 $g(z)$의 실수부와 허수부가 코시-리만의 방정식을 만족함을 말한다. 또 u가 조화함수이므로

$$\frac{\partial}{\partial x}(\mathrm{Re}\, g),\ \frac{\partial}{\partial y}(\mathrm{Re}\, g),\ \frac{\partial}{\partial x}(\mathrm{Im}\, g),\ \frac{\partial}{\partial y}(\mathrm{Im}\, g)$$

는 연속함수이다. 그러므로 정리 3.6에 의해 $g(z)$는 D에서 해석적이다.

한 점 $z_0 \in D$를 고정하고 새로운 함수 $F(z)$를

$$F(z) = \int_{z_0}^{z} g(\zeta)d\zeta \quad (z \in D)$$

로 정의하면 모레라의 정리의 따름정리 6.5에 의해 $F(z)$는 D에서 해석적이고, 도함수는

$$F'(z) = g(z) = \frac{\partial u}{\partial x}(z) - i\frac{\partial u}{\partial y}(z) \tag{13.4}$$

이다. $F(z)$가 코시-리만의 방정식을 만족하므로 도함수를

$$F'(z) = \frac{\partial}{\partial x}\mathrm{Re}\,F(z) - i\frac{\partial}{\partial y}\mathrm{Re}\,F(z) \tag{13.5}$$

로 나타낼 수 있다.

식 (13.4), (13.5)에서 $u(z)$와 $\mathrm{Re}\,F(z)$는 D에서 동일한 편도함수를 가짐을 알 수 있다. 그러므로

$$\mathrm{Re}\,F(z) = u(z) + C \quad (C : \text{실수})$$

이다. 따라서

$$\begin{aligned} f(z) &= F(z) - C \\ &= \int_{z_0}^{z} \left(\frac{\partial u}{\partial x}(\zeta) - i\frac{\partial u}{\partial y}(\zeta) \right) d\zeta - C \end{aligned} \tag{13.6}$$

라 하면 $f(z)$는 D에서 해석적이고, $\mathrm{Re} f(z) = u(z)$이다. □

따름정리 13.2 $v(z)$가 단순연결 영역 D에서 정의된 조화함수이면 D에서

$$\mathrm{Im}\,f(z) = v(z)$$

인 해석함수 $f(z)$가 존재한다. ♦

(증명) D가 단순연결 영역이므로 정리 13.1에 의해 $\mathrm{Re}\,g(z) = v(z)$인 해석함수 $g(z)$가 존재하므로 $f(z) = ig(z)$라 하면 $f(z)$는 D에서 해석적이고 $\mathrm{Im}\,f(z) = v(z)$이다. □

정리 13.1에서 영역 D가 단순연결 영역이 아닌 경우에는 조화함수 $u(x,y)$를 실수부로 갖는 해석함수 $f(z)$가 존재하지 않을 수 있다. 예를 들어 함수

$$u(x,y) = \mathrm{Log}\sqrt{x^2+y^2}$$

은 영역 $\mathbb{R}^2 - (0,0)$에서 조화함수이다.

만일

$$f(z) = \text{Log}\sqrt{x^2+y^2} + iv(x,y)$$

가 $\mathbb{C}-\{0\}$에서 해석적인 함수라 하면, 함수

$$g(z) = f(z) - \text{Log}\, z$$

는 원점과 음의 실수축을 뺀 영역에서 해석적이다. 그런데 $g(z)$는 실수부가 0인 상수함수이므로 코시-리만의 방정식으로부터 $g(z)$는 상수함수이어야 한다. 따라서 실수부가 $\text{Log}\sqrt{x^2+y^2}$인 모든 해석함수는 $\text{Log}\, z + iC$ (C : 실수)의 형태를 가져야 하지만 $\text{Log}\, z + iC$는 음의 실수축에서 연속이 아니므로 $\mathbb{C}-\{0\}$에서 해석적인 함수가 아니다.

그러나 $\text{Log}\sqrt{x^2+y^2}$ $(x^2+y^2 \neq 0)$는 조화함수이므로 $z_0 \neq 0$일 때 원점을 포함하지 않는 단순연결영역 $N(z_0, r)$에서

$$\text{Re}\, f(z) = \text{Log}\sqrt{x^2+y^2}$$

인 해석함수 $f(z)$가 존재한다.

정리 13.1로부터 앞의 6장에서 언급한 해석함수가 갖는 몇 가지 성질들이 조화함수에서도 비슷하게 적용할 수 있음을 알 수 있다. 다음 정리는 리우빌의 정리를 조화함수에 적용한 것이다.

정리 13.3 $u(x,y)$가 $\mathbb{R}^2$에서 정의된 유계인 조화함수이면 u는 상수함수이다. ♦

(증명) 정리 13.1에 의해 $\text{Re} f(z) = u(x,y)$인 정함수 $f(z)$가 존재한다. $g(z) = e^{f(z)}$라고 하면 $g(z)$는 정함수이고

$$|g(z)| = \left|e^{f(z)}\right| = e^{u(x,y)}$$

이므로 유계이다. 그러므로 리우빌의 정리에 의해 $g(z)$는 상수함이다. 따라서 $u(x,y) = \log|g(z)|$는 상수함수이다. □

정리 13.3으로부터 정함수 $f(z) = u(x,y) + iv(x,y)$의 실수부 u, 또는 허수부 v가 유계이면 $f(z)$는 상수함수임을 알 수 있다.

[예제 13.1] 실수부가 유계인 정함수는 상수함수임을 보여라.

(풀이) $f(z) = u(x,y) + iv(x,y)$라 놓자. $f(z)$의 실수부 u는 유계인 조화함수이므로 상수이다. 또 u, v는 코시-리만의 방정식을 만족하므로 복소평면 위의 모든 점 z에서

$$f'(z) = \frac{\partial u}{\partial x} + i\frac{\partial v}{\partial x} = \frac{\partial u}{\partial x} - i\frac{\partial u}{\partial y} = 0$$

이다. 그러므로 $f(z)$는 상수함수이다. □

해석함수의 가우스 평균값 정리로부터 다음의 조화함수에서의 **가우스 평균값 정리**를 얻을 수 있다.

정리 13.4 $u(z)$가 영역 D에서 정의된 조화함수이고, $|z - z_0| \le r$가 D에 포함되면

$$u(z_0) = \frac{1}{2\pi}\int_0^{2\pi} u(z_0 + re^{i\theta})\,d\theta \tag{13.7}$$

이다. ♦

(증명) $f(z)$를 $|z - z_0| \le r$ 위에서 해석적이고 $\mathrm{Re}f(z) = u(z)$인 함수라 하면 가우스 평균값 정리

$$f(z_0) = \frac{1}{2\pi}\int_0^{2\pi} f(z_0 + re^{i\theta})\,d\theta \tag{13.8}$$

가 성립하므로, 위 식의 양변에서 실수부를 택하면

$$\begin{aligned} u(z_0) = \mathrm{Re}f(z_0) &= \frac{1}{2\pi}\int_0^{2\pi} \mathrm{Re}\, f(z_0 + re^{i\theta})\,d\theta \\ &= \frac{1}{2\pi}\int_0^{2\pi} u(z_0 + re^{i\theta})\,d\theta \end{aligned} \tag{13.9}$$

이다. □

조화함수에서도 해석함수가 갖는 **최대절댓값 정리**를 적용할 수 있다.

정리 13.5 $u(x,y)$가 영역 D에서 정의된 상수가 아닌 조화함수이면 u는 D에서 최댓값을 갖지 않는다. ♦

(증명) $u(x,y)$가 점 $z_0 \in D$에서 최댓값을 갖는다고 가정하자. D가 열린 집합이므로 $O = N(z_0, \epsilon) \subset D$인 $\epsilon > 0$이 존재하고 O는 단순연결 영역이므로 정리 13.1에 의해 O에서 해석적인 함수 $f(z) = u(x,y) + iv(x,y)$가 존재한다. $g(z) = e^{f(z)}$라고 하면 $g(z)$는 O에서 해석적이고

$$|g(z)| = \left|e^{f(z)}\right| = e^{u(x,y)}$$

이다. 그러므로 $g(z)$는 영역 O의 점 $z_0 \in D$에서 최댓값을 갖는다. $g(z)$는 상수함수가 아니므로 이는 최대절댓값의 정리에 모순이다. 그러므로 $u(x,y)$가 점 $z_0 \in D$에서 최댓값을 가질 수 없다. □

조화함수 $u(z)$가 z_0에서 최솟값을 가지면 $-u(z)$는 z_0에서 최댓값을 갖는다. 그러므로 영역 D에서 상수함수가 아닌 조화함수 $u(z)$는 D에서 최솟값을 가질 수 없다.[1] 만일 영역 D가 유계이고 $u(x,y)$가 영역 D에서 조화함수이고 D의 경계에서 유계이면 $u(x,y)$는 D의 경계에서 최댓값과 최솟값을 갖는다.

따름정리 13.6 D를 유계인 영역이라고 하자. $u(z)$가 $\mathrm{cl}(D)$에서 연속이고 D에서 조화함수일 때

$$u(z) = C,\ z \in \mathrm{bd}(D) \quad (C\text{는 상수})$$

이면 $u(z)$는 $\mathrm{cl}(D)$에서 상수함수이다. ♦

(증명) $u(z)$가 콤팩트 집합 $\mathrm{cl}(D)$에서 연속함수이므로 최댓값과 최솟값을 갖는다. 정리 13.5에 의해 $u(z)$는영역 D에서 최댓값, 최솟값을 가질 수 없으므로 $\mathrm{bd}(D)$에서 최댓값, 최솟값을 가져야 한다. 따라서

$$\max_{z\in \mathrm{cl}(D)} u(z) = C = \min_{z\in \mathrm{cl}(D)} u(z)$$

이다. 그러므로 모든 $z \in \mathrm{cl}(D)$ 에 대해 $u(z) = C$이다. □

[1] 해석함수 최소절댓값 정리에서는 $f(z) \neq 0$의 조건이 필요했지만 조화함수의 최솟값 정리에는 이 조건이 필요하지 않다.

따름정리 13.6으로부터 영역의 모든 경계점에서 같은 값을 갖는 조화함수는 유일함을 알 수 있다.

[예제 13.2] $u_1(z)$, $u_2(z)$을 $|z| \leq 1$에서 정의된 조화함수라고 하자. 만일 $|z| = 1$인 모든 z에서 $u_1(z) = u_2(z)$이면, $u_1(z) = u_2(z)$임을 보여라.

(풀이) $u(z) = u_1(z) - u_2(z)$라 하면 $u(z)$는 $|z| \leq 1$에서 조화함수이므로 $|z| = 1$에서 연속이고 $u(z) = 0$이다. 그러므로 따름정리 13.6에 의해 $|z| \leq 1$에서 $u(z) = 0$이다. 따라서 $u_1(z) = u_2(z)$이다. □

13.2 프아송 적분공식

조화함수의 프아송 적분공식은 해석함수의 코시의 적분공식과 비슷한 관계로 생각할 수 있다. 프아송 적분공식은 코시의 적분공식으로부터 이끌어 낼 수 있다.

보조정리 13.7 $r > \rho$이고 $\zeta = re^{i\phi}$, $z = \rho e^{i\theta}$일 때

$$\mathrm{Re}\left(\frac{\zeta + z}{\zeta - z}\right) = \frac{r^2 - \rho^2}{r^2 - 2\rho r\cos(\theta - \phi) + \rho^2} \tag{13.10}$$

이다. ♦

(증명) $\overline{\zeta} = re^{-i\phi}$, $\overline{z} = \rho e^{-i\theta}$이므로

$$\begin{aligned}(\zeta + z)(\overline{\zeta} - \overline{z}) =& |\zeta|^2 - |z|^2 + z\overline{\zeta} - \zeta\,\overline{z} \\ =& r^2 - \rho^2 + \rho r[e^{i(\theta-\phi)} - e^{i(\phi-\theta)}] \\ =& r^2 - \rho^2 + 2i\rho r\sin(\theta - \phi)\end{aligned} \tag{13.11}$$

이다. 그러므로

$$\begin{aligned}\frac{\zeta + z}{\zeta - z} &= \frac{(\zeta + z)(\overline{\zeta - z})}{(\zeta - z)(\overline{\zeta - z})} = \frac{(\zeta + z)(\overline{\zeta} - \overline{z})}{|\zeta - z|^2} \\ &= \frac{r^2 - \rho^2 + 2i\rho r\sin(\theta - \phi)}{|\zeta - z|^2}\end{aligned}$$

이다. 또 식 (13.11)에서와 같은 방법으로

$$\begin{aligned}|\zeta - z|^2 =& (\zeta - z)(\overline{\zeta} - \overline{z}) = |\zeta|^2 + |z|^2 - z\overline{\zeta} - \zeta\overline{z} \\ =& r^2 - 2\rho r\cos(\theta - \phi) + \rho^2\end{aligned}$$

을 얻을 수 있으므로

$$\frac{\zeta + z}{\zeta - z} = \frac{r^2 - \rho^2 + 2i\rho r\sin(\theta - \phi)}{r^2 - 2\rho r\cos(\theta - \phi) + \rho^2} \tag{13.12}$$

이다. 그러므로

$$\text{Re}\left(\frac{\zeta + z}{\zeta - z}\right) = \frac{r^2 - \rho^2}{r^2 - 2\rho r\cos(\theta - \phi) + \rho^2}$$

이다. □

다음 프아송의 적분공식은 조화함수의 주어진 원 안쪽에 있는 점에서의 함숫값은 원 위의 점들에서의 함숫값에 의해 결정된다는 것을 보여준다.

정리 13.8 [프아송의 적분공식(Poisson's Integral Formula)] $u(z)$가 $|z| \le r$을 포함하는 영역 D에서 정의된 조화함수라 하면, $z = \rho e^{i\theta}$, $\rho < r$에 대해

$$u(\rho e^{i\theta}) = \frac{1}{2\pi}\int_0^{2\pi} \frac{r^2 - \rho^2}{r^2 - 2r\rho\cos(\theta - \phi) + \rho^2}\, u(re^{i\phi})\, d\phi \tag{13.13}$$

이다. ♦

(증명) 정리 13.1에 의해 $|z| \le r$에서 해석적이고 $\text{Re}f(z) = u(z)$인 함수 $f(z)$가 존재한다. $|z| < r$이면 $f(z)$는 코시의 적분공식에 따라

$$f(z) = \frac{1}{2\pi i}\int_{|\zeta|=r} \frac{f(\zeta)}{\zeta - z}\, d\zeta \tag{13.14}$$

로 쓸 수 있다. 만일 $z = 0$이면 식 (13.13)은 정리 13.4의 가우스 평균값 정리와 일치하므로 프아송의 적분공식은 성립한다. $z \ne 0$라고 가정하고

$$z = \rho e^{i\theta} \ne 0,\ z_1 = \frac{r^2}{\overline{z}} = \frac{r^2}{\rho e^{-i\theta}} = \frac{r^2}{\rho}e^{i\theta}$$

라 놓으면, z_1은 원 $|\zeta| = r$의 밖에 있는 점이므로

$$0 = \frac{1}{2\pi i}\int_{|\zeta|=r} \frac{f(\zeta)}{\zeta - z_1}\, d\zeta = \frac{1}{2\pi i}\int_{|\zeta|=r} \frac{\bar{z} f(\zeta)}{\zeta\bar{z} - r^2}\, d\zeta \tag{13.15}$$

이다. 식 (13.14)에서 (13.15)를 빼면

$$\begin{aligned} f(z) =& \frac{1}{2\pi i}\int_{|\zeta|=r} \left(\frac{1}{\zeta - z} + \frac{\bar{z}}{r^2 - \zeta\bar{z}}\right) f(\zeta)\, d\zeta \\ =& \frac{1}{2\pi i}\int_{|\zeta|=r} \frac{r^2 - \rho^2}{(\zeta - z)(r^2 - \zeta\bar{z})} f(\zeta)\, d\zeta \end{aligned} \tag{13.16}$$

이다. 여기서 $\zeta = re^{i\phi}$, $z = \rho e^{i\theta}$로 놓으면

$$\begin{aligned} \frac{d\zeta}{(\zeta - z)(r^2 - \zeta\bar{z})} =& \frac{ire^{i\phi} d\phi}{(re^{i\phi} - \rho e^{i\theta})(r^2 - \rho r e^{i(\phi-\theta)})} \\ =& \frac{id\phi}{(re^{i\phi} - \rho e^{i\theta})(re^{-i\phi} - \rho e^{-i\theta})} \\ =& \frac{i}{r^2 - 2\rho r\cos(\theta - \phi) + \rho^2}\, d\phi \end{aligned} \tag{13.17}$$

이다. 식 (13.17)을 (13.16)에 대입하면

$$f(z) = \frac{1}{2\pi}\int_0^{2\pi} \frac{r^2 - \rho^2}{r^2 - 2\rho r\cos(\theta - \phi) + \rho^2} f(re^{i\phi})\, d\phi \tag{13.18}$$

이다. 이 식 (13.18)의 실수부를 택하면 프아송의 적분공식

$$u(\rho e^{i\theta}) = \frac{1}{2\pi}\int_0^{2\pi} \frac{r^2 - \rho^2}{r^2 - 2r\rho\cos(\theta - \phi) + \rho^2} u(re^{i\phi})\, d\phi$$

를 얻을 수 있다. □

프아송의 적분공식에서 실숫값을 갖는 함수

$$\text{Re}\left(\frac{\zeta + z}{\zeta - z}\right) = \frac{r^2 - \rho^2}{r^2 - 2\rho r\cos(\theta - \phi) + \rho^2}$$

를 프아송 핵(Poisson Kernel)이라고 한다. 프아송 핵은 부등식

$$\frac{r - \rho}{r + \rho} \le \frac{r^2 - \rho^2}{r^2 - 2\rho r\cos(\theta - \phi) + \rho^2} \le \frac{r + \rho}{r - \rho}$$

을 만족하므로 유계이다. 프아송의 적분공식에서

$$u(z) \equiv 1$$

로 놓으면 모든 θ와 $\rho < r$에 대해

$$\frac{1}{2\pi}\int_0^{2\pi} \frac{(r^2-\rho^2)}{r^2 - 2r\rho\cos(\theta-\phi)+\rho^2}\,d\phi = 1$$

을 얻는다. 정리 13.8의 식 (13.18)로부터 다음의 따름정리를 얻을 수 있다.

따름정리 13.9 함수 $f(z) = u(z)+iv(z)$가 $|z| \le r$에서 해석적이고 $z = \rho e^{i\theta}$, $\rho < r$ 이면

$$u(\rho e^{i\theta}) = \frac{1}{2\pi}\int_0^{2\pi} \frac{r^2-\rho^2}{r^2 - 2r\rho\cos(\theta-\phi)+\rho^2}\, u(re^{i\phi})\,d\phi, \qquad (13.19)$$

$$v(\rho e^{i\theta}) = \frac{1}{2\pi}\int_0^{2\pi} \frac{r^2-\rho^2}{r^2 - 2r\rho\cos(\theta-\phi)+\rho^2}\, v(re^{i\phi})\,d\phi \qquad (13.20)$$

이다. ♦

따름정리 13.10 $f(z) = u(z)+iv(z)$가 $|z| \le r$에서 해석적이면 $z = \rho e^{i\theta}$, $\rho < r$ 에 대해

$$v(re^{i\theta}) = \frac{1}{2\pi}\int_0^{2\pi} \frac{2\rho r\,\sin(\theta-\phi)}{r^2 - 2\rho r\cos(\theta-\phi)+\rho^2}\, u(re^{i\phi})\,d\phi + v(0) \qquad (13.21)$$

이다. ♦

(증명) $\zeta = re^{i\phi}$, $\rho < r$일 때

$$g(z) = \frac{1}{2\pi}\int_0^{2\pi} \frac{\zeta+z}{\zeta-z}\, u(\zeta)\,d\phi \qquad (13.22)$$

라 하면

$$\frac{g(z+h)-g(z)}{h} = \frac{1}{2\pi}\int_0^{2\pi} \frac{2\zeta}{(\zeta-z)(\zeta-(z+h))}\, u(\zeta)\,d\phi$$

이다. 코시의 적분공식(정리 6.2)의 증명에서와 같은 방법으로

$$g'(z) = \lim_{h\to 0}\frac{g(z+h)-g(z)}{h} = \frac{1}{2\pi}\int_0^{2\pi} \frac{2\zeta}{(\zeta-z)^2}\, u(\zeta)\,d\phi$$

를 얻을 수 있으므로 $g(z)$는 해석함수이다. 그런데

$$\mathrm{Re}\, g(z) = \mathrm{Re}\left(\frac{1}{2\pi}\int_0^{2\pi} \frac{\zeta+z}{\zeta-z} u(\zeta)\, d\phi\right) = \frac{1}{2\pi}\int_0^{2\pi} \mathrm{Re}\left(\frac{\zeta+z}{\zeta-z} u(\zeta)\right) d\phi$$

이므로 보조정리 13.7에 의해

$$\mathrm{Re}\, f(z) = \mathrm{Re}\, g(z) = \frac{1}{2\pi}\int_0^{2\pi} \frac{r^2-\rho^2}{r^2-2\rho r\cos(\theta-\phi)+\rho^2} u(re^{i\phi})\, d\phi$$

이다. 따라서 코시-리만의 방정식에 의해

$$v(\rho e^{i\theta}) = \mathrm{Im}\, f(z) = \mathrm{Im}\, g(z) + C$$

이므로 식 (13.12), (13.20)에 의해

$$v(\rho e^{i\theta}) = \frac{1}{2\pi}\int_0^{2\pi} \frac{2\rho r\, \sin(\theta-\phi)}{r^2-2\rho r\cos(\theta-\phi)+\rho^2} u(re^{i\phi})\, d\phi + C \tag{13.23}$$

이다. 식 (13.23)에서 $\rho = 0$로 놓으면 $C = v(0)$이므로 따름정리가 성립한다. □

앞의 정리 13.8에서 $u(z)$가 $|z| = r$에서 조화함수이어야 한다는 조건은 $u(z)$가 $|z| = r$에서 연속인 것으로 대체하여도 결과는 성립한다.

정리 13.11 $u(z)$가 $|z| < r$에서 조화함수이고 $|z| \le r$에서 연속인 함수이면, $z = \rho e^{i\theta}$, $\rho < r$에 대해

$$u(\rho e^{i\theta}) = \frac{1}{2\pi}\int_0^{2\pi} \frac{r^2-\rho^2}{r^2-2r\rho\cos(\theta-\phi)+\rho^2} u(re^{i\phi})\, d\phi \tag{13.24}$$

이다. ♦

(증명) $\{t_n\}$을 1로 수렴하는 양의 값을 갖는 증가수열이라 하면, 각각의 n에 대해 $u(t_n z)$는 닫힌 원판 $|z| \le r$에서 조화함수이다. 그러므로 $u_n(z) = u(t_n z)$라 하면 정리 13.8에 의해

$$u_n(\rho e^{i\theta}) = \frac{1}{2\pi}\int_0^{2\pi} \frac{r^2-\rho^2}{r^2-2r\rho\cos(\theta-\phi)+\rho^2} u_n(re^{i\phi})\, d\phi$$

이다. 또 $u_n(z)$이 $z = \rho e^{i\theta}$에서 연속이므로

$$\lim_{n\to\infty} u_n(\rho e^{i\theta}) = \lim_{n\to\infty} u(t_n \rho e^{i\theta}) = u(\rho e^{i\theta})$$

이다.

이제 증명을 완성하기 위해서는

$$\begin{aligned}&\lim_{n\to\infty} \frac{1}{2\pi} \int_0^{2\pi} \frac{r^2-\rho^2}{r^2 - 2r\rho\cos(\theta-\phi)+\rho^2} u_n(re^{i\phi})\, d\phi \\ =&\frac{1}{2\pi} \int_0^{2\pi} \frac{r^2-\rho^2}{r^2 - 2r\rho\cos(\theta-\phi)+\rho^2} u(re^{i\phi})\, d\phi \end{aligned} \tag{13.25}$$

임을 보이면 된다. $u(z)$가 $|z| \le r$에서 균등연속이므로 $u_n(z)$은 콤팩트 집합 $|z| \le r$에서 $u(z)$로 균등수렴한다. 그러므로 주어진 $\epsilon > 0$에 대해 $n > N$이면

$$|u_n(re^{i\phi}) - u(re^{i\phi})| < \epsilon$$

인 자연수 N을 찾을 수 있다. 그러므로 $n > N$이면

$$\left| \frac{1}{2\pi} \int_0^{2\pi} \frac{r^2-\rho^2}{r^2 - 2r\rho\cos(\theta-\phi)+\rho^2} [u_n(re^{i\phi}) - u(re^{i\phi})]\, d\phi \right|$$

$$\begin{aligned}&\le \frac{1}{2\pi} \int_0^{2\pi} \frac{r+\rho}{r-\rho} |u_n(re^{i\phi}) - u(re^{i\phi})|\, d\phi \\ &< \epsilon \frac{r+\rho}{r-\rho}\end{aligned}$$

이다. $\epsilon > 0$은 임의로 선택하였으므로 식 (13.25)는 성립한다. □

13.3 디리클레 문제

정리 13.11에서 $u(z)$가 $|z| < r$에서 조화함수이고 $|z| \le r$에서 연속이면 $|z| < r$의 안쪽의 점 z에서 $u(z)$의 함숫값은 경계 $|z| = r$에서의 함숫값들에 의해 결정됨을 알았다. 그러면 거꾸로 $F(\theta)$가 원 $|z| = r$에서 연속인 함수일 때 각각의 θ에 대해

$$\lim_{\rho\to r} u(\rho e^{i\theta}) = F(\theta)$$

를 만족하는 $|z| < r$에서 정의된 조화함수 $u(z)$를 찾을 수 있을까? 이 의문을 **디리클레 문제(Dirichlet problem)**라고 한다. 다음의 정리 13.12는 디리클레 문제의 한 해이다.

정리 13.12 함수 $F : [0,\ 2\pi] \to \mathbb{R}$가 연속함수이고 $F(0) = F(2\pi)$이면, 함수

$$u(\rho e^{i\theta}) = \frac{1}{2\pi}\int_0^{2\pi} \frac{r^2 - \rho^2}{r^2 - 2\rho r\cos(\theta - \phi) + \rho^2} F(\phi)\, d\phi, \quad (\rho < r) \tag{13.26}$$

는 다음 조건

(1) $u(z)$는 $|z| < r$에서 조화함수이고,

(2) 각각의 $\theta \in [0,\ 2\pi]$에 대해

$$\lim_{\rho \to r} u(\rho e^{i\theta}) = F(\theta)$$

를 만족한다. ♦

(증명) $\zeta = re^{i\phi},\ z = \rho e^{i\theta},\ \rho < r$

$$g(z) = \frac{1}{2\pi}\int_0^{2\pi} \frac{\zeta + z}{\zeta - z} F(\phi)\, d\phi$$

라고 하면 따름정리 13.10의 증명에서와 같은 이유에서 $|z| < r$에서 $g(z)$는 해석적이고, $\mathrm{Re}\, g(z) = u(z)$는 조화함수이다.

각각의 $\theta \in [0,\ 2\pi]$에 대해 $\lim_{\rho \to r} u(\rho e^{i\theta}) = F(\theta)$임을 보이기 위해서는 임의의 $\epsilon > 0$에 대해 $r - \rho < \delta$이면

$$|u(\rho e^{i\theta}) - F(\theta)| < \epsilon$$

인 $\delta > 0$를 찾을 수 있음을 보이면 된다.

$$P(\phi) = P(\phi, \theta, \rho, r) = \frac{r^2 - \rho^2}{r^2 - 2\rho r\cos(\theta - \phi) + \rho^2}$$

라고 하면,

$$\frac{1}{2\pi}\int_0^{2\pi} \frac{(r^2 - \rho^2)}{r^2 - 2r\rho\cos(\theta - \phi) + \rho^2}\, d\phi = 1 \tag{13.27}$$

이므로

$$u(\rho e^{i\theta}) - F(\theta) = \frac{1}{2\pi}\int_0^{2\pi} P(\phi)[F(\phi) - F(\theta)]\, d\phi \tag{13.28}$$

이다. 그런데

$$P(\theta) = P(\theta, \theta, \rho, r) = \frac{r^2 - \rho^2}{(r-\rho)^2} = \frac{r+\rho}{r-\rho}$$

이므로

$$\lim_{\rho \to r} P(\theta) = \infty$$

이고, $\phi \neq \theta$일 때는

$$\lim_{\rho \to r} P(\theta) = 0$$

이다. $F(\phi)$가 $\phi = \theta$에서 연속이므로 $0 < |\phi - \theta| < \eta$이면

$$|F(\phi) - F(\theta)| < \frac{\epsilon}{2} \tag{13.29}$$

인 $\eta > 0$가 존재한다. 여기서

$$\begin{aligned} I_1 =& \frac{1}{2\pi} \int_{\theta-\eta}^{\theta+\eta} P(\phi)[F(\phi) - F(\theta)]\, d\phi, \\ I_2 =& \frac{1}{2\pi} \int_{\theta+\eta}^{2\pi+\theta-\eta} P(\phi)[F(\phi) - F(\theta)]\, d\phi \end{aligned}$$

로 놓으면 식 (13.28)로부터

$$|u(\rho e^{i\theta}) - F(\theta)| \leq |I_1| + |I_2| \tag{13.30}$$

이다. 그런데 $P(\phi) > 0$이므로, 식 (13.27), (13.29)에 의해

$$\begin{aligned} |I_1| \leq& \frac{1}{2\pi} \int_{\theta-\eta}^{\theta+\eta} P(\phi)|F(\phi) - F(\theta)|\, d\phi \\ <& \frac{\epsilon}{2} \frac{1}{2\pi} \int_{\theta-\eta}^{\theta+\eta} P(\phi)\, d\phi < \frac{\epsilon}{2} \end{aligned} \tag{13.31}$$

이다.

한편 $\theta + \eta \leq \phi \leq 2\pi + \theta - \eta$일 때

$$P(\phi) \leq \frac{r^2 - \rho^2}{r^2 - 2\rho r \cos\eta + \rho^2}$$

이고 $P(\phi)$는 $\rho = r\cos\eta$일 때 최댓값을 가지므로

$$P(\phi) \leq \frac{(r+\rho)(r-\rho)}{r^2(1-\cos^2\eta)} \leq \frac{2}{r\sin^2\eta}(r-\rho) = m(r-\rho)$$

로 쓸 수 있다. 여기서 m는 ρ에 독립적인 양의 상수이다. 또 $F(\theta)$는 닫힌 구간 $\theta+\eta \le \phi \le 2\pi+\theta-\eta$에서 연속인 함수이므로

$$|F(\theta)| \le M$$

인 상수 M을 찾을 수 있다. 그러므로

$$\begin{aligned} |I_2| \le& \frac{1}{2\pi}\int_{\theta+\eta}^{2\pi+\theta-\eta} P(\phi)|F(\phi)-F(\theta)|\,d\phi \le 2mM(r-\rho) \\ =& K(r-\rho) \end{aligned} \tag{13.32}$$

로 쓸 수 있다. 여기서 K는 ρ에 독립적인 양의 상수이다. 따라서

$$r-\rho < \frac{\epsilon}{2K} = \delta$$

인 ρ에 대해

$$|I_2| < \frac{\epsilon}{2} \tag{13.33}$$

이다. 그러므로 식 (13.28), (13.31)과 (13.33)으로부터 $0 < r-\rho < \delta$이면

$$|u(\rho e^{i\theta}) - F(\theta)| < \epsilon$$

임을 알 수 있다. □

정리 13.12를 만족하는 함수 $u(z)$는 $|z| \le r$에서 연속이고 따름정리 13.6에 의해 정리 13.12를 만족하는 함수 $u(z)$는 유일하다. 또한 $F(\theta)$의 연속성의 조건은 구분적으로 연속인 경우로 약화될 수 있다. 이 경우 정리 13.12의 조건 (1)은 성립하지만 조건 (2)의 극한

$$\lim_{\rho\to r} u(\rho e^{i\theta}) = F(\theta)$$

는 $F(\theta)$가 연속인 점에서만 만족된다.

[예제 13.3] $|z| < r$에서 정의되고

$$\lim_{\rho\to r} u(\rho e^{i\theta}) = \begin{cases} 1, & 0<\theta<\pi \\ 0, & \pi<\theta<2\pi \end{cases}$$

를 만족하는 조화함수 $u(z)$를찾아라.

(풀이) $\zeta = re^{i\phi}$, $z = \rho e^{i\theta}$에 대해

$$u(z) = \frac{1}{2\pi}\int_0^{\pi} \frac{r^2-\rho^2}{r^2 - 2r\rho\cos(\theta-\phi)+\rho^2}\,d\phi = \int_0^{\pi} \mathrm{Re}\,\frac{\zeta+z}{\zeta-z}\,d\phi$$

는 $|z| < r$에서 조화함수이다. 위의 적분을 계산하면

$$\begin{aligned} u(z) =& \frac{1}{\pi}\tan^{-1}\left[\frac{r+\rho}{r-\rho}\tan\frac{\phi-\theta}{2}\right]_0^{\pi} \\ =& \frac{1}{\pi}\left[\tan^{-1}\left(\frac{r+\rho}{r-\rho}\tan\frac{\pi-\theta}{2}\right) - \tan^{-1}\left(\frac{r+\rho}{r-\rho}\tan\frac{-\theta}{2}\right)\right] \end{aligned}$$

을 얻을 수 있고, 이로부터

$$\begin{aligned} \tan\pi u(z) =& \frac{\frac{r+\rho}{r-\rho}\left[\tan\frac{\pi-\theta}{2} - \tan\frac{-\theta}{2}\right]}{1+\left(\frac{r+\rho}{r-\rho}\right)^2\tan\frac{\pi-\theta}{2}\,\tan\frac{-\theta}{2}} \\ =& \frac{\frac{r+\rho}{r-\rho}\left[\cot\frac{\theta}{2}+\tan\frac{\theta}{2}\right]}{1-\left(\frac{r+\rho}{r-\rho}\right)^2} \\ =& \frac{r^2-\rho^2}{-2\rho r\sin\theta} \end{aligned} \tag{13.34}$$

를 얻는다.[2] 탄젠트의 역함수가 $[0,\pi]$에서 함숫값을 갖도록 위의 식 (13.34)에서 탄젠트의 역함수를 취하면

$$u(\rho e^{i\theta}) = \frac{1}{\pi}\tan^{-1}\frac{r^2-\rho^2}{-2\rho r\sin\theta}$$

을 얻을 수 있고,

$$\lim_{\rho\to r}\tan^{-1}\frac{r^2-\rho^2}{-2\rho r\sin\theta} = \begin{cases} \pi, & 0<\theta<\pi \\ 0, & \pi<\theta<2\pi \end{cases}$$

---

[2]위 식을 얻기 위해 삼각함수 공식

$$\tan(x-y) = \frac{\tan x - \tan y}{1+\tan x\tan y},\ \tan\left(\frac{\pi-\theta}{2}\right) = \cot\frac{\theta}{2},\ \tan\frac{\theta}{2}+\cot\frac{\theta}{2} = \frac{2}{\sin\theta}$$

가 이용되었다.

이므로 $u(z)$는 경계조건

$$\lim_{\rho \to r} u(\rho e^{i\theta}) = \begin{cases} 1, & 0 < \theta < \pi \\ 0, & \pi < \theta < 2\pi \end{cases}$$

를 만족한다. □

13.4 문제해결

1. 다음 함수가 조화함수임을 보여라.

   (1) $u(x, y) = \dfrac{y}{x^2 + y^2} \quad (x^2 + y^2 \neq 0)$

   (2) $u = \operatorname{Arg} z \quad (-\pi < \operatorname{Arg} z \leq \pi)$

   (3) $u(x, y) = e^{x^2 - y^2} \cos 3xy$

2. $u(x, y) = x + e^{-x} \cos y$를 실수부로 하는 정함수를 찾아라.

3. $u(x, y)$가 점 $z = re^{i\theta}$ 근방에서 조화함수일 때 다음을 증명하여라:

$$\frac{\partial}{\partial r}\left(r \frac{\partial u}{\partial r}\right) = \frac{1}{r} \frac{\partial^2 u}{\partial \theta^2} = 0.$$

4. 조화함수는 정의역에서 모든 차수의 편도함수를 가짐을 보여라.

5. 가우스 평균값 정리를 이용하여

$$\int_0^{2\pi} \log(\sin \theta)\, d\theta = -\pi \log 2$$

   임을 보여라.($|z| \leq r < 1$일 때 $\log |1 + z|$에 가우스 평균값 정리를 적용하고 극한 $r \to 1$을 고려하여라.)

6. $u(z)$가 평면에서 정의된 상수가 아닌 조화함수이면 $u(z)$는 모든 실수에 무한이 가깝게 될 수 있음을 보여라.

7. $u(z)$가 $0 < |z - z_0| < r$에서 정의된 유계인 조화함수일 때 극한 $\lim_{z \to z_0} u(z)$가 존재함을 보여라.

8. $u_1(z)$, $u_2(z)$가 단순연결영역 D에서 정의된 조화함수이고 D의 모든 점 z에서 $u_1(z)u_2(z) = 0$이면, D에서 $u_1(z) \equiv 0$이거나 $u_2(z) \equiv 0$임을 보여라.

9. 만일 조화함수 $u(z) = u(x,y)$가 복소평면에서 $u(z) \le |z|^n$을 만족하면 $u(x,y)$는 x, y의 다항식임을 보여라.

10. 다음을 증명하여라:

$$\int_0^{2\pi} \frac{\sin(\theta-\phi)}{R^2 - 2rR\cos(\theta-\phi) + r^2}\, d\phi = 0.$$

11. (1) $\rho < r, \zeta = re^{i\phi}$, $z = \rho e^{i\theta}$일 때 다음 식이 성립함을 보여라.

$$\frac{\zeta+z}{\zeta-z} = 1 + 2\sum_{n=1}^{\infty} \left(\frac{\rho}{r}\right)^n e^{i(\theta-\phi)}$$

(2) 위의 (1)로부터 다음이 성립함을 보여라.

$$\frac{r^2-\rho^2}{r^2 - 2r\rho\cos\alpha + \rho^2} = 1 + 2\sum_{n=1}^{\infty} \left(\frac{\rho}{r}\right)^n \cos n\alpha$$

12. $u(z)$가 $|z| > r$에서 조화함수이고 $|z| \ge r$에서 연속일 때 $\rho > r$, $\zeta = re^{i\phi}$, $z = \rho e^{i\theta}$에 대해

$$u(z) = -\frac{1}{2\pi}\int_0^{2\pi} \mathrm{Re}\,\frac{\zeta+z}{\zeta-z}\, u(re^{i\theta})\, d\phi$$

임을 보여라.

13. $|z| < r$에서 조화함수이고 경계조건

$$\lim_{\rho\to r} u(\rho e^{i\theta}) = \begin{cases} 0, & 0 < \theta < \pi \\ 1, & \pi < \theta < 2\pi \end{cases}$$

를 만족하는 $u(z)$를 찾아라.

14. $F(\theta) = \frac{\theta}{2}$, $1 \le \theta \le 2\pi$일 때 함수

$$u(\rho e^{i\theta}) = \tan^{-1}\frac{r\sin\theta}{1 + r\cos\theta}$$

가 $|z| < 1$에서 조화함수이고,

$$\lim_{r\to 1} u(\rho e^{i\theta}) = F(\theta)$$

임을 보여라.

참고문헌

1. Ahlfors, L. V., *Complex Analysis* (3rd ed.), McGraw-Hill Higher Education, 1979.
2. Boas, R. P., *Invitation to Complex Analysis* (2nd ed.), The Mathematical Association of America, 2010.
3. Brown, J. B., Churchill, R. V., *Complex Variables and Applications* (8th ed.), McGraw-Hill International Edition, 2012.
4. Conway, J. B., *Functions of One Complex Variable* (2nd ed.), Springer-Verlag, 1997.
5. Markushevich, A. I., *Theory of Functions of a Complex Variable*, Vol I, (trans-lated by Sliverman, R. A.), Prentice-Hall, 1965.
6. Marsden, J. E., *Basic Complex Analysis*, W. H. Freeman and Company, 1973.
7. Nehari, Z., *Conformal Mapping*, Dover Publications, 1952.
8. Redheffer, L., *Complex Variables*, Holden Day, 1979.
9. Ross, K. A., *Elementary Analysis-The Theory of Calculus* (2nd ed.), Springer, 2013.
10. Rudin, W. *Principles of Mathematical Analysis* (3rd ed.), McGraw-Hill, 1976.
11. Silverman, H., *Complex Variables*, Houghton Mifflin Co., 1975.
12. Spiegel, M. R., *Theory and Problems of Complex Variables with an Introduction to Conformal mapping and its Applications*, McGraw-Hill, 1981.
13. Wade, W. R., *Introduction to Analysis* (4th ed.), Pearson Education Inc., 2010.

찾아보기

R

S

T

U

W

Z

기타

복 소 해 석

2018년 2월 20일 인쇄
2018년 2월 25일 발행

저　자 ◎ 김 정 헌

발행인 ◎ 조 승 식

발행처 ◎ (주)도서출판 북스힐
서울시 강북구 한천로 153길 17

등　록 ◎ 제 22-457 호

(02) 994-0071

(02) 994-0073

bookshill@bookshill.com
www.bookshill.com

값 20,000원

잘못된 책은 교환해 드립니다.

ISBN 979-11-5971-122-0